江苏省家禽科学研究所
江苏省畜牧总站
江苏现代农业（蛋鸡）产业技术体系

江苏省蛋鸡产业观察

2018—2023

童海兵 王晓峰 朱慈根 · 等著

上海科学技术出版社

图书在版编目（CIP）数据

江苏省蛋鸡产业观察. 2018-2023 / 童海兵等著. --
上海 : 上海科学技术出版社, 2024.6
ISBN 978-7-5478-6632-0

Ⅰ. ①江… Ⅱ. ①童… Ⅲ. ①卵用鸡一养鸡业一产业
发展一研究一江苏一2018-2023 Ⅳ. ①F326.3

中国国家版本馆CIP数据核字(2024)第092859号

江苏省蛋鸡产业观察 2018—2023
童海兵 王晓峰 朱慈根 等著

上海世纪出版（集团）有限公司
上 海 科 学 技 术 出 版 社 出版、发行
（上海市闵行区号景路 159 弄 A 座 9F-10F）
邮政编码 201101 www.sstp.cn

字数 400 千字
2024 年 6 月第 1 版 2024 年 6 月第 1 次印刷
ISBN 978-7-5478-6632-0/S · 282
定价：150.00 元

著作者名单

童海兵	王晓峰	朱慈根	顾华兵	张　静
张　丹	梁　忠	王　冬	赵东伟	朱　静
王存波	潘亚东	范建华	李国辉	吴　非
王国俊	朱春红	黄华云	付胜勇	周成浩
韩祥林	顾　欢	仲向前	毛爱民	孙　炜
杜方均	朱志刚	孙　浩	韩昆鹏	张鹏飞
魏　星	周　敏	朱　智	宣惠惠	何正兴

我国现代蛋鸡业的发展轨迹、成长历程，与国民经济和社会发展同步。作为曾经的时代产物，蛋鸡业规模化发展在城市菜篮子工程的推动下风生水起，时至今日，各地早已解决了温饱问题，全国人民吃鸡蛋难的历史已经过去，蛋鸡业成为保障百姓优质蛋白质供应和促进农业农村经济发展的重要产业。

江苏省现代蛋鸡养殖历史悠久。据文献记载，1913年留学之士冯焕文在无锡创办荡口鸡场，引入白来航等品种进行饲养，引领我国蛋鸡业引种建场发展。改革开放后，全国经济面貌焕然一新，蛋鸡业走上了阔步前行的道路。在近40年的风雨兼程中，江苏省蛋鸡行业有很多值得铭记的辉煌瞬间：曾经"百万雄鸡下江南"的盛况仍然历历在目，引领全国蛋鸡业全面繁荣，从20世纪90年代末期海安县被评为全国"禽蛋之乡"，到如今东台市跃升为全国闻名的"蛋鸡养殖第一县"，江苏省蛋鸡产业依然是全国的一面旗帜。在经济社会转型升级的时代背景下，在传统与现代并存的发展形势下，江苏省蛋鸡产业将依托强劲的经济基础、强力的技术支撑、强大的消费市场，坚持民生优先、创新驱动、绿色导向、防疫先行、市场主导，在全新的赛道上实现高质量发展。

为了全面系统地观察江苏省蛋鸡产业发展历程，描绘其未来美好前景，江苏省家禽科学研究所产业信息与经济研究团队和江苏现代农业(蛋鸡)产业技术体系产业经济创新团队专门成立课题组，组织人员系统整理江苏省现代蛋鸡产业发展素材，深入江苏省内蛋鸡企业专题调研，收集典型企业案例，咨询蛋鸡行业专家，用3年时间撰写了《江苏省蛋鸡产业观察(2018—2023)》，以图文并茂的形式详细观察了江苏省蛋鸡产业发展脉络，尤其是2018年以来取得的成绩以及面临的挑战和机遇，引发大家对江苏省蛋鸡产业进一步高质量继续发展走在全国前列的思考。

一部江苏省现代蛋鸡产业发展史，也是一部江苏省改革发展变迁的社会进步史。用曲线绘就江苏省蛋鸡行业40年的发展脉络，用数字标注高点和低位，用文字记录蛋鸡业者奋斗的汗水和付出的艰辛，总结过去的经验和不足，是为了更好地启迪蛋鸡行业坚守者为明天更好地奋斗。

本书从策划、筹备、论证到资料收集、企业调研、内容撰写，得到了国家蛋鸡产业技术体系扬州综合试验站、江苏现代农业（蛋鸡）产业技术体系各创新团队和推广示范基地、江苏省13个市的畜牧推广部门、行业专家和企业家的大力支持，在此一并表示感谢。由于水平所限，书中内容难免有不当之处，敬请广大读者批评指正。

著作者

2024年5月

第一篇
钟灵毓秀·苏禽蛋貌 | 全国&江苏

第二篇
沧海桑田·生机盎然 | 历史&现状

第三篇

动中肯綮·行者将至 | 环境&未来

第四篇

下马看花·擘肌分理 | 专项调研报告

第一篇

钟灵毓秀·苏禽蛋貌

全国&江苏

第一章
全国蛋鸡产业概况

1 我国蛋鸡产业发展变迁

中华人民共和国成立后一直到改革开放前，由于可以作为饲料的富余粮食有限，我国蛋鸡养殖是作为农民的家庭副业分散经营，蛋鸡养殖总量和鸡蛋产量都很低。改革开放后，经济社会发展面貌焕然一新，蛋鸡养殖一跃从家庭副业经营进入了国营、集体、农户多元主体经营阶段。从1985年开始至今，我国一直是蛋鸡养殖和鸡蛋消费第一大国。20世纪90年代后期，随着国营和集体养鸡场大量退出，蛋鸡养殖进入了市场化、产业化运营时期，实现了总量快速增长，不但可以满足人民生活所需的蛋白质产品供应，而且已经成为畜牧业的重要组成部分，在促进农村就业、农民增收、农业增效方面起到了重要作用。2004年禽流感疫情暴发，使蛋鸡产业由量的增长进入质的提高阶段，蛋鸡产业生态发生变化，养殖总量动态稳定，基本维持在11亿~13亿只，占世界蛋鸡存栏量的30%左右。目前我国鸡蛋生产完全可以满足国内消费需求，蛋鸡行业基本完成了良种化、专业化、设施化、现代化和市场化，形成了较为完善的内部分工体系，正在向"适度规模化、管理家庭化、模式农场化、生产专业化、服务社会化、产品品牌化"等方向发展。

1.1 养殖主体变化

在四十多年发展过程中，我国蛋鸡养殖主体经历了个体养殖户、国营和集体农场、城郊副食品公司、专业化企业的转变，经过多次市场洗礼，目前养殖主体以规模化企业和中小农场为主。规模化企业经营层次不一，既有存栏量千万只以上的集团化公司，也有若干存栏量百万只级别的规模场，但是存栏量10万~30万只的规模场为市场主流，中小农场养殖规模从3 000只到10万只不等，以2万只左右为主，蛋鸡存栏量3 000只以下的养殖户正在逐渐退出历史舞台。

在我国蛋鸡产业进程中，由大量农户养鸡形成的小规模大群体格局存在多年，有很深的时代烙印。农民利用闲置房舍或土地饲养几千只鸡，同时经营自己的农田，生活有保障，曾经是一个时代的真实写照，如今这一群体正逐渐被规范化的规模饲养场、养殖小区、各种合作组织所取代。其原因主要有以下几个方面：一是疫病的困扰，原有的饲养模式条件简陋、管理粗放、技术落后，极易受到疾病的侵袭，一旦发生疫情往往是整村整乡整区域发病，很少有幸免的,养殖户损失巨大;二是我国经济发展迅速,农民就业面广,创收渠道多,从事养鸡业风险大,不如出去打工或从事其他工作收入稳定,这一趋势今后将更加明显;三是随着蛋鸡养殖进入微利时期,养殖户要维持正常运转,必须从生产中要效益,被迫对鸡舍进行改造升级,这就需要大量的资金投入,小规模养殖户资金有限又缺少融资渠道,无奈之下只能选择退出。

1.2 经营模式变化

我国蛋鸡产业进程与经济社会发展同步,改革开放、产业升级、经济转型为蛋鸡业发展注入了强劲的动力,蛋鸡养殖模式升级促进了养殖水平的不断提高。改革开放以前,各地蛋鸡饲养基本是传统的农户散养模式,因为农户没有多少余粮养殖大量畜禽,农户散养也是为了养鸡生蛋食用和补贴家用,所以养鸡一直是农家的一项副业,也是农民的一条创收渠道,同时为满足城乡居民蛋白质需求做出了相应的贡献。

我国蛋鸡行业能取得今天的成就,与国营和集体农场机械化养殖模式的推广和辐射带动作用关系重大。1965年上海红旗机械化鸡场的建成,开启了我国家禽养殖业现代化进程。在1972年中国进出口商品交易会(广交会)上,农林部科教局召开现场会,号召大家发展机械化养鸡,广州、北京、南京、沈阳等城市相继着手筹建机械化养鸡场,以解决城市居民的菜篮子需求,此后国家拨专款支持各省筹建机械化鸡场。1975年广州江高镇江村养殖场(广州江丰实业有限公司前身)成立,1977年4月农林部和第一机械工业部在上海召开机械化养鸡座谈会,同年11月农林部委托江苏省家禽科学研究所、北京市畜牧局和上海市农业局在江苏扬州联合召开机械化养鸡协作会议,加速了国营和集体机械化养鸡模式的进程,北方地区以北京、石家庄、沈阳、哈尔滨等地的牧工商公司、国有农场、农垦集团等国企为引领,南方则以上海、杭州等地为代表。蛋鸡业的起步是引进品种和自主育种同时推进,自主育种以北京市种禽公司为行业翘楚。在国企带动下,蛋鸡养殖业迅速开花结果,到1985年我国鸡蛋产量已经位居全球第一。

改革开放后蛋鸡行业面貌发生了翻天覆地的变化,其中科技支撑起到了重要作用。1980年国家开始实施"六五"科技攻关计划,针对国民经济需要解决各行业重大技术问题,促使科技能够快速转化为生产力。"六五"科技攻关计划共涉及38个项目,排在第一位的是农畜育种技术及繁育体系,被列为对国民经济全局关系重大的7个重中之重项目之一。1980年2月农业部畜牧总局在北京召开"六五"家禽科研攻关会议,确定蛋鸡攻关课题由北京市畜牧局主持,中国农科院畜牧所、东北农学院、上海市农科院畜牧所共同承担,为后续国产蛋鸡品种培育和配套技术的研究和推广应用打开了全新的局面。

到了20世纪90年代后期,国营和集体农场大量退出,民营企业快速成长,企业专业化经营模式成为市场主流,目前国内知名的蛋鸡龙头企业如北京市华都峪口禽业有限责任公司、大连韩伟集团、华裕农业科技有限公司、沈阳华美畜禽有限公司、青岛田瑞科技集团等,都是在这一时期快速走上专业化经营道路,从而不断发展壮大,直至今天仍然是蛋鸡行业的佼佼者。

2010年以后，蛋鸡产业化趋势更加明显，蛋鸡养殖真正走上了规模化生产、产业化经营道路，但是与美国的产业化程度相比，还有一定的差距。作为全球第二大鸡蛋生产国，目前美国存栏量低于10万只的规模化蛋鸡场数量不足200个，大规模养殖公司主导了美国蛋鸡产业发展，实现饲料生产、蛋鸡养殖、鸡蛋加工与销售一体化经营。目前美国的蛋鸡养殖主要以大型蛋品企业为主，在全球前十名的顶尖蛋品企业中，有5家美国企业，而且这5家蛋品企业的鸡蛋产量已经超过美国总产量的三分之一，这些大型蛋品企业通过垂直一体化和兼并重组的方式继续扩张，市场集中度进一步提高。美国蛋鸡企业垂直整合、一体化运作模式，为我国蛋鸡产业未来发展提供了很好的参考借鉴。

1.3 主要产区变化

在农户养鸡占据市场主流时期，蛋鸡养殖相对分散，主产区的划分和界定并不明显。在专业化养鸡公司出现早期，企业大多集中在大城市郊区，而随着城市化进程的加快和环境保护要求的升级，北京、上海、广州等大城市逐渐淡化畜禽养殖业，养殖主体开始向农村转移。在我国蛋鸡养殖的地域分布上，华北、东北和华东地区是蛋鸡养殖主产区，因为这些地区有较明显的养殖优势。首先，这些地区包括我国粮食主产区，饲料价格有优势，鸡蛋生产成本低，而且毗邻北京、上海等大都市，交通便利，有利于鸡蛋的运输和销售；其次，这些地区气候条件适合养鸡。近年来，受到市场价格波动加剧、运输成本增加以及流感疫情的影响，东北地区的蛋鸡存栏量减少很多，华东地区由于养殖设施改善、养殖技术提升、进口饲料价格低等原因，蛋鸡存栏量迅速增加。

此前我国蛋鸡主产省集中在长江以北，主产省山东、河南、河北、辽宁、湖北、江苏蛋鸡存栏量占全国60%左右。如今非传统主产区总量和规模都在大幅提高，尤其是四川、湖南、广东、贵州等地增幅明显，养殖量50万只以上的规模场在全国很普遍。从总体上来说，我国蛋鸡养殖区域不断扩大，鸡蛋产量呈递增趋势，为我国蛋品流通和贸易的持续开展奠定了坚实的根底。目前在河北、江苏、辽宁等省都出现了以蛋鸡养殖为支柱产业的养殖大县，如江苏省东台市、湖北省浠水县、山西省稷山县、山东省巨野县、河北省馆陶县、辽宁省黑山县，这些地区围绕鸡蛋产销形成了相对完整的产业链条，产业集聚效应逐渐显现。

1.4 功能定位变化

在经济社会发展的不同阶段，蛋鸡产业的功能定位也在发生变化。在生活物资匮乏、生产资料短缺的改革开放之前，蛋鸡养殖是农民的自发行为，因此只能作为农业的副产业，没有引起社会的广泛关注。改革开放初期，各地方政府高度重视蔬菜、肉类、禽蛋等市民生活必需品供应工作，采取一系列政策措施加强蔬菜基地建设，发展肉类禽蛋生产，保障城市居民肉蛋菜等基本生活资料供应。该时期“菜篮子”工程的商品生产实行单一的计划经济模式，蔬菜、猪肉、禽蛋等品种单一，市民需凭票购买。因此，以计划调剂为主线，大力发展“菜篮子”工程的商品生产，尽快缓解市场供需矛盾，是工作的重中之重。这一时期蛋鸡业扮演了重要角色，一直到20世纪90年代中期，蛋鸡业生产主要是国有企业主导的城市“菜篮子”工程，一般是由国营食品公司或禽蛋公司负责蛋鸡养殖和鸡蛋供销，在稳产保供、保障民生方面发挥了重要作用。

20世纪90年代后期，国营蛋鸡场渐渐淡出市场，蛋鸡业真正开始市场化运作，成为专业户和民营企业主导的富民工程，实现了总量的快速增长，很多养殖户通过养鸡致富，蛋鸡企业创造了可观的经济效益和社会效益。2004年禽流感疫情的暴发，对蛋鸡产业影响深远，企业和养殖户更加重视疫病防控和食品安全，产业开始从数量增长向质量提升转变，2005年以后蛋鸡养殖业的角色定位发生了明显变化，变成了企业主导的食品工程。直至今天，企业都把蛋鸡养殖业和食品工业视为同等重要，质量安全意识不断提高，这也是我国蛋鸡产业开始走向成熟的重要标志。

1.5 发展重心变化

20世纪80年代以后，美国蛋鸡养殖业基本形成定势，养殖规模告别了高速发展时代，蛋鸡存栏量稳定在2.8亿~3.0亿只，蛋鸡产业进入平稳发展期，养殖模式和技术相对成熟，成套技术体系没有大的迭代和升级，只是在个别环节微调，使之更加精细化和精准化，产品的销售渠道和消费方式也相对固定。如今，我国蛋鸡产业告别了改革开放以来的市场红利和政策红利，走过了产业规模总量快速增长期，开始进入相对平稳发展阶段。由于高产品种的持续引进，以及高产和特色蛋鸡品种的自主培育，种源问题已不再成为现代化生产的主要制约因素，养殖模式和设备配套、营养需要与饲料配制技术、疫病防控与生物安全技术、环境控制与智能养殖技术也实现了与国际接轨，完全可以满足人们对鸡蛋产品的消费需求，很好地解决了民生问题。目前我国蛋鸡产业已经实现了品种优良化、饲料全价化、饲养规模化、设备自动化、环控智能化，产业发展重心开始向布局合理化、产品品牌化、市场高端化、产业高效化方向转变，企业运营更加专业化，企业管理注重精细化，养殖技术趋向精准化，养殖环境追求生态化。

1.6 种源供给变化

种源是蛋鸡产业发展的基础。20世纪70年代以前，我国主要是从国外引入专用型蛋鸡品种进行生产，国内蛋鸡育种工作开展不多，也不系统，主要是兼用型品种选育。从“六五”科技攻关开始专业化品种选育之后，经过40多年的不断努力，我国蛋鸡业已经摆脱了对引进品种的依赖，实现了种源自主可控，而且良种扩繁推广成效显著，有效支撑了蛋鸡行业持续健康发展。

1.6.1 兼用型品种选育

我国鸡的近代育种阶段一般认为是从20世纪初到20世纪70年代。20世纪20—30年代，我国相继从国外引入多个优良鸡种，其中以白来航鸡为主。随着一些留学欧美和日本的有志之士回国带回了近代养禽和育种知识，国内开始模仿国外开展纯系育种，但进展缓慢。1959年12月7—10日，中央农业、农垦两部在北京召开了全国第一次家畜家禽育种工作会议，会议指出：畜牧业大发展迫切需要大量的优良种畜种禽，加速推进育种工作是加快畜牧生产发展的一项极为重要任务；会议确定了全国家畜家禽育种应贯彻“本品种选育和杂交育种并举，全面开展家畜家禽育种工作”的方针，要求以最快的速度在最短时间内把我国畜禽品种的生产性能大大提高一步，并且培育出大量产品率高、适应性强、遗传性稳定的家畜家禽新品种，以适应我国畜牧业高速发展的需要；会议确定家禽的育种方向是培育蛋肉兼用或肉蛋兼用品种，部分地区培育蛋用和肉用品种，会议初步提出，在本品种选育方面，全国8~10年（即1960—1969年）选育出200个左右地方良种。这次育种工作会议开启了我国蛋鸡育种工作篇章，这一时期蛋鸡育种代表性工作是新狼山鸡选育和大骨鸡杂交改良。

1.6.2 专门化品种选育

我国蛋鸡专业化品种选育工作起步于20世纪70年代末，在国家把蛋鸡育种列为“六五”科技攻关计划之后正式开始，是利用从国外引进的高产蛋鸡育种素材（如白来航、洛岛红、洛岛白等品种）和我国地方品种资源，培育具有突出优点的专业化品系，采用二系或三系配套模式高效开展新品种培育工作。1977年，我国建成北京市原种鸡场，标志着蛋鸡育种由科研向产业化转变，20世纪90年代初期育成了北京白鸡、北京红鸡、京白904、京白938、京白939等多个优秀蛋鸡配套系，曾经一度占据国内70%以上的市场份额，其中“京白939”是由北京市种禽公司于1993年培育成功的粉壳蛋鸡配套系，也是我国最早培育的蛋鸡配套系。此后，由于持续投入不足及育种主体的体制机制等多方面原因，大规模的蛋鸡育种工作进展缓慢，逐渐拉大了与国外的差距，其间仅育成新杨褐壳蛋鸡配套系、农大3号小型蛋鸡配套系等，而且市场推广量不大，海兰、罗曼、伊莎等国外蛋鸡品种很长一段时期内占据我国90%左右的市场份额。

进入21世纪以来，行业主管部门和育种单位开始重视蛋鸡育种工作，育种主体多元化，资金和人才投入增加，尤其是2012年《全国蛋鸡遗传改良计划（2012—2020）》的发布实施，推进了“产、学、研、推”育种协作机制创新，大力支持培育具有重大应用前景的蛋鸡新品种。在国家政策鼓励和科研院所的技术支持下，蛋鸡育种专家和企业的积极性大大提高，大家纷纷利用从国外引进的高产蛋鸡育种素材和我国地方品种资源，开展国产蛋鸡新品种培育工作，自主培育的蛋种鸡在市场上竞争力逐步增强，蛋鸡品种自主创新能力明显提高，以企业为主体的商业化联合育种体系开始建立。在北京市华都峪口禽业有限责任公司先后培育成功“京红1号”和“京粉1号”蛋鸡配套系后，为满足多元化市场需求，上海家禽育种有限公司、保定兴芮农牧发展有限公司、广东粤禽种业有限公司、北京中农榜样蛋鸡育种有限责任公司、荣达禽业股份有限公司、湖北欣华生态畜禽开发有限公司、壹号食品有限公司等育种企业，以地方鸡种为素材育成了多个地方特色蛋鸡新品种，江苏省家禽科学研究所、河南农业大学、中国农业科学院北京畜牧兽医研究所等科研单位，也相继培育成功特色蛋鸡配套系并顺利推向市场。截至2023年底，我国自主培育的蛋鸡配套系共有25个通过国家畜禽遗传资源委员会审定，其中高产蛋鸡配套系有14个（表1-1），以粉壳与褐壳蛋鸡为主，生产性能已达到或接近国外同类品种水平；地方特色蛋鸡配套系有11个（表1-2），以粉壳与绿壳蛋鸡为主，蛋品质较好，可以满足多元化市场的消费需求，但是有些品种的生产性能需要持续提高。

表1-1　自主培育的高产蛋鸡配套系

配套系名称	蛋壳颜色	通过审定年份
京白939	白壳	1993
新杨褐蛋鸡	褐壳	2000
农大3号小型蛋鸡	粉壳	2004
京红1号蛋鸡	褐壳	2009
京粉1号蛋鸡	粉壳	2009
新杨白蛋鸡	白壳	2010
京粉2号蛋鸡	粉壳	2013
大午粉1号蛋鸡	粉壳	2013
农大5号小型蛋鸡	粉壳	2015
大午金凤蛋鸡	粉壳	2015
京白1号蛋鸡	白壳	2016
京粉6号蛋鸡	粉壳	2019
大午褐蛋鸡	褐壳	2020
农金1号	粉壳	2021

表1-2　自主培育的特色蛋鸡配套系

配套系名称	蛋壳颜色	通过审定年份
新杨绿壳蛋鸡	绿壳	2010
苏禽绿壳蛋鸡	绿壳	2013
粤禽皇5号蛋鸡	粉壳	2014
新杨黑羽蛋鸡	粉壳	2015
豫粉1号蛋鸡	粉壳	2015
栗园油鸡蛋鸡	粉壳	2016
凤达1号蛋鸡	粉壳	2016
欣华2号蛋鸡	粉壳	2016
雪域白鸡	白壳	2020
神丹6号绿壳蛋鸡	绿壳	2020
容德黑羽小型蛋鸡	粉壳	2023

1.6.3 实现种源自主可控

高产蛋鸡品种是我国蛋鸡产业高效发展的重要保障。我国在产祖代蛋种鸡年均存栏量在2009—2014年经历大幅波动后，一直维持在60万套左右，2022年达到创新高的68.14万套（图1-1），在产父母代蛋种鸡年均存栏量常年维持在1 500万套左右，确保了市场上商品鸡苗的稳定供应。在祖代蛋种鸡市场供应稳定的同时，我国高产蛋鸡品种国产化进程不断加快，目前国产化率达到50%以上，关键时刻能够保障我国蛋鸡产业对优质种源的需求，提高了蛋鸡产业核心竞争力。2023年6月15日，北京市华都峪口禽业有限责任公司自主培育的1.55万只“京红1号”高产蛋鸡顺利出口到坦桑尼亚，标志着我国自主培育的蛋种鸡首次走出国门，表明我国不仅实现了蛋鸡种源自主可控，而且走向了国际市场。未来我们将以提高国产蛋鸡品种质量和市场占有率为主攻方向，坚持走以企业为主体的商业化育种道路，力争到2035年，国产蛋鸡育种技术达到国际先进水平，国产品种商品代蛋鸡市场占有率超过70%，摆脱对国外蛋鸡品种的依赖,国产品种和育种企业的国际竞争力显著提升。

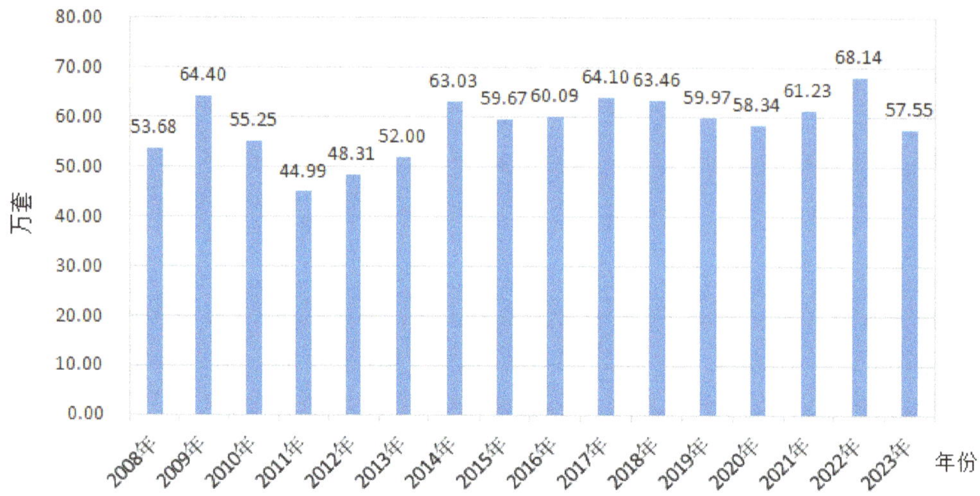

图 1-1　2008—2023 年在产祖代蛋种鸡年均存栏量

数据来源:中国畜牧业协会。

1.6.4 良种扩繁推广力度大

为全面提升我国蛋鸡种业发展水平,促进蛋鸡产业可持续健康发展,国家采取“产、学、研、推”的育种协作创新机制,整合利用产业资源,健全完善以核心育种场为龙头的包括良种选育、扩繁推广和育种技术支撑在内的蛋鸡良种繁育体系。农业部从 2014 年开始在全国范围内遴选国家蛋鸡核心育种场和蛋鸡良种扩繁推广基地,打造一批在国内外有较大影响力的“育繁推一体化”蛋种鸡企业,核心育种场主要承担新品种培育和已育成品种的选育提高等工作,良种扩繁推广基地主要是保证蛋鸡品种遗传品质的稳定传递,提高市场供种能力,满足蛋鸡产业对优质商品雏鸡的需要。蛋鸡良种繁育体系的建立和逐步完善,有效促进了蛋鸡良种扩繁和市场推广,有利于全面提高蛋鸡品种的生产性能。

第一批国家蛋鸡核心育种场名单:

北京市华都峪口家禽育种有限公司

扬州翔龙禽业发展有限公司

安徽荣达禽业开发有限公司

北京中农榜样蛋鸡育种有限责任公司

保定兴芮农牧发展有限公司

第一批国家蛋鸡良种扩繁推广基地名单:

北京市华都峪口禽业有限责任公司父母代种鸡场

山东峪口禽业有限公司

扬州翔龙禽业发展有限公司

黄山德青源种禽有限公司

四川省正鑫农业科技有限公司

湖北峪口禽业有限公司（原荆州市峪口禽业有限公司）

河北华裕家禽育种有限公司高岳养殖示范基地

四川圣迪乐村生态食品股份有限公司

宁夏晓鸣农牧股份有限公司

河南省惠民禽业有限公司

第二批国家蛋鸡良种扩繁推广基地名单：

保定兴芮农牧发展有限公司

沈阳华美畜禽有限公司

宁夏九三零生态农牧有限公司

曲周县北农大禽业有限公司

江西华裕家禽育种有限公司

云南云岭广大峪口禽业有限公司

1.6.5 种鸡企业服务能力强

从目前市场竞争格局来看，国内蛋鸡制种企业可分为全国市场覆盖型、区域市场覆盖型以及本地市场供种型，目前实现全国市场覆盖的企业仅有北京峪口、晓鸣股份和华裕农科等。全国市场覆盖的企业拥有众多的养殖和孵化生产基地，同时建立了遍布全国的销售网络，在行业中影响力大，市场竞争优势明显，对下游企业的服务能力不断增强。对于规模化商品蛋鸡企业而言，在规模持续扩张和产能不断扩大时，能够稳定获得高品质鸡苗供给，为企业更好发展打下了坚实的基础。

为了扩大市场影响力和占有率，目前北京市华都峪口禽业有限责任公司在山东、河北、湖北建有分公司，华裕农业科技有限公司在重庆建有分公司，宁夏晓鸣股份有限公司在河南和湖南建有分公司。2021年6月29日，晓鸣股份南方种业中心项目落户常德西洞庭国家现代农业示范区，这是公司立足中南、辐射全国、面向全球、打造我国蛋鸡“种业硅谷”的重要战略举措。未来晓鸣股份将以南方种业中心项目为依托，进一步加速构建国际化、市场化的联合育种机制，健全良种扩繁推广科研体系，做长做深蛋鸡种业关联产业，推动现代化蛋鸡产业高质量发展。

2 我国蛋鸡产业发展环境

2.1 外部环境

2.1.1 产业政策引导

我国蛋鸡产业能取得今天的成就，与国家畜牧产业政策的宏观引导和有力推动作用直接相关。从20世纪70年代农林部号召发展机械化养鸡以解决城市居民的菜篮子需求开始，产业政策在调整中不断优化，推动蛋鸡养殖业快速实现了规模化进程。20世纪80年代末90

年代初，国家以专项贷款形式扶持养殖规模5 000~30 000只的专业户，大城市近郊开始出现蛋鸡养殖万元户。

从2010年开始，农业部启动了畜禽养殖标准化示范创建活动，决定在全国生猪、奶牛、蛋鸡、肉鸡、肉牛和肉羊优势区域（含农场）开展畜禽养殖标准化示范创建，力争到2015年，通过创建活动的示范带动，全国主要畜禽规模养殖比重在原有基础上提高10%~15%，达到标准化的规模养殖场占规模养殖场总量的50%，畜禽标准化规模养殖场生产水平进一步提高，排泄物基本实现达标排放或资源化利用，畜产品质量安全水平明显提升。《国务院办公厅关于促进畜牧业高质量发展的意见（国办发〔2020〕31号）》提出：加快构建现代养殖体系，因地制宜发展规模化养殖，引导养殖场（户）改造提升基础设施条件，扩大养殖规模，提升标准化养殖水平，完善畜禽标准化饲养管理规程，开展畜禽养殖标准化示范创建；加强对中小养殖户的指导帮扶，鼓励新型农业经营主体与中小养殖户建立利益联结机制，带动中小养殖户专业化生产，提升市场竞争力。以上这些政策的出台，提高了蛋鸡养殖业整体水平，有效推动了蛋鸡行业发展进步，使蛋鸡标准化生产与规范化经营再上新台阶。

2.1.2 资本力量助推

与其他行业相比，蛋鸡行业市场竞争程度并不高，还有一定的成长空间，而且由于蛋鸡生产性能明显提升，企业生产效益相对稳定，因此吸引了大量社会资本进入蛋鸡养殖行业，市场上的种种迹象表明，蛋鸡行业正在从农村副业变成资本风口。在蛋鸡育种和扩繁方面，雄厚的资金投入成为种鸡企业做大做强的重要后盾。在商品蛋鸡养殖层面，资本的大量进入催生单体商品蛋鸡场规模越来越大，存栏50万只的鸡场随处可见，单场存栏上百万只、总存栏千万只的庞大企业集团陆续出现，主要原因是大家普遍看好蛋鸡规模养殖的市场前景。除了外部资本进入外，近年来蛋鸡养殖业内部的资本化趋势也越来越明显，主要源于市场需求的变化、设备和管理模式升级以及土地资源紧缺。首先，随着经济社会不断进步，“品质优先”的消费趋势对蛋鸡养殖企业提出了更高要求，需要对饲料供给、环境调控和预防保健等进行更精细化的管理，进而提高蛋品品质和营养价值，这要建立在必要的资金投入基础上；其次，为了顺应行业发展趋势，企业和养殖户要不断升级养殖设备和管理模式，现代化养殖设备和管理系统需要高额的投资和专业的维护，对于单个企业和养殖户来说难以承受，大规模资本介入可以更好地发挥技术优势，提升企业的竞争力和盈利能力。此外，随着养殖用地越发紧张，企业只有建立现代化养殖基地，通过规模化、集约化、智能化管理才能实现可持续发展，这就需要大量的资金投入。由此可见，资本化已经成为蛋鸡养殖业的一个必然趋势。资本化可以推动养殖业向规模化、现代化和品质化方向发展，削减成本，提高效益，也能够为消费者提供更安全、健康、优质的蛋制品。在行业快速变化的发展机遇期，国外资本也乘势大量进入蛋鸡养殖领域，先有正大集团和伊势农业看好我国蛋鸡市场进行独资经营，后有益海嘉里集团和湖北晨科农牧集团合作投资，在重庆、广东和广西建设超大规模蛋鸡项目。国内国外资本共同发力，有效助推了我国蛋鸡行业进步，加剧了行业竞争。

2.1.3 安全风险加剧

鸡蛋是我国居民日常生活中较为常见、摄食量大的动物蛋白食品之一，鸡蛋质量安全事关人民群众身体健康。蛋鸡养殖业是民生产业，后端直接与食品工业相连，产品质量安全是企业的命脉。近些年，三聚氰胺、苏丹红等食品安全事件的出现，对家禽养殖业的影响和冲击很大，个别企业因为对食品安全重视程度不够，危机应对措施不当，遭遇到很大的生存危机。从总体情况来看，鸡蛋的质量安全水平在食用农产品中相对较高，而且逐年改善。2023年4—5月，农业农村部组织开展了2023年第一次国家农产品质量安全例行监测工作，在抽检的畜禽产品中，禽蛋的合格率为99%。但是，从鸡蛋中检出氟苯尼考、恩诺沙星等产蛋期不得使用兽药的情况仍有发生，应该引起蛋鸡养殖企业足够的重视。2022年国家市场监管总局公布食用农产品鲜蛋类不合格信息共118项，涉及不合格鸡蛋的共105项，其中土鸡蛋和乌鸡蛋占不合格鸡蛋总量的19.05%。

2.1.4 环保政策趋严

当前我国已经进入高质量发展新阶段，随着绿色发展理念逐渐深入人心，各地环保和污染治理要求也不断提高，给规模化蛋鸡业生产带来了前所未有的挑战。生态环境部2010年发布的《畜禽养殖业污染防治技术政策（环发〔2010〕151号）》指出：畜禽养殖污染防治应遵循发展循环经济、低碳经济、生态农业与资源化综合利用的总体发展战略，促进畜禽养殖业向集约化、规模化发展，重视畜禽养殖的温室气体减排，逐步提高畜禽养殖污染防治技术水平，因地制宜开展综合整治。

2015年开始实施的《中华人民共和国环境保护法》规定：畜禽养殖场、养殖小区、定点屠宰企业等的选址、建设和管理应当符合有关法律法规规定，从事畜禽养殖和屠宰的单位和个人应当采取措施，对畜禽粪便、尸体和污水等废弃物进行科学处置，防止污染环境。《中华人民共和国国民经济和社会发展第十四个五年规划和2035年远景目标纲要》指出：要完善环境保护、节能减排约束性指标管理，对环境保护提出指标管理，要求更加细化、具体。正因如此，蛋鸡企业必须在鸡粪和污水处理、臭气治理上加以重视，通过设备升级和相关投入品使用来增加污染物处理能力，降低环境风险，这会给一些资金实力不强的企业带来生产成本压力。

2.2 内部环境

2.2.1 生产要素变化

目前蛋鸡养殖业正在由小规模大群体逐步转向适度规模发展，中等和超大规模养殖场占比越来越高，但是商品蛋鸡存栏量1万～5万只的养殖场户仍然群体庞大，这些经营主体大部分是职业养鸡者，他们在行业内摸爬滚打十余载或更长时间，经历各种血雨腥风才得以站稳脚跟。由于养殖周期长，鸡舍设备设施老旧，生产成绩并不理想，而更换标准化养殖设施设备需要一大笔资金投入，生产经营资金压力很大。另一个不得不面对的现实是，如今基层养殖者年龄普遍较大，有经验和能力、能胜任一线工作的专业技术人员十分匮乏，企业普遍遇到招工难题，不得不通过设备自动化和智能化来缓解工人短缺问题。除了设备投资压力大以外，蛋鸡生产的其他要素也发生了变化，工人工资、饲料、疫苗、兽药、水电费等连年上涨，不断压缩终端养殖户利润，虽然蛋鸡生产的综合成本持续上涨，但是鸡蛋价格近十多年一直比较稳定，导致蛋鸡养殖的投入产出比下降，企业经营难度增加，蛋鸡行业进入一个微利甚至负盈利时代。

2.2.2 疫病复杂多变

随着养殖用地紧张和养殖用工短缺的趋势越来越明显，单体蛋鸡场饲养规模扩大是大趋势，养殖密度大也增加了疫病防控的压力，这就对企业的技术和管理水平提出了更高要求。在蛋鸡规模化养殖进程中，蛋鸡疫病日趋复杂，病原体不断变异进化，细菌感染和寄生虫病不断出现，混合感染多发，容易引起免疫抑制，增加了疫病防控难度。同时，全球高致病性禽流感疫情持续多发、多种病毒共存，境外禽流感疫病传入风险较大。当前我国蛋鸡养殖场(舍)布局建设弊端较多，尤其是中小规模家庭农场、青年鸡场等养殖主体，在进鸡、用料、废弃物处理、免疫程序等方面缺乏统一标准，防疫体系不健全，综合保健意识不强，很难从根本上避免疫病发生，疫病因素时刻威胁着企业生产。虽然我国在禽流感防控方面积累了很多经验，疫苗种类和质量稳步提高，防疫体系也更加完善，但是，禽流感疫病仍然是影响我国蛋鸡产业可持续发展和效益提高的主要因素，禽流感疫情局部发生的风险仍然存在，疫情防控的神经一刻不能放松。

2.2.3 赢利难度递增

蛋鸡养殖效益增加主要来源于产量增加、成本降低、产品售价高三个方面。通过多年品种改良、环境改善、技术改进、管理升级，我国高产蛋鸡综合生产水平目前已经接近发达国家水平，实现进一步增产面临以下几个问题：一是蛋鸡养殖环境控制难，随着全球气候变化，异常天气逐年增多，对鸡群造成的冷热应激不但影响蛋鸡生产性能，还是引起疾病的重要根源，很多养殖场都存在空气质量问题，难以做到高产稳产；二是蛋鸡营养保障难，饲料营养技术参数与不同品种蛋鸡、不同生长阶段、不同生长环境、不同产品方向、不同鸡蛋品质不匹配的问题短期内难以转变；三是很多企业为了降低饲料成本而采取自配料方式，饲料加工方式落后，饲料质量安全和营养品质得不到充分保障，制约了蛋鸡生产潜力的发挥。

在增效方面，近年来蛋鸡生产成本的增加让很多企业和养殖户不堪重负。相关统计资料显示：2022年蛋鸡饲养成本为169.18元/只，同比增长14.49%，虽然鸡苗成本降低18.88%，但是饲料成本却增长16.27%，人工成本增加的趋势也很明显。与生产成本增加不相符的是，市场占有率高的普通褐壳鸡蛋价格近十多年一直比较稳定，企业赢利空间逐渐被压缩，为了提高鸡蛋产品的溢价能力，一些企业转向生产可生食鸡蛋、无菌蛋、绿壳鸡蛋等能够满足多样化饮食需求的特色鸡蛋，一些企业在品牌塑造和经营方面不断加大投入，力求通过品牌发展战略、品牌经营理念以及品牌化产品得到市场认可，还有一些企业探索拓展蛋品销售渠道，从传统的线下销售模式逐步向电商平台、直播带货、社群直销等新型销售模式转变。这些新渠道和方法有利于提高鸡蛋的市场溢价能力，但是前期需要大量的时间和资金投入，对企业的经营管理要求很高，很多企业并不敢轻易尝试。

3 我国蛋鸡产业时代特征

3.1 生产自动化

我国现代蛋鸡产业已经进入规模化发展阶段，以商品蛋鸡养殖为中心，上游连接种鸡繁育、种蛋孵化、育雏育成环节，下游连接鸡蛋加工与流通销售环节，配套饲料生产、设备供应、防疫服务等环节，形成了庞大的产业链。20世纪80年代国营机械化养鸡场出现时，市场上的鸡蛋还实行配给制，种鸡和养殖设备都需要进口，设备自动化程度不高，蛋鸡养殖主要靠人力完成，当时大型国营鸡场饲养20万只产蛋鸡需要职工近千人。

经过近四十年发展，蛋鸡养殖设备设施不断改进提升，从简易的2层A型笼具到12层H型笼具，从人工加料、捡蛋、除粪到自动化饲喂、集蛋、清粪，从开窗通风到环境自动控制，标准化密闭鸡舍、自动化饲养及环控设施已经普及，商品蛋鸡规模化养殖水平有了较大提升，现在的智能化蛋鸡场，一个有经验的工人可以管理15万只蛋鸡。国家蛋鸡产业技术体系调研数据显示，我国蛋鸡规模化养殖比例已达70%以上，而且设备自动化程度高，从国外引进和国内培育的良种蛋鸡全面推广。2008年国家蛋鸡产业技术体系成立后，有效推动了技术进步，使得我国蛋鸡业总体生产水平明显提升。农业部对11个省100个县1 500个养殖户的监测结果显示：国产蛋鸡品种年产蛋量已经超过17.5kg/只，遗传潜力得到广泛证实。如今，随着蛋鸡行业的转型升级不断深入，一些企业开始尝试蛋鸡的智能化养殖模式，在政策加持下和设备技术支撑下，蛋鸡养殖信息化、数字化、智能化技术不断深入，智能化养鸡方式通过温湿度控制器、气体探测器、烟雾报警器等传感器采集鸡舍环境数据，实时上传至智慧养殖云平台，工人通过电脑、手机就可以远程查看鸡舍各项环境数据，通过物联网远程控制系统自动控制风机和加温、加湿等设备，从而保持鸡舍环境稳定、鸡群健康。

3.2 产销本地化

近年来我国蛋鸡产业进入了深度调整期，以前明显的产销区界限不断弱化，新的产销格局正在形成，东北三省、河北、山东、河南、江苏等传统主产区的鸡蛋供应半径不断缩小。今后传统的主产区、非主产区都将以本地化产销为主，有望形成以首都经济圈、长三角、珠三角三大主销区为核心的环经济带养殖布局，即主销区的周边就是蛋鸡的养殖密集区，整个鸡蛋市场流通格局将会改变，价格风向标作用会更加明显。近年来西北区域蛋鸡产业成长迅速，宁夏晓鸣、山西晋龙、宁夏顺宝、山西国青、宁夏九三零、新疆北疆禽业、新疆满都娜、陕西黄马甲等大企业的不断崛起，不仅改变了以往从外省区调运鸡蛋的历史，本地产的鸡蛋还可以远销其他区域。以前不被大家重视的广东、广西、海南市场也在兴起，如壹号蛋品、广东绿杨等公司，正在成为潜力巨大的行业新军。

随着高产蛋鸡品种市场占有率进一步提高，以及养殖技术进步和设备设施配套完善，可以实现全国范围内常年均衡养鸡。另外，蛋鸡饲料中玉米和豆粕等主要原料大量依靠进口，不同港口的进口价格相差不大，拉近了南北方饲料成本的差距，养殖成本的界限正在被打破。如今，传统产区逐渐失去了竞争优势，西北、华南区域蛋鸡养殖业日渐兴起，国内正在围绕首都经济圈、长三角、珠三角三个经济群形成400千米范围内的蛋鸡养殖圈。这些新趋势的出现，使蛋鸡行业旧的平衡被打破，新的平衡正在建立，蛋鸡生产的边界效应不再明显，新的业态逐渐形成。

3.3 产业集群化

在我国蛋鸡业发展进程中，北养南销的格局持续了很长时间，其间涌现出辽宁省黑山县、河北省馆陶县、江苏省海安县等全国知名的蛋鸡养殖大县，为全国市场的鸡蛋供应做出了时代贡献。由于当时蛋鸡养殖是企业和农户自行组织经营，只是形成了可观的规模效应，但是整体生产水平并不高。随着经济社会转型和环保、疫病防控要求的提高，有些传统的蛋鸡主产区养殖规模开始锐减，市场影响力变小，取而代之的是一些规模更大、功能更强的现代养殖集群正在形成，例如江苏东台蛋鸡产业集群、山西稷山蛋鸡产业集群、湖北浠水蛋鸡产业集群等。

为了提高蛋鸡产业集群效应和区域市场影响力，推动蛋鸡全产业链高质量发展，目前湖北省浠水县正在实施蛋鸡产业链"七大工程"，即蛋鸡绿色养殖提升工程、国家级现代农业园创建工程、蛋鸡粪污处理资源化利用工程、蛋品冷链保鲜和废弃物处理破零工程、老母鸡精深加工产能倍增工程、华中蛋品交易市场运营工程、浠水鸡蛋品牌提升工程，取得了明显成效。如今，浠水县已经形成涵盖良种繁育、蛋鸡养殖、饲料生产、老母鸡加工、资源利用、配套服务、销售流通等的产业链条，2022年蛋鸡产业链总产值约83亿元，带动15万人就业。未来浠水将通过举办中国浠水鸡蛋产业论坛、浠水鸡蛋节等活动，全面提升浠水蛋鸡产业活力，进一步唱响"浠水鸡蛋"品牌。新型蛋鸡产业集群的出现，有利于提高蛋鸡养殖企业生产经营的组织化程度，推动实现个体生产经营与社会化大生产有效衔接，发挥产业集聚效应，把蛋鸡业产前、产中、产后融为一体，实现区域资源共享，不断完善现代蛋鸡产业体系，推动农村一二三产业融合发展。

3.4 产品品牌化

随着我国经济、社会的发展变化，工业化、信息化、城镇化及农业现代化步伐日益加快，农业人口就业机会增加、收入稳定增长，整体生活水平不断提高，以解决就业和脱贫致富为目的进入蛋鸡养殖业的农户越来越少，蛋鸡养殖业已经从农村家庭副业升级为专业化生产经营的现代产业。自动化设备在生产中的应用，使蛋鸡养殖的工业化和标准化水平稳步提高，对生产者的资金实力、技术力量和管理水平也提出了更高要求，再加上近年来各地环保要求的不断提高，市场风险和政策风险加大，小规模蛋鸡养殖主体效益下降，正在加速退出市场，蛋鸡行业的整合发展进一步加速。近年来，全国蛋鸡养殖场数量呈明显下降趋势，商品蛋鸡企业养殖规模不断扩大，正大集团、四川圣迪乐、北京德青源、山西晋龙等公司的养殖总量已经突破1 000万只，市场占有率不断提高。与此同时，种鸡和商品鸡企业开始重视品牌建设，在品牌塑造和品牌经营方面不断增加投入。

农业农村部办公厅于2022年6月10日印发的《农业品牌精品培育计划(2022—2025年)》提出，到2025年，培育推介一批产品优、信誉好、产业带动作用明显、具有核心竞争力的企业品牌和优质特色农产品品牌，不断满足人民日益增长的美好生活需要。在政策推动和企业的精心培育下，蛋鸡企业的品牌战略、品牌经营理念以及品牌化产品逐渐得到市场认可。《品牌观察》杂志社联合其他部门对17个国家地理标志鸡蛋产品的品牌价值进行评价，结果见表1-3。由此可见，鸡蛋产品的品牌价值很大，而且有进一步挖掘的空间。

表1-3 国家地理标志鸡蛋产品品牌价值

鸡蛋产品	品牌价值(亿元)	属地
黑山褐壳鸡蛋	215.49	辽宁省锦州市黑山县
营口蚕蛹鸡蛋	166.17	辽宁省营口市
固始鸡蛋	149.21	河南省信阳市固始县
闾山鸡蛋	133.25	辽宁省锦州市北镇市
公主屯鸡蛋	129.11	辽宁省沈阳市公主屯镇
钟祥长寿村鸡蛋	117.46	湖北省荆门市钟祥市
长顺绿壳鸡蛋	103.24	贵州省黔南州长顺县
清水粉壳蛋	93.88	甘肃省天水市清水县
旧院黑鸡蛋	92.14	四川省达州市万源市
乡城藏鸡蛋	87.25	四川省甘孜州乡城县
乐道子鸡蛋	66.37	四川省泸州市纳溪区
印江绿壳鸡蛋	59.08	贵州省铜仁市印江县
洪门鸡蛋	42.66	江西省抚州市南城县
卢氏绿壳鸡蛋	37.65	河南省三门峡市卢氏县
华容道鸡蛋	36.29	湖南省岳阳市华容县
盐池滩鸡蛋	21.43	宁夏吴忠市盐池县
呼兰鸡蛋	17.48	黑龙江省哈尔滨市呼兰区

2023年，“稷山鸡蛋”区域公共品牌正式发布，山西晋龙养殖股份有限公司、稷山县联农畜牧发展有限公司、稷山县昌宏饲料养殖农民专业合作社、稷山县张嘎养殖专业合作社、稷山县均和凤歌蛋鸡养殖专业合作社、稷山县昊鑫养殖专业合作社获颁“稷山鸡蛋”区域公共品牌授权证书，有助于推动稷山蛋鸡产业高质量发展。

3.5 产业金融化

除产业自身发展外，鸡蛋期货、蛋鸡保险等金融工具和金融产品的介入，为蛋鸡产业升级发展注入了强劲动力。2013年9月，鸡蛋期货在大连商品交易所上市，这是我国鲜活农产品中首个期货品种，从十多年的市场运营情况看，鸡蛋期货的推出不但丰富了国内期货市场品种体系，而且为蛋鸡业生产提供了重要的价格保障工具，很好地起到了价格发现和规避市场风险的作用。蛋鸡保险是国内推出较早的家禽险种，目前中国人民保险集团、中国太平保险集团、安华农业保险、国元农业保险等相继在湖北、河南、河北、山东、辽宁、吉林等地推出蛋鸡养殖保险。蛋鸡保险在所有畜禽产品保险中表现活跃，不仅品种丰富，而且覆盖面和影响力不断扩大，蛋鸡养殖保险、鸡蛋价格保险、鸡蛋价格指数保险、鸡农小额贷款履约保证保险、鸡蛋食品安全责任险等险种渐渐被养殖企业熟知，可以为蛋鸡产业链前端融资、中端养殖、后端销售等环节提供全方位风险保障服务。

除此之外，养殖设备融资租赁、企业相互保险、“期货+保险”“互联网+保险”等产品也纷纷进入蛋鸡养殖业，而且形式更加灵活，可操作性强，期货公司、保险公司、证券公司提供的产品种类和配套服务越来越丰富，保险范围也从此前的养殖风险扩大到市场价格风险。期货市场套期保值、场外期权交易等金融手段的组合应用，可以很好地规避企业生产经营风险，从而真正起到为蛋鸡业保驾护航的作用。这一系列产品的推出，充分发挥了金融工具对蛋鸡行业发展的“助推器”和“稳定器”作用，对实现蛋鸡产业稳定、可持续发展和推动乡村振兴具有重要意义。

3.6 加工增值化

受传统消费习惯影响，目前我国鸡蛋消费仍以家庭和机构“壳蛋”消费为主，加工所占比例不足5%，蛋品加工成为蛋鸡产业链薄弱环节，产业价值没有得到充分发挥。目前鸡蛋大部分是加工成卤蛋、皮蛋、咸蛋、糟蛋等传统蛋制品，深加工产品蛋粉、蛋液、冰冻蛋品、蛋白片以及高附加值生物活性物质溶菌酶、蛋清肽、卵磷脂、蛋黄油、钙素等，仅占总产蛋量的1%左右，而欧美发达国家的蛋品深加工比例高达30%~40%。近年来，很多企业在品牌鸡蛋市场开发方面取得很大进步，但是蛋品深加工进程缓慢。随着西式餐饮、烘焙等行业快速发展，液蛋、蛋粉等加工产品受到越来越多企业青睐；同时，随着消费群体年轻化和消费持续升级，各种即拆即食的便捷蛋制品和具备创新性的休闲蛋制品也逐渐受到消费者喜爱。提高鸡蛋产品加工比例，大力开发能够满足餐饮、烘焙、家庭消费、生物医药、美容保健等行业需求的深加工蛋制品，有望进一步扩大鸡蛋消费市场空间，促进蛋鸡养殖规模和效益提升，有利于推动整个产业做大做强。

此外，淘汰蛋鸡作为蛋鸡产业链的一环，以前并没有引起企业的重视，因为淘汰蛋鸡专门有商贩收购，只要是红羽鸡、黑羽鸡，市场售价都不错，蛋鸡企业对淘汰蛋鸡的衡量标准是把养殖成本分摊掉即可，并没有将其价值最大化。

如今，淘汰蛋鸡深加工的商机已经被越来越多的企业看到，随着宁夏顺宝和山西国青等企业相继上马淘汰鸡屠宰线，以及兴芮农牧的烤鸡、北京德青源的老母鸡、百年栗园的北京油鸡、安徽荣达集团的“江南三好”老母鸡汤等深加工产品陆续推向市场，淘汰蛋鸡加工的增值空间被普遍看好。淘汰蛋鸡作为我国特有的禽产品类型，有其生存的土壤和空间。在蛋鸡产业链其他环节的竞争已经日趋明朗、增值空间受限后，作为蛋鸡养殖重要的利润来源渠道，淘汰蛋鸡加工是很好的发展方向，可以为养殖者稳定地输出利润，这也是一些大企业争相进军淘汰鸡加工领域的主要原因。

3.7 经营联合化

近年来蛋鸡行业的一个新变化是一些企业不再单打独斗，开始走联合发展道路，各种不同形式的蛋鸡产业联合体不断出现，一些由企业自发成立的民间组织相继问世，例如，以青年鸡养殖企业为纽带，把产业链上下游企业有效组织在一起的“吉蛋堂”“鹊桥会”，以及区域性蛋鸡行业组织京津冀蛋鸡产业协同发展联盟、苏浙沪规模蛋鸡联合会等，已经成为家禽行业最活跃的群体之一，在联合体的组织运营下，企业的产销变得更加有序，以前的竞争对手变成了合作伙伴。

2016年8月31日，农业部研究制定了《实施农业竞争力提升科技行动工作方案》，方案拟定的蛋鸡产业联合体包括：蛋鸡产业技术体系+地方创新团队+地方农技推广和培训机构+北京德青源农业科技股份有限公司+北京市华都峪口禽业有限责任公司+四川圣迪乐村生态食品股份有限公司+湖北神丹健康食品有限公司等，这是我国蛋鸡产业联合体的一次提档升级，对于提升蛋鸡产业质量效益、市场竞争力和可持续发展水平将发挥重要作用。新型产业联合体的出现，既是行业发展所需，也符合国家政策导向。

2017年10月13日，国家六部委联合下发了《关于促进农业产业化联合体发展的指导意见》，目的是让龙头企业、农民合作社和家庭农场等新型农业经营主体以分工协作为前提，以规模经营为依托，以利益联结为纽带，结成一体化农业经营组织联盟，实现农业快速发展。2021年，湖北省7家蛋鸡养殖及蛋制品加工领军企业签约成立联合体，目的是抱团发展、资源共享、实现优势最大化。此外，北京德青源与光明集团上海农场的携手合作，华裕农科与韩伟集团的强强联合，正大集团与晋龙集团的合作探讨，开创了大企业走向联合的良好局面。组建蛋鸡产业联合体，可以充分整合各方资源，龙头企业强化基地建设，家庭农场实现节本增效，合作社提高运营效率，降低生产成本、规避经营风险、优化资源配置、提高经济效益，实现经营主体的联合发展，为我国蛋鸡业组织化运营和提质增效提供重要的方向指引。

3.8 服务社会化

在蛋鸡产业升级过程中，虽然一些规模和影响力较大的企业正在践行蛋鸡产业链全覆盖的纵向一体化经营模式，但是，在市场主体多元化情况下，专业分工、单一业务环节经营模式仍然是主流。从全国范围来看，蛋鸡市场正在进一步细分，产业链分工、专业化生产趋势越来越明显，行业内出现了很多配套服务商，专门为养殖企业提供社会化服务，例如育成鸡公司、一体化设备公司、防疫服务商、屠宰加工公司、数据管理公司、耗材供应公司、电商服务公司、金融保险公司、融资租赁公司等，这些专业化公司在自身领域深耕细作，专业能力和技术水平逐渐得到市场认可，可以为养殖企业提供更好的服务，在生产成本不断提高的情况下，能够减轻养殖企业的投资压力。早期商品蛋鸡养殖是育雏、育成、产蛋全程在商品鸡场完成，随着行业发展进步，蛋鸡养殖业组织运营模式也在发生变化，其中一个重要标志是专业养殖青年鸡的群体正在崛起。2008年以后，青年鸡产业得到了快速发展，不仅起到了蛋鸡行业蓄水池和储备库作用，而且有效推动了蛋鸡养殖的专业化分工，商品蛋鸡场可以专注产蛋鸡养殖，减少育雏育成环节的设备投资，合理规避技术风险，同时也改变了蛋鸡产业利益分配格局，具有良好的成长性和市场前景。

3.9 养殖生态化

在行业高质量发展趋势引领下，蛋鸡企业开始向生态化方向发展，纷纷在合理使用投入品、减少废气排放、有效处理鸡粪等方面做文章，尽量减少蛋鸡生产对环境的危害，实现生态健康养殖。近年来，农业农村部在全国范围内开展了兽用抗菌药综合治理，先后启动了兽用抗菌药使用减量化行动、药物饲料添加剂退出行动、规范用药宣教行动以及兽药残留监控、动物源细菌耐药性监测等。在行业加强监管和政策宣传引导下，企业积极践行蛋鸡养殖减抗理念，通过减少抗生素的使用推动蛋鸡养殖过程更加生态化，有利于保障鸡蛋产品质量安全。在生产中企业注重精细化管理，饲料配制更加精准，合理添加微量元素，防止营养物质浪费和鸡粪中重金属元素超标。此外，为了减少臭气产生和排放，企业通常会在鸡舍内喷洒除臭剂，有的企业在鸡舍排气口安装设备对臭气进行收集处理，以减少臭气对环境的影响。在环保要求下，规模养殖场的鸡粪一般都经过发酵处理生产有机肥，整个过程在密闭式发酵罐中好氧状态下进行，添加除臭菌种后无臭气产生，无废水、废气排放，无二次污染，实现环保清洁生产，符合国家环保要求，生产的有机肥可用于粮食、蔬菜、经济作物种植，减少化肥使用量，实现种植业绿色化、生态化。

第二章
江苏省蛋鸡产业在全国的地位

1 全国鸡蛋产量分布

统计局未公布鸡蛋产量，因此无法直接获得权威的数据。各地农业、统计和商务部门会根据需要，临时性报告鸡蛋产量或者蛋鸡存栏量数据。根据地方政府部门在新闻媒体、行业报告、提案答复、活动发言等公开的资料，搜集2019年以来地方年度鸡蛋产量或者蛋鸡存栏量数据，并与当年度禽蛋产量数据进行比对，估计鸡蛋产量在禽蛋中的比例，根据2019—2021年的禽蛋产量均值计算出3年平均鸡蛋产量，见图1-2。据估计，2019—2021年，全国鸡蛋年均产量约为3 037.22万吨，约占禽蛋比重的89%，比过去行业估计的85%提高了4个百分点。河南省鸡蛋产量最高，为423.78万吨，全国占比约为14%；江苏鸡蛋产量为204.57万吨，全国占比约为7%。西藏自治区鸡蛋产量最低，约为0.65万吨，在全国的比重可以忽略。31个省（市、自治区）的平均水平为97.97万吨，超过平均水平的省市有11个，包括东北三省、河南、河北、山东、山西、湖北、江苏、安徽和四川。

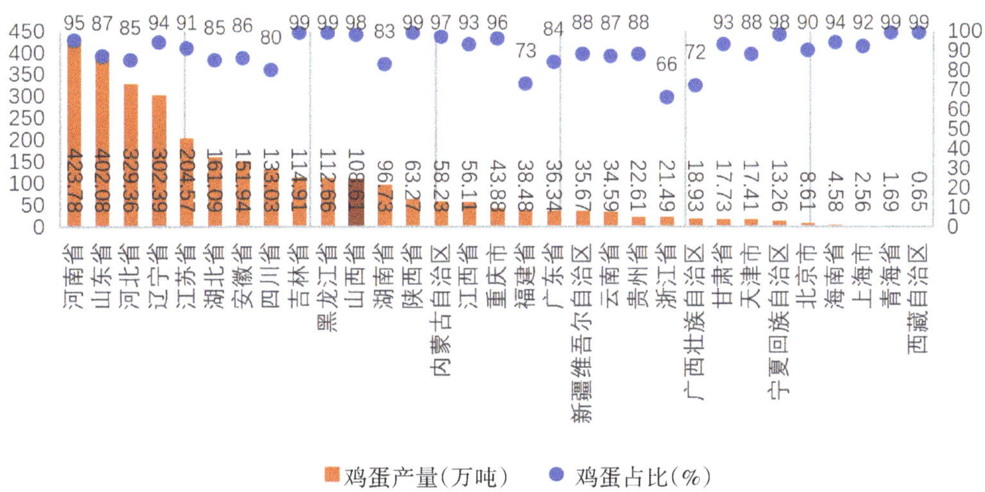

图1-2　2019—2021年全国鸡蛋平均产量（万吨）

参考相关文献对产业聚集区的划定方法，全国蛋鸡养殖聚集区有2个，聚集省份有2个。两个蛋鸡养殖聚集区分别为“环豫蛋鸡养殖聚集区”和“辽吉蛋鸡养殖聚集区”，均分布在我国中北部。其中，“环豫蛋鸡养殖聚集区”指除陕西外河南及周边7省。该区年鸡蛋产量约为

1 781.44万吨，约占全国总产量的59%。河南、山东和河北三省产量合计达1 295.73万吨，在该区的占比高达73%。“辽吉蛋鸡养殖聚集区”，包括辽宁和吉林两省，年鸡蛋产量约为417.3万吨，全国占比约为14%。两个聚集省份，分别为黑龙江和四川，在全国的占比均为4%左右。从现有的产业聚集区占比看，最大的产业集聚区产量占比未达到70%，因此全国蛋鸡养殖尚未形成主产区。总的来看，全国蛋鸡养殖存在多个聚集区，主聚集区省份较多且未达到主产区标准，因此，蛋鸡养殖整体上还较为分散，与蛋鸭养殖集聚程度相似。从空间分布看，江苏鸡蛋产量年均水平为204.57万吨，在全国的占比约为7%，属于第一梯队。江苏为国内最大的“环豫蛋鸡养殖聚集区”东南部成员，毗邻“豫鲁冀”核心产区，南部毗邻上海和浙江，辐射华东、华南和西南市场。

2 江苏为鸡蛋供需紧平衡省份

我国鸡蛋产量分布偏北方，长期以来有“北蛋南调”的供需结构。以自给率水平来衡量区域鸡蛋调运的能力，自给率水平越高，则蛋品外调的能力越强。数据显示，我国鸡蛋年均家庭消费量约为1 511.22万吨，不考虑损耗和出口量，家庭消费占总产量的比例约为50%，实际消费量应为家庭人均消费量的两倍。基于2019—2021年统计局人均禽蛋消费量和禽蛋产量，估计禽蛋的家庭消费自给率，除以2得到鸡蛋消费自给率，见图1–3。从自给率水平看，最高为辽宁，约为240%；最低为上海，约为4%；平均水平为85%。有13个省（市、自治区）鸡蛋自给率超过100%，不考虑流动性，整体上有一定的调运能力。辽宁、吉林、湖北和河北的鸡蛋外调程度较强，外调能力超过50%；宁夏、河南、山东、黑龙江和安徽次之，外调程度超过5%；江苏与四川和新疆属于供需紧平衡的省份。一般情况下，鸡蛋产量大的地区外调程度强，但也有例外，比如宁夏和新疆。

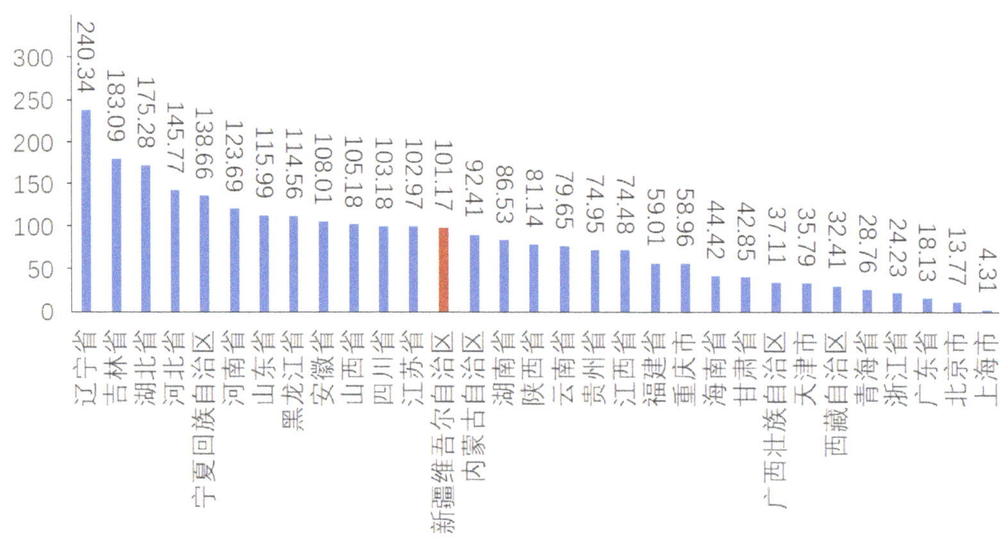

图1–3　鸡蛋自给率（%）

3 江苏蛋鸡行业有销区优势

国内鸡蛋调入量较大的省（市、自治区）集中在“两广”“浙沪”和“京津”区域，见图1–4。

经测算，三个区域的鸡蛋年调入量约为196.12万吨、124.11万吨和85.14万吨，分别占全国调入需求总量的35%、22%和15%。从区域位置看，江苏毗邻“浙沪”市场，辐射华东南省份，市场空间较大，有销区优势，但江苏与北方相比，饲料原料、人工和用地成本偏高，没有产区优势，而辽宁的鸡蛋远销到广东，可见鸡蛋调运成本的负担并不重。在渠道铺开的情况下，“长三角”的市场也会被北方产区辐射。

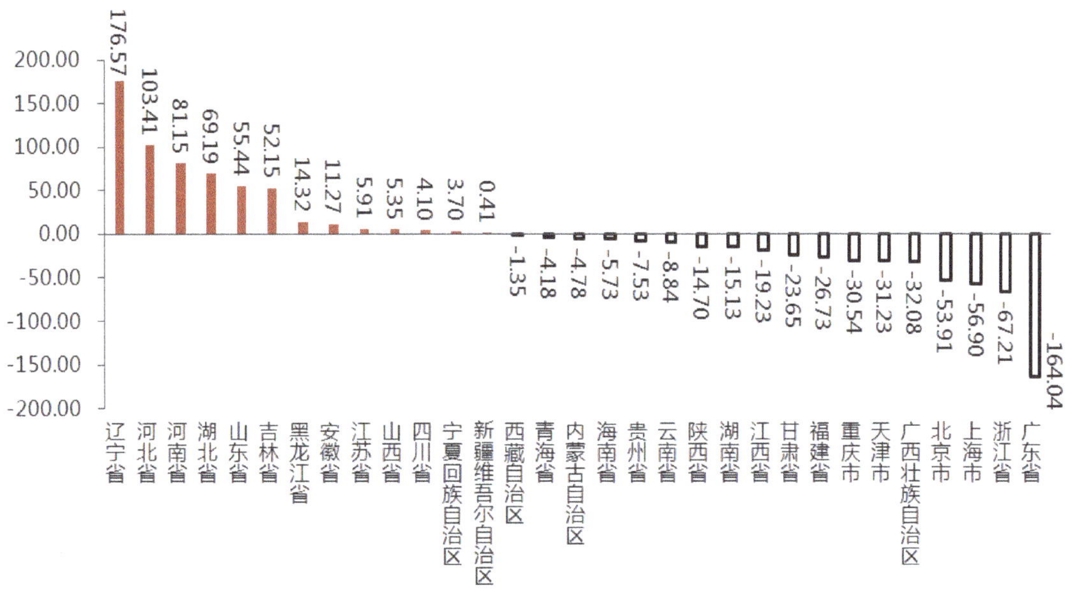

图1-4　鸡蛋年调出量(万吨)

第三章
江苏省蛋鸡养殖效益分析

1 价格走势

1.1 价格涨幅超过CPI

2017年是江苏现代农业产业技术体系启动之年，也是2000年以来鸡蛋价格罕见地处在“谷底”的阶段，见图1-5。2017以后，蛋价触底上涨，这种涨势虽然有波动，但整体延续到2022年，2023年有所下调。2017年1月，鸡蛋的出场价、批发价、集贸市场价和淘汰鸡价格分别为6.23元/千克、6.72元/千克、8.85元/千克和8.25元/千克；2023年1月，对应商品价格分别为9.59元/千克，10.73元/千克、12.24元/千克和9.7元/千克，价格增幅分别为54%、60%、38%和18%，均高于同期CPI约12%的涨幅。

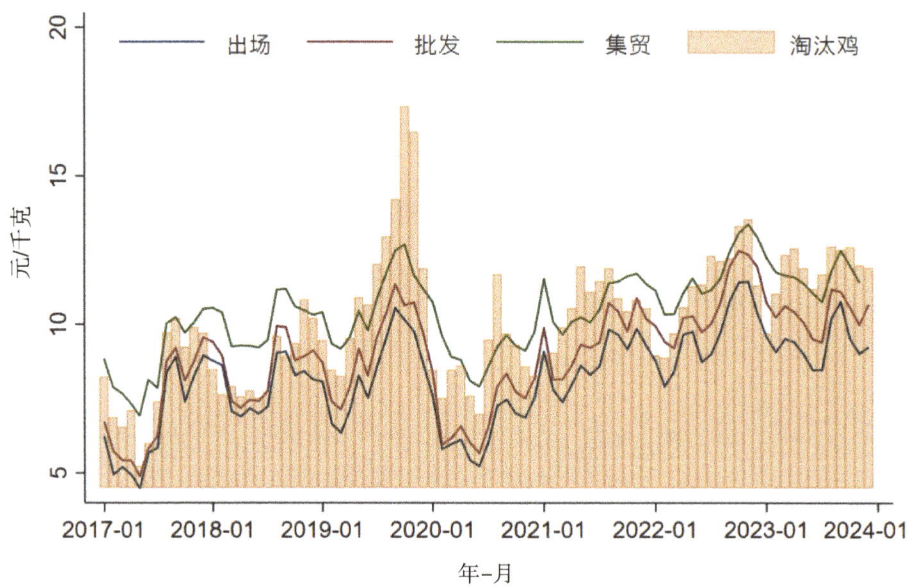

图1-5 鸡蛋和淘汰鸡实际价格走势

从波动程度看，鸡蛋出场价、批发价、淘汰鸡价和集贸市场价格的变异系数分别为19%、20%、22%和13%，前3个靠近养殖生产环节的商品价格波动较大且程度相当，鸡蛋的集贸市场价格最为稳定。

1.2 淘汰鸡价格增长更快

通过季节调整和谱分析法，将趋势成分从价格中分离，有助于直观了解鸡蛋及淘汰鸡的趋势和上涨幅度，见图1-6。从趋势成分看，2017年以来鸡蛋和淘汰鸡价格均接近线性增长，且持续时间长达7年。2017年1月，鸡蛋出场价、批发价、集贸市场价和淘汰鸡价格的趋势成分分别为6.82元/千克、7.21元/千克、8.93元/千克和8.08元/千克；2023年1月，其趋势成分分别为9.35元/千克、10.35元/千克、11.46元/千克和11.62元/千克；对应商品价格趋势成分的累积增长率分别为37%、44%、28%和44%，与实际价格增幅相比，淘汰鸡价格趋势成分的增幅变大，鸡蛋价格趋势成分的增幅则变小。

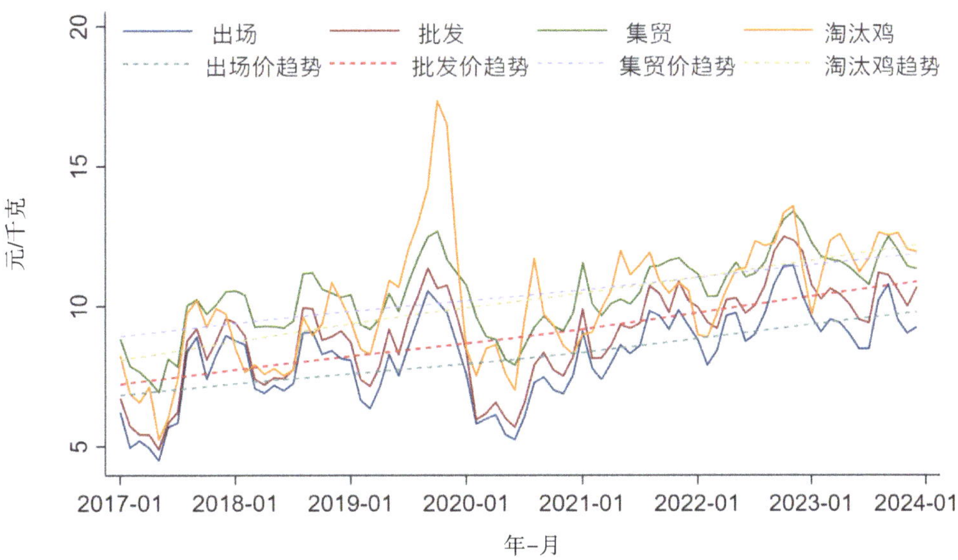

图1-6　鸡蛋和淘汰鸡价格的趋势成分分析

其原因在于，淘汰鸡价格有趋势平稳特征，而鸡蛋价格则不平稳，在实际价格较小的波动范围下，前者必将拥有较大的趋势。经测算，鸡蛋和淘汰鸡价格的趋势成分平均月增长分别为0.04元/千克和0.05元/千克。另外，不同时间阶段鸡蛋价格的趋势表现不同。2011—2017年，鸡蛋价格表现为下降趋势，因此，价格的趋势是有拐点的，需要从基本面去考量。

1.3 产品价格强相关

不同市场的鸡蛋价格之间，以及鸡蛋与淘汰鸡价格之间均有较大的相关性。不同市场的鸡蛋价格相关性非常高，出场价和批发价、批发价和集贸价、出场价和集贸价的价格相关系数分别为0.99、0.97和0.97，出场价和批发价的相关性最高。鸡蛋和淘汰鸡是蛋鸡产能的“一体两面”，价格变化基本同步，互为信号，两者之间的相关系数高达0.81。

由于价格强相关，不同产品价格高峰和价格低谷出现的时间非常接近。鸡蛋出场价最高时发生在2022年11月，约为11.44元/千克；批发价最高时出现于2022年10月，为12.48元/千克；集贸价最高出现在2022年11月份，约为13.38元/千克。三者最低价均发生在2017年5月，为4.49元/千克、4.89元/千克和6.92元/千克。淘汰蛋鸡最高价出现在2019年10月，为17.33元/千克，最低价发生在2017年5月，约为5.23元/千克。虽然淘汰蛋鸡的价格高峰与鸡蛋不匹配，但2019年10月前后，依然是鸡蛋价格的一个高峰时刻。2020年6月，也是鸡蛋和淘汰鸡价格的又一个低谷。

整体看，2017年以来，有两次高峰和两次低谷。第一次高峰期价格出现在2019年10月前后，第二次出现在2022年10月前后。第一次低谷出现在2017年5月，第二次低谷出现在2020年6月。因此，2017年以来蛋鸡行业的市场周期大概是3年。

1.4 蛋价价差高且波动大

鸡蛋出场价、批发价和集贸市场价分别代表生产、流通和终端三个环节，不同环节间的价格分层比较明显。从整体价差看，越靠近终端价差越大。鸡蛋出场价、批发价和集贸市场价格平均水平分别为8.2元/千克、8.93元/千克和10.42元/千克。其中，终端与流通环节的价差约为1.49元/千克，价格增加约17%，流通与生产环节的价差仅为0.73元/千克，价格增幅约9%，两环节价差相差约一倍。

从月度价差的波动情况看，流通和生产环节的价差较为稳定，基本控制在平均增幅的水平；但终端与流通环节的价差波动较大，其增幅区间为4%~42%。

终端环节价差与批发价格有显著的负相关关系，其相关系数约为−0.78，当批发价格或者出场价格越是低迷时，集贸价的跌幅是相对较小的，其利润空间反而越大。因此，越是行情低迷的时候，终端渠道的掌控能力越大，对利润的影响程度越深。加强渠道建设和终端辐射能力，很大程度上是应对市场风险的措施。

1.5 价格季节性变化明显

从季节性看，鸡蛋和淘汰鸡价格均有较强的季节性，上半年价格偏弱，下半年走强，见图1−7。其中，鸡蛋出场价季节性最强和最弱的月份分别为9月和3月，其季节因子分别为1.16和0.87，且2月与3月差距不大；鸡蛋集贸价季节性最强和最弱的月份则为9月和3月，季节因子分别为1.1和0.91；淘汰鸡价格季节性最强和最弱的月份则为11月和2月，季节因子分别为1.12和0.85。总的来看，季节性能导致鸡蛋和淘汰鸡的价格偏离平均水平15%~16%的波动，影响较为突出。

2 养殖效益

2.1 利润与成本波动

2017年以来，蛋鸡规模养殖利润波动较大，平均月度利润水平为1.33元/千克，最小值为−1.86元/千克，最大值为5.24元/千克，其变异系数高达111%。另外，亏损的月份占比约为18%，连续亏损不会超过7个月，连续盈利可以长达29个月。总体来看，2017年以来，蛋鸡规模养殖有两个长周期的盈利，且平均利润率约为21%，在家禽养殖中属于较有保障的项目，见图1−8。

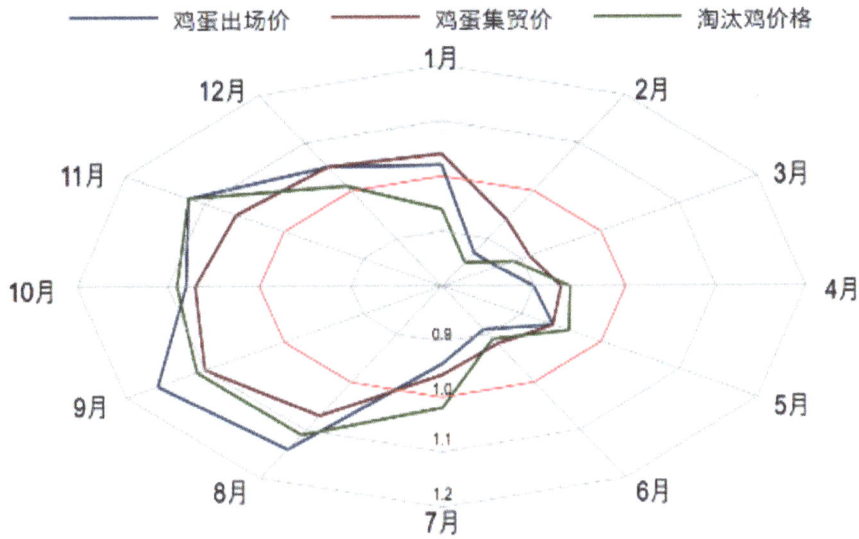

图 1-7 鸡蛋和淘汰鸡价格的季节成分强弱

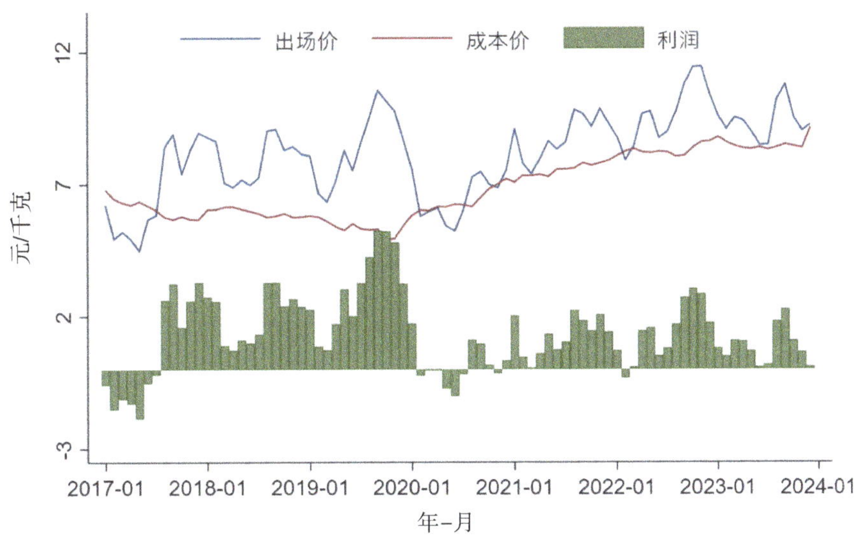

图 1-8 鸡蛋成本和利润走势

蛋鸡的直接饲养成本主要由鸡苗、饲料等投入品组成。2017年以来的鸡蛋生产成本先降后升，其平均水平为6.86元/千克，最小值为4.93元/千克，最大值为8.78元/千克，变异系数为17%，成本整体波动幅度不大。

鸡蛋或淘汰鸡价格的自相关一般维持2~3个月，而成本自相关则长达8个月，因此后者趋势的持续性更长。2019年10月成本为7年最低，约为4.93元/千克；2019年11月以后，成本快速上涨，2023年底达到9.14元/千克的高峰；可见，成本的下降和上涨阶段分别长达34个月和50个月。

不同企业的成本控制水平不同，因此利润点也不一样。以主要的饲料成本为例，小规模企业从市场采购的原料比大规模企业采购价或自配料价格高8%~30%，平均水平也要高出15%左右。

2.2 成本要素价格

后备鸡成本和饲料价格是影响鸡蛋生产直接成本的重要因素。后备鸡成本由鸡苗购置费用、后备期饲料费用和淘汰鸡收益共同决定,其中淘汰鸡收益用来抵扣后备鸡投入成本。淘汰鸡价格有趋势平稳特征,是一个重要的调控产能信号。淘汰鸡价格高意味着存栏下降,蛋价上涨,补栏增加,继而苗价和饲料价格上涨。淘汰鸡价格与次月的苗价和饲料价格的相关系数分别约为0.76和0.45。因此,尽管淘汰鸡价格上涨是养殖场所期望看到的,但随后仍将面临成本上涨的问题。

2017年以来,鸡苗价格涨幅低于蛋价,价格波动程度较小,与鸡蛋价格关联性高。2023年1月与2017年同期相比,鸡苗每只上涨0.5元,涨幅约为15%,低于蛋价涨幅(图1-9)。期间,鸡苗价格平均水平为3.65元/只,变异系数为11.5%,波动程度也相对较小。鸡苗最低价为2.73元/只,发生在2017年6月;最高值为5.24元/只,发生在2019年12月;与鸡蛋价格的极值出现时间同步;另外,鸡蛋价格与次月苗价的相关系数高达0.73。

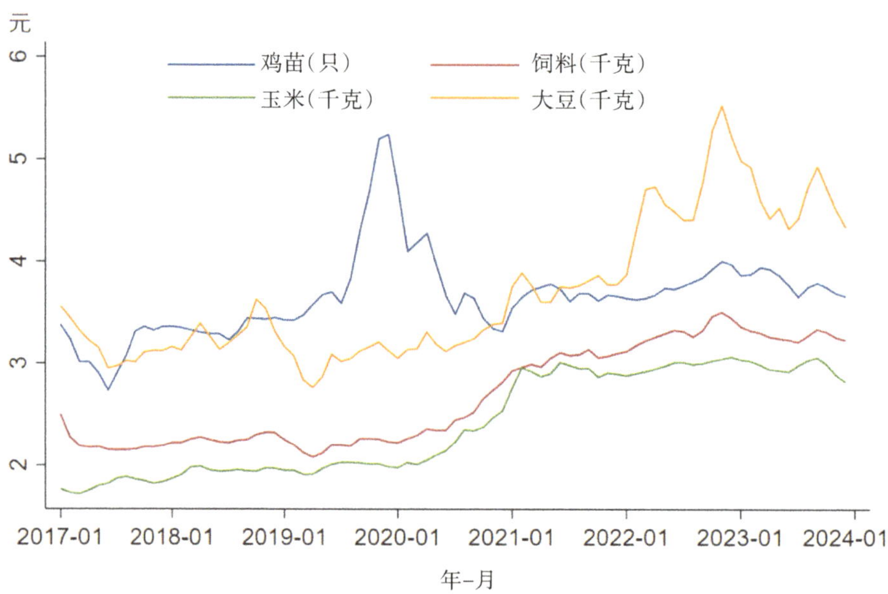

图1-9 蛋鸡养殖成本要素价格走势

2017年以来,与鸡苗价格相比,饲料价格涨幅较高,波动程度较大,与鸡蛋价格关联较弱。2023年1月饲料价格约为3.36元/千克,2017年同期为2.5元/千克,累计上涨约34%。期间,饲料价格平均水平为2.68元/千克,变异系数为18.3%。饲料价格与鸡蛋价格的相关系数为0.6;且饲料最低价为2.08元/千克,发生在2019年4月;最高价为3.5元/千克,发生在2022年11月,与蛋价、苗价价格波动的关键点基本不同步。因此,饲料价格的判断应该有其独立的体系,饲料原料价格可能是非常重要的一个方面。由于玉米和豆粕是蛋鸡饲料的主要原料,饲料价格与玉米和豆粕价格相关系数约为0.98和0.92,经VECM(向量误差修正模型)分析,玉米价格波动对饲料价格波动的贡献约为71%,豆粕价格的贡献约为23%。可以通过对主要原料价格的判断分析饲料价格的趋势,进而评估饲料成本的波动。

2.3 成本回收时间

2.3.1 测算方法

蛋鸡养殖周期长，直接成本回收速度是决定是否盈利的关键，也是评估现金流储备的重要依据。正常情况下，企业应当确保成本回收期内的资金需求。当成本完全回收时，每只鸡的投入和蛋的利润抵消，则有：

后备鸡成本−淘汰鸡收益(T)=蛋收益(E)−饲料成本(F)

而后备鸡投入属于一次性成本，淘汰鸡收益属于一次性收益。鸡蛋收益和产蛋期的饲料投入则有较长的周期(n)。公式改写为：

$$n = \frac{H - T}{\left(\overline{p}_{eggs} - \overline{p}_{feed} * \overline{R}\right) * \overline{O}_{eggs}}$$

其中，H和T分别表示每只蛋鸡的后备鸡投入和淘汰鸡收益；n表示成本回收的月数；$\overline{p}_{eggs}$、$\overline{p}_{feed}$、$\overline{R}$和$\overline{O}_{eggs}$分别表示产蛋期内(一般为11个月)的月度平均水平的蛋价、饲料价、料蛋比和产蛋量。后备鸡的成本主要由鸡苗和后备期饲料成本构成，即$H = p_{chick} + c_{feed}$，其中p_{chick}为鸡苗价格，c_{feed}为后备期饲料费用。

2017—2023年，由于产品价格(鸡蛋、淘汰鸡)上涨趋势高于成本，且淘汰鸡价格上涨更快，因此是有利于缩短成本回收时间。长期来看，决定不同时期成本回收时间的主要因素是饲料价格和后备鸡的成本。

2.3.2 分布结构

根据测算，2017年以来鸡蛋成本回收月份有较大的差异(图1-10)。有三个特征：一是存在着较大的极值，特别是亏损时成本回收期较长；二是变异系数大于200%，波动极大；三是主体分布集中在11个月以下，偏态分布特征明显。因此，使用分位数来评估成本回收期的结构。重点讨论两种情况：一是包括回收期大于11个月的情况，即考虑到亏损的风险。此时70%分位数约为6个月，75%分位数约为7个月，中位数约为5个月。二是不包括回收期大于11个月的情况，不考虑亏损，此时70%分位数约为5个月，75%分位数约为6个月，中位数为4个月。两者在同等分位数的差距均保持在1个月的水平。

从中位数看，蛋鸡养殖场成本完全回收需要4~5个月的产蛋，如果要自养后备鸡，则生产周期达9~10个月以上，因此蛋鸡养殖是长周期的，淘汰日龄不会太短，这和蛋鸭不同。由于固定资产投资加大的缘故，蛋鸭饲养期也有延长的趋势，但淘汰蛋鸭的价值很高，更大程度地抵扣了后备鸭的成本，减小了成本回收期。因此，固定成本投资较小的养殖场，蛋鸭养殖的投机性较大，更看重淘汰鸭的价值。淘汰蛋鸭的日龄是相对分散的，有的产蛋不到4个月就淘汰。正是由于蛋鸡养殖成本高带来的长周期特征，蛋鸡养殖的风险管控保障就要加强，尤其是要确保资金流的稳定。农业资金是宝贵的，且是长周期的，因此全期的资金流保障能力是绝大多数企业不具备的。一般而言，企业的现金流需要支撑到盈利阶段，并要最小化。如果基于“三七”原则来讨论，企业现金流应确保70%分位数或者75%分位数水平的成本回收能力，也就是要确保6~7个月的稳定生产。如果遇到行情上涨的周期，可以适度降低1个月。

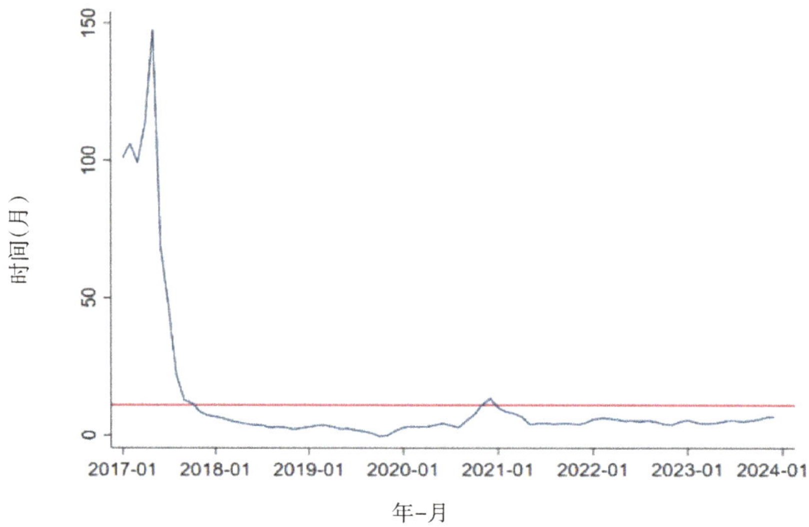

图1-10 **成本回收时间**

第二篇

沧海桑田·生机盎然
历史&现状

第一章
江苏省蛋鸡产业发展历程

江苏省蛋鸡养殖历史悠久。据文献记载,1913年,留学归国人士冯焕文在无锡创办荡口鸡场,引入白来航等品种进行饲养,引领我国蛋鸡业引种建场发展。江苏是我国蛋鸡养殖大省,与山东、辽宁、黑龙江三省一样是传统商品蛋供应地区。从20世纪90年代以后,江苏省蛋鸡养殖量快速增加,涌现出一批饲养量超过千万只的养殖大县,如海安县作为全国闻名的蛋鸡养殖大县,1998年被中国农学会命名为“禽蛋之乡”。从21世纪初到现在,江苏省蛋鸡养殖量相对稳定,近十年来略呈下降趋势,2022年江苏省蛋鸡存栏量约1.55亿只,鸡蛋产量约206.2万吨。随着产业转型升级,规模养殖比重持续上升,已出现蛋鸡存栏量200万只的企业,处于行业引领地位,蛋品加工比例有所增长,鸡蛋产品种类日渐丰富,在促进农村经济发展和保障百姓优质蛋白质需求方面贡献突出。

1 基层供销社组织农户分散饲养

20世纪50年代初,中华人民共和国刚刚成立不久,鸡蛋是由私营商贩经营。经过一段时间的经济恢复与合作化生产,大城市郊区开始出现蛋鸡养殖,当时是以农户零星养殖为主,鸡蛋由国营食品公司委托基层供销社代购,供销社组织雏鸡供应给农户,各家分散饲养,产的鸡蛋除了自家食用外,卖给供销社赚取零花钱,当时农户养鸡的积极性很高。

20世纪50年代末期,一些国营农场开始建蛋鸡场,但是由于饲料来源、市场价格、技术管理等多种原因,很多养鸡场经营不善纷纷下马,由于粮食短缺、饲料不足,农村养鸡数量进一步减少。20世纪60年代初,为了贯彻中央“调整、巩固、充实、提高”八字方针,畜牧业提倡以私养为主,很多农民把蛋鸡养殖作为其首选的致富道路,这一时期各地对鸡蛋实行派购和换购办法,收购鸡蛋分别奖售食糖、卷烟等紧俏商品,国营食品公司收购的鸡蛋大部分上调,少量留下供应当地,农村家庭养鸡业得到了迅速恢复和蓬勃发展,这种情况在江苏很多地方县志中都有记载。但是,这种发展势头持续时间不长,蛋鸡养殖业就开始停滞不前。

2 国营农场和个体养鸡同步发展

2.1 国营农场养鸡解决菜篮子问题

20世纪70年代初，为解决大城市鸡蛋供应紧缺问题，北京市于1974年3月召开了中华人民共和国成立以来第一次养鸡工作会议，1975年9月，中央《关于大力发展养猪业的通知》提出：大城市要尽快办一些机械化养猪场、养鸡场和奶牛场，中央文件精神极大地促进了大城市机械化养鸡场的建设和现代养鸡业的发展。

改革开放后，全国经济和社会面貌发生了重要变化，在城市规模扩张、城市人口增长以及商品市场基本放开、农副产品供应偏紧的大背景下，各地政府加大资金扶持和政策支持，加强“菜篮子”生产能力建设，鸡蛋作为市民生活的必需品之一，其保供问题倍受重视。此时，我国蛋鸡行业开始蓬勃发展，国家在北京、广州、上海等大城市郊区建立了一批大型国有养殖企业，大力发展工厂化养鸡生产，以解决城市居民的需求问题。我国现代蛋鸡业主要发端于北方，以北京、石家庄、沈阳、哈尔滨等地的牧工商、农场、农垦等国企为引领，南方则以上海、杭州等地为代表。国内蛋鸡业的起步以引进品种和自主育种同时进行，自主育种以北京市种禽公司为行业翘楚。

江苏省机械化养鸡业发端于改革开放前后：1977—1978年，南京市率先试办起5个大规模的机械化、半机械化蛋鸡场，养殖规模均在5万～10万只；1978年，江苏省家禽科学研究所在位于江都县邵伯镇的实验场内建成一座机械化高床蛋鸡实验鸡舍并投产试用；20世纪80年代中期，南京、无锡、苏州、徐州以及江苏省农垦系统三河农场（盱眙县境内）、东辛农场（连云港市境内）等地陆续新建了一批大规模的机械化、半机械化蛋鸡场，饲养规模进一步扩大，至1987年，江苏省大规模的机械化、半机械化蛋鸡场已经发展到8个，从此开创了江苏省现代化、集约化蛋鸡养殖业的新局面。

2.2 农村养鸡专业户快速兴起

在实行家庭联产承包责任制和市场经济逐步推进的大背景下，农村政策逐渐放开，国家鼓励农民发展家庭副业，一大批有胆有识的农民开始把养鸡作为家庭副业。20世纪80年代初期，随着农村商品经济迅速发展，以商品生产为目的、具有一定饲养规模的养鸡专业户大批涌现，带动了农村由传统的养鸡生产逐步向现代的商品化养鸡生产转变，鸡蛋产量大幅度上升，城乡鸡蛋销售市场活跃，蛋鸡养殖场迅速开花结果，从1985年开始，我国鸡蛋产量就位居全球第一。

这一时期，南京试办的机械化、半机械化蛋鸡场已得到巩固和发展，在其示范带动和影响下，各地在新建和扩建种鸡场、商品鸡场以及广大养鸡专业户养鸡时纷纷效仿蛋鸡笼养方式，自制或购买多种形式的笼养设备，有一层或三四层重叠式木制、竹制鸡笼，也有三四层三角铁板架式铁丝鸡笼，并从蛋鸡笼养扩大到肉鸡笼养。继南京市创建机械化养鸡场之后，20世纪80年代中期，在无锡、苏州、徐州市及江苏省农垦系统重点国营农场又新建了一批机械化、半机械化蛋鸡场和肉鸡场，采用先进的养鸡设备和科学饲养管理技术方法，实行大规模集约化养鸡。至20世纪80年代末，江苏省已有50%的农户养鸡实行“圈养”，各大中小型蛋鸡场、肉鸡场、种鸡场及养鸡专业大户基本实行了“笼养”和“平养”，开始应用推广各式现代化设备，使传统蛋鸡养殖业逐步向现代化迈进，蛋鸡的饲料和饮用水从最初的人工添加不断改进为自动添加，生产效率明显提升。

2.3 政策推动市场产销两旺

1981年，为贯彻中央提出的“决不放松粮食生产，积极发展多种经营”的方针，江苏省各地进一步放宽发展农村多种经营的政策，鼓励广大社员群众发展养禽业，特别是大力扶持养禽专业户发展。1984年9月1日起，江苏省取消鲜蛋、活禽派购，实行议购议销，这项禽蛋购销经营重要改革措施的出台，为发展商品禽、蛋生产注入了新的活力。1985年，江苏省农林厅提出“稳定生猪，提高家禽，发展牛羊兔”的畜牧生产指导方针，把养禽业提高到仅次于养猪业的重要地位。1986年，由于经营体制改革过程中配套措施未跟上，中间流通环节多，渠道不畅，市场调节积蓄能力差，江苏省一度出现“卖蛋难”问题，广大农户、专业户和养禽场的积极性受到一定影响，养禽业发生波动。1987年，针对养禽生产经营中流通不畅的问题，江苏省进一步改革国营商业（食品）部门的经营体制，积极改进和扩大禽、蛋购销，实行多渠道经营，一大批禽、蛋运销个体户应运而生，江苏省养禽业迅即出现产销两旺的好形势。

在一系列政策的推动下，各地“菜篮子”品种丰富、货源充足、质量提高、价格平稳，成为最受老百姓欢迎的“民心工程”之一，彰显了计划经济的重要性。伴随着改革开放的春风，各地蛋鸡场建设红红火火，鸡蛋基本上由农民自销和个体商贩经营，食品公司收购量显著下降，而销售市场却一片旺盛。

2.4 科技助力生产水平提高

1981年底，江苏省委领导对江苏省农业工作会议的一份简报《省家禽所把科研成果尽快转变生产力》中所反映的杂交蛋鸡提高产蛋量的情况，作了“应积极的大力推广”的批示。1982年春，江苏省农林厅及时对江苏省开展良种杂交蛋鸡推广工作进行部署，提出了“行政、科研、生产单位相结合”“杂交组合与繁育体系相结合”“行政措施与经济合同相结合”“良种繁育与推广配合饲料、防疫灭病相结合”的一整套推广措施，首先在扬州试点开展推广工作，此后，随着大面积推广良种蛋鸡优化品种结构，饲料配制技术在饲料工业兴起后出现突破性变化，按科学配方生产的鸡配合饲料在养鸡生产中逐渐推广应用，采用阶梯式蛋鸡笼、“V”字形常流饮水槽、链条式送料机、牵引式清粪机及人工捡蛋等配套的工艺设备，并按育雏鸡、青年鸡、产蛋鸡三段式进行饲养管理，江苏省养鸡业生产力和整体经济效益得到较大提高。

作为江苏省家禽产业发展进程中的重要科技力量，江苏省家禽科学研究所从20世纪80年代开始，在蛋鸡配套系选育和市场推广、蛋鸡养殖模式和技术改进方面做了大量工作。1982年，农业部委托江苏省家禽科学研究所举办全国家禽人工授精技术师资培训班，随后家禽人工授精新技术在省内和国内开始逐步推广，使家禽繁殖不再全部依靠公母禽自然交配的方法。1987年，江苏省家禽科学研究所科研人员在总结传统的“看胎施温”技术经验基础上，形成了“看胎施温孵禽技术和电孵机不加水控制温度技术”的孵禽法，这项按照仿生抱窝孵化和禽胎发育规律，采用先进孵化设备和科学操作程序的新技术，再次改进和提高了传统的家禽人工孵化技术水平。

1985年，南京农业机械化研究所与南京农业大学联合设计、南京实验仪器厂试制的拼装式金属结构9JF(P)—10752型电孵机和9JF(G)—9670型出雏机通过省级鉴定，随即投产并推广应用。南京市各机械化、半机械化蛋鸡场在实施“30万只笼养蛋鸡综合配套技术开发”的国家“星火计划”项目中，采用计算机技术科学配制饲料、先进的光照程序、人工授精技术、强制换羽技术以及综合性防疫制度、免疫程序、抗体测定等技术措施，把现代化养鸡的生产与管理技术提高到一个新的水平。

除此之外，江苏省科技厅、江苏省农林厅等行业主管部门也专门设立了一系列科研项目，支持蛋鸡行业科技进步和产业发展壮大。

3 国有企业改制释放市场活力

20世纪80—90年代是我国蛋鸡业快速发展阶段，当时主要由政府主导，特别是政府倡导的“菜篮子工程”，围绕服务于市民，各地都有了自己的国营蛋种鸡场、商品蛋鸡场。20世纪90年代中期以前，国家出于稳定市场的需求，对大型鸡场给予各种形式的补贴，如调拨平价饲料粮，使这些鸡场享受着计划经济的好处。这段时间鸡蛋供给量逐年增加，但还没有完全达到丰富阶段，这也给农村专业户提供了与国有企业进行充分市场竞争的机会。在市场竞争中，国有大型鸡场因体制、生产成本等原因普遍感到经营困难，反观农村养鸡专业户中部分重视技术、懂得经营的从业者却如鱼得水，迅速发展壮大。在一些先行获利者的示范带动下，逐步发展出养鸡村、养鸡乡和养鸡县，其中闻名全国的就有江苏省海安县。这些农村蛋鸡集中生产地区的出现，对我国蛋鸡生产的合理布局和繁荣农村经济起到了重要作用。

进入20世纪90年代后期，在国家取消对国有蛋鸡场的补贴后，地处城市郊区的大型国有蛋鸡场因远离粮食产区饲料价格高，劳动力成本和管理成本也高，加上防疫困难和环保压力，普遍举步维艰。随着经济改革进一步深入，很多国有大型蛋鸡场由于经营不善陆续关闭、改制，我国商品蛋鸡生产主体实现由城市郊区副食品基地型向农村集中商品生产型的大规模产业转移。改制后的蛋鸡企业由于生产经营机制更加灵活，借助市场经济的优势大力发展，私营蛋鸡场建设如雨后春笋一般出现。到20世纪90年代末，鸡蛋市场供应已经非常丰富。目前国内比较知名的蛋鸡企业都是在这段时间发展起来的，如峪口禽业、华裕农科、韩伟集团等，江苏省一些大型蛋鸡企业也起步于这一时期，全国范围内基本达到了鸡蛋产需平衡，甚至局部地区在消费淡季还会出现鸡蛋供应过量的现象。

4 集约化生产规模总量快速增长

进入21世纪后，商品代蛋鸡产业迅速转型发展，呈现出明显的规模化、标准化养殖趋势。随着畜牧科技的不断进步，蛋鸡良种的引进和自主培育，设施设备的改进升级，配合饲料和兽药疫苗等投入品质量的提高，蛋鸡集约化生产水平稳步提升，国内蛋鸡养殖业逐渐形成了布局合理化、产业集群化、品种优良化、饲料全价化、饲养规模化、设施自动化、环境可控化、产品品牌化、消费多元化、市场高端化等格局，成为畜牧业中产业化程度高、产业配套完善、市场竞争力强的产业之一，产业规模迅速扩大。

这一时期，江苏省蛋鸡行业在一系列扶持政策和项目的推动下，在发展环境与现代科技的助力下，迅速完成了规模总量的增长，蛋鸡的标准化、规模化养殖水平不断提高，企业生产经营跃上了新台阶，江苏省农业产业化重点龙头企业数量明显增加，国家级、省级龙头企业数量分别达到3个、13个（表2-1），江苏天成科技集团成功晋级国家农业产业化重点龙头企业，江苏康德蛋业有限公司顺利入选农业部"首批国家级畜禽养殖标准化示范场"。

表2-1 国家级和省级农业产业化重点龙头企业（蛋鸡）名单

地区	级别	企业名称
苏州市吴江区	国家级	苏州欧福蛋业股份有限公司
海安市	国家级	江苏天成科技集团有限公司
如东县	国家级	江苏鸿轩生态农业有限公司
海安市	省级	江苏康德蛋业有限公司
海安市	省级	海安市婷婷农副产品有限公司
海安市	省级	江苏苏鹏禽业发展有限公司
如东县	省级	如东兴洋家禽养殖有限公司
南京市江宁区	省级	南京禄口禽业发展有限公司
连云港市赣榆区	省级	连云港启迪禽业发展有限公司
泰州市姜堰区	省级	泰州苏鹏蛋业生物科技有限公司
沛 县	省级	江苏香道食品有限公司
泗阳县	省级	江苏农邦禽业有限公司
海安市	省级	江苏天成蛋业有限公司
海安市	省级	江苏康瑞生态农业有限公司
淮安市淮阴区	省级	江苏同玉农牧科技有限公司
射阳县	省级	江苏仁康蛋业有限公司

5 市场环境变化发展遭遇瓶颈

近十多年来，大量小规模蛋鸡养殖场（户）关闭，退出蛋鸡养殖行业，同时也新增了一批大规模现代化蛋鸡生产一体化企业。虽然目前国内蛋鸡行业已经开始深度调整和全面整合，国内单体商品蛋鸡场存栏量百万只的企业屡见不鲜，总体存栏量上千万只的大型集团企业也不是个别现象，但是大规模养殖场存栏量占全国总存栏量的比例仍然低，蛋鸡养殖业小规模、大群体的格局仍将持续一段时间。目前我国市场供应的鸡蛋70%还是来自于中小规模养殖场，大型企业正在持续成长中。

随着家禽疫病防控形势越来越复杂、环保压力持续加大以及民众对食品安全的重视程度越来越高，特别是2004年国内发生家禽感染禽流感疫情后，整个行业进入了调整期。2013年人感染H7N9流感事件、2018年非洲猪瘟疫情、2020年“新冠疫情”等公共卫生事件对蛋鸡养殖业影响深远，环保禁养限养规制和土地、饲粮、劳动力等资源约束，引起产业剧烈震荡。江苏省作为经济发达地区，环境保护的要求越来越高，而鸡场粪污处理难是目前制约养殖业可持续发展的难题之一。存栏几千只的小规模蛋鸡养殖户还能将粪便用于自家农田或出售，但存栏规模接近或超过万只的养殖场粪污处理问题比较棘手，一些蛋鸡场因为废弃物处理不达标已被关停，有的大型养殖场虽然建起沼气池进行生物发酵处理，但由于技术和政策等方面原因也未能全面运行。土地是发展标准化规模养殖的前提，没有土地就不能进行标准化规模养殖场建设，土地供应紧张已成为制约蛋鸡产业发展的主要瓶颈之一，受养殖用地限制，企业新建鸡场面临很大困难，只能向立体养殖方向发展。此外，养殖过程中兽药等投入品的使用要求越来越严格，提高了鸡蛋生产的门槛。受一系列政策法规的驱动，江苏省蛋鸡产业转型升级已迫在眉睫，开始由量变到质变的过渡，由增量市场向存量市场转变。

第二章
江苏省蛋鸡产业结构现状

1 产业发展进入相对平稳期

1.1 规模化水平不断提高

随着市场需求的变化以及环保和食品安全要求的逐年提高，小规模养殖户已经越来越不适应行业发展趋势，只有规模化生产经营才能提升行业竞争力，才能够稳定存栏、保障供给，有效解决环境污染和食品安全问题，提升产业水平和蛋品品质。正因为规模化养殖优势明显，近年来国内蛋鸡场的养殖规模不断实现新跨越，8层笼养、12层笼养相继出现，单场存栏200万只、单栋存栏十几万只的规模不断刷新纪录，为了学习美国高度规模化、集约化的发展模式，有的地方甚至提出：一个县全部取缔小规模养殖户，取而代之的是建一个或几个百万级的蛋鸡场。单场规模超大导致企业资金投入很大，现代蛋鸡养殖已成为重资产行业，企业固定资产投入越来越高，造成很大的经营压力。

江苏省近几年来存栏规模大于50万只的大型蛋鸡场不断出现，这与全国蛋鸡行业向规模化、集约化方向发展的趋势一致，但是还没有出现超大规模的蛋鸡企业。中国幅员辽阔、人口众多，鸡蛋作为大众消费产品具有普适性，从商品蛋鸡养殖到终端市场状况以及国人饮食习惯等方面来看，未来我国蛋鸡养殖业要走品种多样化、消费多元化、品牌区域化的道路，适度规模的家庭农场仍将是行业主力军。

1.2 蛋鸡存栏与鸡蛋产量相对稳定

江苏省作为我国蛋鸡生产的重点省份之一，长期以来蛋鸡养殖规模一直位居国内前列，近年来江苏省蛋鸡存栏总量1.9亿只左右，鸡蛋产量200万吨左右。受养殖用地的限制和环保要求的影响，此前养殖集中区农户家家养蛋鸡的现象已经不存在，新建养殖场由于土地有限，只能向纵向空间寻求发展，这在一定程度上限制了蛋鸡规模总量的增长。从2016年开始，江苏省蛋鸡存栏总量变化不大（表2–2），由于蛋鸡品种优良化率提高，加上饲养管理水平持续进步，蛋鸡的生产性能稳步提高，鸡蛋总体产量呈上升趋势，不仅可以满足江苏省消费者的需求，而且还向其他地区输送，尤其是上海市场。

表 2-2　江苏省蛋鸡存栏量与鸡蛋产量

年份	存栏量(亿只)	鸡蛋产量(万吨)
2016	1.92	172.6
2017	1.88	157.2
2018	1.84	153.5
2019	1.98	186.3
2020	1.94	203.6
2021	1.94	201.9
2022	1.91	206.2
2023	1.92	207.6

注:数据来源于统计部门。

1.3 鸡蛋产品向深加工方向发展

蛋品加工是以鸡蛋为原料,采用先进的设备和技术手段加工生产液蛋、蛋粉、溶菌酶、卵磷脂等。发达国家自20世纪六七十年代开始推广和普及自动化蛋品加工技术,而我国从21世纪初才开始生产液蛋和蛋粉,蛋品加工的自动化、标准化程度以及产品种类与发达国家存在较大差距。

目前欧美等发达国家蛋品加工比例较高,且基本实现了机械化、自动化和专业化的生产模式。美国有约33%的壳蛋被制成液蛋或其他蛋制品,日本蛋品深加工比例约为50%,欧洲为20%~30%,未来蛋品的消费量还会继续上涨。目前欧美消费者已形成了消费冷藏包装的巴氏杀菌液态蛋的习惯,巴氏杀菌液态蛋制品在澳大利亚、欧洲、日本和美国占鸡蛋产量的30%~40%。

已有研究表明,多数发达国家的普通鲜蛋消费比例呈下降趋势,未来高品质鲜蛋(如有机鸡蛋)的消费需求和能力在上升。江苏省蛋品加工业近年来开始步入现代化轨道,目前鸡蛋加工比例约为5.3%,深加工产品类型与全国基本一致,主要有液蛋、全蛋粉、蛋黄粉、蛋白粉、溶菌酶等,但是仍存在加工企业数量少、规模小、分布不均衡、精深加工产品市场占有率低等问题,液蛋产量只有3.9万吨/年,蛋粉产量只有0.7万吨/年(2019年数据)。从区域分布来看,江苏省蛋品深加工企业集中度较高,呈现靠近蛋源基地型与贴近市场消费型。蛋品深加工企业的蛋源此前以外购为主,现在很多企业都在自建养殖基地,以确保蛋源质量符合食品加工要求。加工鸡蛋中褐壳蛋占比为89.6%,产品主要为液蛋,80%鸡蛋深加工产品销往食品企业,蛋品加工企业实际加工量远低于设计加工能力,蛋品生产线闲置现象普遍存在。

2 良种推广体系保障产业发展

2.1 地方良种的保护推广

20世纪70年代末到80年代中期,江苏省养禽业以饲养地方家禽品种为主。1982年,江苏省重点推广华东来航鸡与江苏红育鸡、江苏红育鸡与地方草鸡的杂交品种,共布点229个,推广杂交蛋鸡13.1万只。

江苏省地方鸡种狼山鸡、溧阳鸡、鹿苑鸡于1987年被列入《江苏省家畜家禽品种志》，1989年被列入《中国家禽品种志》。2000年8月22日，农业部130号公告公布了《国家级畜禽品种资源保护名录》，狼山鸡被列入其中。2000年，农业部批准江苏省家禽科学研究所建设国家级地方鸡种基因库，开创了国内地方鸡种质资源保护的先河。基因库长期开展地方鸡种质资源收集、保护和评价研究工作，利用"家系等量留种随机选配"等保种技术，保存珍稀优良地方鸡种28个，及时抢救和保护了一批地方鸡种资源，是目前国内最大、世界上活体保存鸡种资源最多的基因库。在品种资源保护、种质特性基因发掘及品种分子标签方面形成了鲜明特色和独特优势，在保种的同时服务于家禽产业，可以创造更高的经济价值，对于促进国产品种的开发和家禽业可持续发展具有重要意义。

2.2 引进品种的市场推广

1985年，江苏省农林厅提出畜牧业要调整畜禽结构，禽要转优，优化品种，增加肉禽比重，实行外来品种配套生产、地方品种提纯复壮与杂交利用并举的指导方针。由于外来品种的引进，部分地方家禽品种饲养量大幅减少，良种杂交蛋鸡推广工作突飞猛进，至1985年底，江苏省年推广罗斯蛋鸡、华东来航鸡等良种及杂交蛋鸡已达到7 521.9万只。

1986年，江苏省农林厅按照《罗斯褐壳蛋鸡祖代种鸡场技术质量管理暂行规定》对江苏省农垦第一种鸡场(红波罗祖代种鸡)、南京市畜禽研究所种鸡场(罗斯蛋鸡祖代鸡)、淮阴市种禽场(星波罗祖代种鸡)以及淮阴、南京、南通等市所属的良种配套系父母代种鸡场进行了验收、发证工作，推动了各地种禽场建设和技术质量管理水平的提高。至1987年底，江苏省已建有外来品种种禽场201个，江苏省推广以罗斯、伊沙、罗曼等品种为主的良种蛋鸡达到3 000万只。20世纪80年代中后期至90年代末，江苏省大规模推广外来优良家禽品种并开展杂交利用，外来良种家禽数量增加，地方品种家禽数量逐渐减少，主要地方禽种由各地种禽场保种、选育。截至2005年底，江苏省共有无锡养鸡场集团有限公司、江苏联农畜禽有限责任公司、海安县祖代鸡场、江苏六兴集团祖代鸡场四家祖代蛋种鸡企业，存栏依莎、罗曼、宝万斯、海赛克斯等国外引进的祖代蛋鸡3万多套，父母代蛋种鸡存栏量180万套。依莎蛋鸡以无锡养鸡场集团有限公司、东台兴达种禽场和南京青龙山鸡场等18家父母代种鸡场为主体进行市场推广，无锡养鸡场集团有限公司一度成为国内最大的依莎良种蛋鸡扩繁基地。2005年江苏联农畜禽有限责任公司与荷兰汉德克育种公司建立合作关系，引进海赛克斯祖代蛋种鸡，采用密闭式网上平养，自交繁育方式，实行68周淘汰制，年饲养祖代蛋种鸡2万套，父母代蛋种鸡20万套。

在多年的蛋鸡业生产进程中，国外高产蛋鸡品种海兰、罗曼、尼克、依莎、海赛克斯等在江苏省均有饲养。随着蛋鸡生产格局与消费市场的变化，依莎、海赛克斯、尼克等品种的市场份额越来越少，曾经在国内很有影响力的两家祖代蛋种鸡企业无锡养鸡场集团有限公司、江苏联农畜禽有限责任公司此后也慢慢退出了历史舞台，形成了海兰、罗曼系列蛋鸡与国产蛋鸡品种竞争的市场格局。

2.3 国内培育品种的市场推广

江苏省缺少高产蛋鸡育种素材和大型育种企业，缺少高产蛋鸡祖代鸡场，每年需要从北京、河北等地祖代场引种，良种繁育体系还不完善。与其他蛋鸡种业强省相比，江苏省蛋鸡种业发展存在短板，竞争力不足，除了引进国外高产蛋鸡品种外，国产蛋鸡品种推广量大，新杨褐、京红1号、大午褐等高产褐壳蛋鸡均有饲养。作为国内粉壳鸡蛋重要生产基地，农大3号、农大5号、京粉6号、新杨黑、“花凤鸡”等高产粉壳蛋鸡饲养量大，对于提高国产蛋鸡的市场认可度做出了重要贡献。课题组2019年调研结果显示：江苏省范围内饲养量最大的蛋鸡品种仍然是海兰蛋鸡系列，京红蛋鸡的饲养量已经超过了罗曼蛋鸡，在国内培育品种中市场占有率最高，其次是农大系列、京粉、新杨系列、大午金凤等，详见表2-3。

表2-3　江苏省饲养蛋鸡品种情况

品种	场户数	比例(%)	设计存栏量(万只)	比例(%)
海兰褐	5 904	44.3	6 269.3	42.3
海兰灰	81	0.6	132.7	0.9
海兰白	25	0.2	78.9	0.5
京红	2 178	16.3	2 070.4	14.0
京粉	205	1.5	252	1.7
京白	28	0.2	28.8	0.2
罗曼	2 100	15.8	1 800.5	12.1
农大系列	196	1.5	444.2	3.0
伊莎褐	131	1.0	135.8	0.9
新杨系列	69	0.5	66.5	0.4
大午金凤	63	0.5	66	0.4
混合品种	1 395	10.5	2 393.3	16.1
其他	954	7.2	1 094.9	7.4
合计	13 329	100.0	14 833.3	100.0

2.4 省内培育品种的市场推广

江苏是经济发达地区，生活水平较高，人民群众对高品质鸡蛋需求逐年增加，地方特色鸡蛋越来越受到消费者欢迎，目前省内地方特色蛋鸡饲养量超过1 500万只，市场广阔。江苏省蛋鸡产业优势在于地方特色蛋鸡的选育和推广。江苏省家禽科学研究所自主培育的苏禽绿壳蛋鸡于2013年通过国家审定，是国内第二个通过国家审定的地方特色蛋鸡配套系，也是目前唯一完全利用地方鸡种资源、无国外鸡种血统的蛋鸡配套系，奠定了江苏省地方特色蛋鸡育种在全国的领先地位。承担苏禽绿壳蛋鸡良种繁育和市场推广任务的扬州翔龙禽业发展有限公司，被遴选为国家蛋鸡核心育种场和国家蛋鸡良种扩繁推广基地，在自主培育蛋鸡品种的产业推广方面进行了大量的探索，取得了良好的效果。

“花凤鸡”(民间杂交使用，非国家审定品种)是东台市许河镇民富良种孵禽场最初培育的杂交蛋鸡，是以贵妃公鸡与依莎父母代母鸡杂交生产的优质蛋鸡，因其体型小，羽毛白色带黑色斑点，当地人俗称为“花凤鸡”，该鸡所产蛋重小，大小均匀，蛋壳坚硬，呈粉红色，蛋黄深红，蛋清浓稠，口味独特，在东台市饲养量大。花凤鸡蛋由于优良独特的品质打进了南京、上海、北京市场。2002年12月在江苏省第三届名特优新农产品博览会上，花凤蛋获得了“市民最满意产品奖”。2003年全国“两会”期间，花凤鸡蛋作为会议用餐的食品。2004年1月，花凤鸡蛋正式通过了中国绿色食品发展中心A级绿色食品认证，产品更是打进了法国、泰国、日本、中国台湾等国家和地区的大型超市。但是目前东台市还没有“花凤鸡”的专业育种场，品种配套模式杂乱，商品代生产性能参差不齐，影响了该品种的市场信誉，不利于大面积推广应用。

3 不同区域市场特征显著

3.1 经济转型推动养殖区域变迁

2008年之前，盐城、南通、徐州三市是江苏省蛋鸡饲养集中区，蛋鸡存栏量占江苏省75%左右，海安、东台、大丰、盐都、铜山、睢宁、兴化、姜堰、泰兴等地蛋鸡产业已成为当地农村区域特色支柱产业，是农业增效、农民增收的主要渠道，良种蛋鸡存栏量约占江苏省32%，禽蛋产量约占江苏省35%。

近十多年来，受经济发展水平及环境整治等因素影响，江苏省产业结构随着科技进步逐渐调整，开始由技术水平低的传统产业向现代技术产业乃至高新技术产业转变，从劳动密集型向资金密集型、技术密集型、知识密集型演进，通过产业结构调整，经济转型升级，创新驱动发展，江苏省地方蛋鸡产业正朝着技术驱动、绿色低碳、智能生产的方向迈进。

江苏经济的转型升级也推动了蛋鸡养殖区域的变迁。从当前发展趋势来看：苏南经济发达的无锡、苏州未来产业发展方向为高新技术和智能制造，农业在经济总量中占比逐年减少，蛋鸡养殖量呈明显下降趋势，由于南京和镇江一些区县适合发展蛋鸡养殖业，因此在经济结构调整中养殖总量在增加；苏中三市南通、扬州、泰州随着经济总量的持续增长养殖量也在增加，与经济增长趋势保持一致；在农业产业结构调整下，苏北地区的连云港和宿迁市养殖总量在增加，盐城是江苏省蛋鸡养殖第一大市，养殖总量一直维持在相对高位，在全国市场也处于举足轻重地位，详见表2-4。

表2-4　不同地市蛋鸡存栏量变化情况（万只）

地区	市别	2019年	2020年	2021年	2022年	2023年
苏南	南京	221.217	288.848	330.828	329.980	352.319
	无锡	115.250	122.605	107.167	93.7378	96.134
	苏州	60.899	48.245	38.158	32.489	33.211
	常州	85.463	68.013	82.798	103.529	84.773
	镇江	153.981	149.512	208.114	205.183	275.131
苏中	南通	2 955.723	2 935.942	3 007.228	3 154.006	3 350.814
	扬州	547.763	478.948	453.294	589.490	665.706
	泰州	1 867.572	1 680.489	1 793.594	1 853.034	1 968.924
苏北	徐州	2 555.118	2 995.039	2 806.226	2 820.593	2 806.204
	连云港	185.430	253.530	291.720	303.670	443.550
	淮安	1 218.804	723.770	735.096	943.270	957.284
	盐城	7 999.296	7 739.714	7 684.724	8 125.980	7 580.392
	宿迁	283.535	389.920	597.983	560.725	554.880

注：数据来源于统计部门。

从江苏省情况来看，在蛋鸡业发展较快地区，需要在立足适度规模发展的基础上，充分发挥龙头企业的带动作用，优化资源配置，提高生产效率，通过集约化生产和高效利用土地保护生态环境，通过严格的标准化养殖保证食品安全，通过企业集团化经营增强市场竞争力和平稳市场价格。要集中有限资源支持发展全环控、全自动、智能化的大规模蛋鸡养殖场，在具备条件的地方推行全产业链生产模式，在蛋鸡业发展较慢地方发展适度规模标准化养殖，同时结合区域特点打造特色蛋鸡产业带。

3.2 特色蛋鸡养殖区域优势明显

目前江苏省饲养的蛋鸡品种中高产蛋鸡仍占多数，虽然特色蛋鸡总体生产性能不如高产蛋鸡，但因其体型较小，产蛋期耗料量和鸡蛋破损率都低于高产蛋鸡，平均蛋重在50克左右，更符合传统消费习惯，蛋价比普通鸡蛋更高，因此在一些地区市场很受欢迎。江苏是特色蛋鸡生产大省，饲养的特色蛋鸡品种主要有花凤系列、农大系列、绿壳蛋鸡等。

对江苏省2019年1.3万余个规模蛋鸡养殖场（户）养殖品种调研分析发现：高产蛋鸡约占88.5%，其中，海兰占比47.8%、京红为26.4%、罗曼为14.3%；特色蛋鸡约占11.5%，其中，农大系列占比4.7%、花凤系列为1.8%、绿壳蛋鸡为1.2%、大午金凤等其他品种为3.8%。2018年底海安市蛋鸡存栏约1 515万只，特色蛋鸡品种存栏占比约15%；东台市蛋鸡存栏约2 800万只，特色蛋鸡品种存栏占比约30%，其中饲养量最多的为花凤系列特色蛋鸡，约占东台市特色蛋鸡总量70%以上，新杨黑、农大7号（批准中试应用）、凤达1号蛋鸡等品种占比相对较小。东台、滨海、响水、阜宁、涟水等地逐步兴起养殖地方草鸡，所产“草鸡蛋”在大中城市销路逐步打开，呈现出良好的发展势头，铜山县、泗洪县和宿豫区等地形成了青壳蛋鸡生产区。

3.3 南通海安打造蛋鸡养殖强县

江苏海安是传统的蛋鸡养殖大市，曾经被评为“中国禽蛋之乡”。20世纪80年代后，随着江苏省家禽业生产迅速发展，家禽产品流通渠道不断扩大，禽产品购销量大幅度增加，各地经营禽、蛋的个体商户、摊贩以及从事家禽产品贩运的专业户得到较大发展，成为家禽产品流通中的一支重要力量。当时海安有从事禽蛋营销的合作经济组织和经纪人队伍5 000多个，将海安的禽、蛋产品销往上海、南京、杭州、苏州、无锡、常州等地，因“百万雄鸡下江南”而享誉全国。

近年来，海安家禽生产适应现代畜牧业发展的新形势、新要求，全面实施转型升级战略，不断优化产业区域布局，调整产业内部结构，通过着力推进生态健康养殖、强化科技推广及监管职能。培育壮大产业龙头等关键措施的落实，全市家禽产业的规模化、标准化、设施化和产业化发展水平稳步提升，从而有效化解了产业发展所面临的内在矛盾，常态化的养殖环境污染得到根本改观，重大动物疫病防控、禽蛋产品质量安全水平切实提高。

海安市通过连续实施积极的产业转移政策，蛋鸡存栏结构得到进一步优化，规模养殖占比稳步提升（表2-5）。目前海安市蛋鸡养殖业已成为五大支柱性农业产业之一，依托于龙头企业的带动，已形成饲料加工、种禽繁育、苗鸡孵化、规模化蛋鸡养殖、品牌蛋销售、蛋品深加工的蛋鸡养殖全产业链，蛋鸡养殖与生产已成为乡村振兴、农业增效、农民增收的重要产业。截至2022年底，海安市家禽存栏1 800万只左右，其中蛋鸡存栏量近1 700万只，日均产鲜蛋700多吨。

表2-5　江苏省海安市蛋鸡规模养殖变化情况

年份	蛋鸡存栏量（万只）	存栏万只以上规模鸡场数（个）	万只以上规模鸡场存栏量（万只）	万只以上规模鸡场存栏占比（%）
1992	1 339.08	3	4.1	0.31
2002	2 521.66	65	99.39	3.94
2012	1 788.00	187	336.97	18.85
2022	1 760.54	258	1 244.32	70.68

数据来源：国家蛋鸡产业技术体系。

而早在2002年，海安蛋鸡年饲养量达4 300万只，日均产鲜蛋450吨。20年间海安蛋鸡饲养量减少了近五分之三，产蛋量反而增长，得益于蛋鸡总体生产水平的提高，海安养鸡业走出了一条迈向现代化之路，正在从传统粗放型养殖向自动化养殖和智能化蛋品深加工转型，使鸡蛋的身价成倍增加，生产加工的鲜蛋、蛋液、蛋粉、水煮蛋销往上海、南京等全国20多个城市，并出口中东、东南亚、欧洲等10多个地区。

在多年发展过程中，海安鸡蛋凭借深厚的历史底蕴、坚实的产品品质和广阔的市场未来，正在形成一定的品牌效应。在2023年海安市国家现代农业产业园品牌发布会暨品牌发展论坛上，"海安鸡蛋"品牌面向全国发布，接下来海安市将以创建国家现代农业产业园为契机，持续打造区域公用品牌、企业品牌、产品品牌的品牌矩阵，"海安鸡蛋"的品牌效应有望进一步彰显。

作为海安市蛋鸡龙头企业，天成集团年存栏父母代蛋种鸡15万套，商品蛋鸡200万只，每年可向市场提供1 500万只优质商品鸡苗及3万多吨无抗鲜鸡蛋。除自建基地外，企业还与蛋鸡养殖户签订了回收鸡蛋协议，并派出专业人员"驻场服务"，为养殖户提供从种苗供应、养殖培训、过程管理到疫病防控、加工销售等一条龙支持，帮助养殖户解决养殖问题，带动蛋鸡养殖产业转型升级。依托于庞大养殖规模与龙头企业的带动作用，蛋鸡产业集群发展效应逐渐显现，目前海安市蛋鸡产业养殖与加工从业人员超3万人，人均年收入达4万元，蛋鸡产业已经成为乡村振兴的重要抓手。

蛋鸡业作为海安市传统产业，中小规模养殖户仍然较多，存在鸡场规划不合理、设施设备落后、生物安全和质量安全隐患、废弃物处理利用技术落后、蛋品加工附加值低等问题，影响产业持续健康发展，迫切需要全产业链技术支撑，加快转型升级，提高发展质态，为乡村振兴做出更大贡献。

3.4 盐城东台蛋鸡养殖提质增量

东台是江苏省蛋鸡养殖大市，养殖历史悠久，为江苏省鸡蛋稳定供应做出了积极贡献。20世纪90年代，在东台市政府的积极引导下，蛋鸡养殖业在东台市农村悄然兴起，20

世纪末，当地农民纷纷在自家住宅附近建起砖混结构鸡舍投资蛋鸡养殖业，此后逐步转变为农村家庭的传统副业，促进了当地农民增收，保障了全省优质蛋品的供应。但由于发展时间较早，中小规模养殖户仍然占大多数，农民利用自家房前屋后的农田进行养殖仍是主要的养殖模式。十年前，蛋鸡养殖规模还大多集中在几千只，从投资规模和比较效益来看，存栏规模仍然偏小，规模养殖比例有待进一步提高。

近年来，国家正在大力推进蛋鸡标准化规模养殖，受养殖环境和养殖经济效益走低的影响，一部分蛋鸡养殖户退出蛋鸡养殖市场，“小群体、大规模、高密度”的养殖格局不再适应当前蛋鸡产业发展需求。目前蛋鸡产业转型升级在全国范围内展开，东台市蛋鸡养殖规模、养殖数量快速提升，已成为全国闻名的蛋鸡养殖大市。

第三篇

动中肯綮·行者将至

环境&未来

第一章
江苏省蛋鸡产业SWOT分析

江苏省蛋鸡产业在国内处于重要位置。随着经济社会不断变化和产业结构优化调整，江苏省蛋鸡产业正面临着新的发展环境。在充分权衡产业发展内外部竞争环境和竞争条件的基础上，对江苏省蛋鸡产业现状进行SWOT分析（图3-1），有利于全面、系统、准确的开展研究工作，并提出切实可行的发展思路和建议，有效推动产业升级。

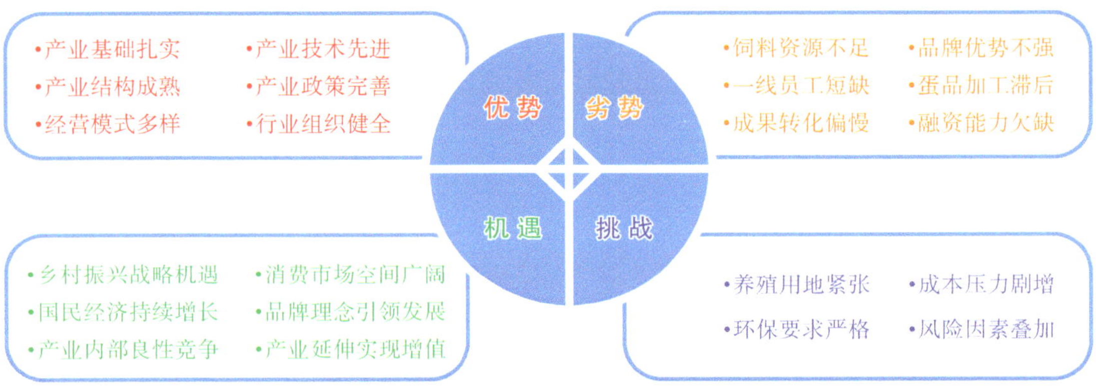

图3-1　江苏省蛋鸡产业SWOT分析

1 产业发展的优势

1.1 产业基础扎实

1.1.1 传统与现代并存

江苏省蛋鸡养殖业历史悠久，从业主体量广面大，此前养殖量较大的东台、海安市蛋鸡养殖主体是养殖户，多为农民利用自有农田或闲置土地灵活机动养殖，小规模养殖户育雏育成阶段主要采取地面平养方式，产蛋鸡大多是阶梯式笼养。一个可喜的变化是，近年来养殖户积极改善设施设备状况，相继添置喂料机和刮粪机等设备，改阶梯式笼养为层叠式笼养，提高了单位面积养殖量，降低了劳动强度，确保高产蛋鸡产蛋性能的充分发挥。

虽然目前江苏省中小规模养殖户仍然占据市场主体，但是，一大批有资金实力、技术研发能力、人员储备的大型企业集团正在展现强劲的发展势头。江苏天成科技集团拥有雄厚的科研开发实力，建有江苏省新兽药与饲料添加剂工程技术研究中心、江苏蛋禽产业技术研究院、南京农业大学和扬州大学研究生工作站，在饲料配方优化、生产工艺改进、养殖技术研发等方面和高等院校科研院所开展产学研合作，使集团形成了饲料生产、种鸡养殖、鸡苗繁育、商品鸡养殖、品牌蛋销售和蛋品深加工的蛋鸡全产业链，从以单一饲料生产销售为主，步入通过产业链带动相关产业共同发展的良性轨道。江苏康德蛋业有限公司的现代化蛋鸡养殖示范基地处于高点定位、规范运作，实现了由松散型、低效率养殖向集约型、高效化养殖转变，由小规模不规范养殖向大规模规范化养殖转变，由无标准蛋鸡生产向标准化绿色环保生产方向转变。

1.1.2 生产与消费并举

江苏省既是蛋鸡养殖与鸡蛋生产大省，也是鸡蛋消费大省。作为农业农村经济的重要组成部分，蛋鸡业生产是江苏省很多地区农民增收致富的有效渠道，尤其是在市场经济快速发展阶段、在经济欠发达地区更是如此。如今，在经济相对发达、工业企业集中的常州、无锡、苏州，蛋鸡养殖量已经严重缩减，全省蛋鸡养殖格局发生了重要变化。现代化蛋鸡养殖业，已经不是传统印象中农户在自家房前屋后或利用闲置农田搭建简易鸡舍养鸡的小农经济，而是形成了一个庞大的产业，蛋鸡养殖者的生产经营行为必须遵循行业规则和产业发展规律。如今，江苏省市场上鸡蛋品类十分丰富，从早期的普通褐壳鸡蛋遍布市场，到品牌鸡蛋占据各大超市和卖场，再加上土鸡蛋、散养蛋、笨鸡蛋、有机蛋、农家蛋、初生蛋、儿童营养蛋、老人健康蛋、孕妇专用蛋等，以及叶酸蛋、富硒蛋、高钙蛋等功能型蛋的大力宣传，鸡蛋从数量和种类上都可以满足全省不同年龄层次、不同收入群体、不同消费习惯的消费者需求。由于地处长三角核心区域，江苏省蛋鸡业生产不仅肩负着全省人民动物蛋白产品供应的重要任务，同时承接了为上海市场供应鸡蛋的重要功能，毗邻上海的苏中、苏北地区很多企业生产的鸡蛋，通过传统蛋商进入了上海市场。

鸡蛋作为一种优质的动物蛋白产品，因食用方便、价格适宜、营养丰富而深受消费者喜爱。本课题组于2020年以线上线下形式对全省城镇居民生鲜鸡蛋消费行为进行抽样问卷调查，结果显示：48.44%的受访者喜欢吃鸡蛋，33.39%的受访者非常喜欢吃鸡蛋，仅有不足2%的受访者不太喜欢或不喜欢吃鸡蛋，且接近85.66%的受访者每天吃1个或1个以上鸡蛋，59.4%的受访者认为鸡蛋相比猪肉等其他畜产品价格更便宜，表明营养全面的鸡蛋已成为全省家庭日常消费品。虽然市场上生鲜鸡蛋种类有褐壳蛋、粉壳蛋、绿壳蛋、白壳蛋，但是59.22%的受访者对鸡蛋蛋壳颜色没有偏好。调查显示，消费者主要通过超市、农贸市场、社区菜场、便利店、农户家等渠道购买生鲜鸡蛋，其中选择在超市购买生鲜鸡蛋的占49.69%，选择农贸市场的占18.43%，选择社区菜场的占11.58%，表明超市是消费者心目中食品零售环节安全放心的渠道，生鲜鸡蛋消费群体的购买方式以线下采购为主，消费者选择在超市、农贸市场和社区菜场购买生鲜鸡蛋的原因主要是新鲜且方便。

随着消费者消费行为和偏好的日趋变化，在欧美国家很常见的深加工蛋制品越来越多地出现在百姓的餐桌上，江苏省作为经济发达地区，在鸡蛋深加工制品的消费上也走在时代前列。调查数据显示：虽然受访者对液蛋、蛋黄粉、全蛋粉等鸡蛋深加工产品的认知度仅为15.85%，但他们对鸡蛋深加工产品的购买意愿较高，32.59%的受访者表示偶尔会购买鸡蛋深加工产品，25.56%的受访者表示可能会去购买，仅有15.85%的受访者表示肯定不会购买鸡蛋深加工产品。消费者对深加工蛋品的购买意愿提高，有利于推动蛋品加工业的发展，从而实现整个产业链价值的提升。

1.2 产业结构成熟

1.2.1 生产主体结构合理

近年来，随着全国蛋鸡养殖业的发展升级，江苏省蛋鸡养殖规模化水平不断提高，2021年全省蛋鸡养殖场总数为10.8万个，较2008年明显减少，从2017年以后，在维持蛋鸡存栏总量基本稳定的情况下，小规模养殖户逐渐退出或者扩大生产规模到1万~5万只的家庭农场，规模养殖集中度大幅提高。全省存栏万只以上规模的饲养场户由2008年的1 625个增加到2021年的4 089个；存栏1万~4.9万只的饲养场户由2018年的1 528个增加到2021年的3 733个；存栏5万~9.9万只的饲养场户由2018年的80个增加到2021年的230个；存栏10万~50万只的饲养场户由2018年的17个增加到2021年的119个；存栏量大于50万只的饲养场户由2012年的1个增加到2021年的7个，详见表3-1。从总体趋势来看，养殖主体数量越来越少，尤其是存栏量低于1万只的小规模养殖户加速退出，存栏量1万只以上的养殖场户稳步增加。

从当前发展趋势来看，江苏省蛋鸡产业要实现由数量增长型向质量效益型转变，必须坚持标准化规模养殖方向，不断提高企业规模化程度，让更多的大规模企业来主导市场，这样才能为市场提供更多高端品牌化产品、鸡蛋深加工产品，满足消费者对产品的多样化需求，通过加强社会化服务，让农村散养户升级为家庭农场，提高其生产经营水平和市场竞争力。

1.2.2 生产要素适度匹配

与蛋鸡业生产直接相关的生产要素包括蛋鸡品种、设备、饲料、药品、人员等，在推进农业供给侧结构性改革的进程中，在蛋鸡产业逐渐走向成熟的市场环境下，如何实现各生产要素的优化配置，使有限的资源发挥最大的效能，对打造蛋鸡业强省意义重大。

1.2.2.1 良种繁育体系

品种是蛋鸡产业的基础，高产蛋鸡良种是规模化蛋鸡生产的重要保障。江苏省虽然缺少自己培育的高产蛋鸡品种，但是通过引进国外和国内高产蛋鸡品种，可以实现蛋鸡业现代化生产。江苏峪口禽业有限公司（现更名为江苏农邦禽业有限公司）是2014年由北京市华都峪口禽业有限责任公司和江苏成子湖禽业公司合资成立的，存栏“京红一号”父母代蛋种鸡36万套左右，年孵化母雏3 000万只，一次性可供苗鸡10万只。此外，先后培育出"农大3号"小型蛋鸡、"农大5号"小型蛋鸡、"农金1号"蛋鸡三个高产蛋鸡配套系的北农大科技股份有限公司，在江苏泰州建有父母代扩繁场，为全省高产蛋鸡苗的供应提供了便利条件。

表3-1 不同规模养殖主体构成情况

年份	项目	1~499只	500~1 999只	2 000~9 999只	1万~4.999万只	5万~9.999万只	10万~50万只	>50万只	合计
2008	场户数(个)	733 916	23 802	20 333	1 528	80	17	0	779 676
	场户占比(%)	94.1	3.1	2.6	0.2	0.0	0.0	0.0	100
2010	场户数(个)	692 078	15 696	20 717	2 242	125	30	0	730 888
	场户占比(%)	94.7	2.1	2.8	0.3	0.0	0.0	0.0	100
2012	场户数(个)	456 402	13 755	20 117	2 895	174	54	1	493 398
	场户占比(%)	92.5	2.8	4.1	0.6	0.0	0.0	0.0	100
2014	场户数(个)	307 535	8 667	17 295	3 275	207	75	2	337 056
	场户占比(%)	91.2	2.6	5.1	1.0	0.1	0.0	0.0	100
2016	场户数(个)	170 595	7 487	14 473	3 775	238	73	3	196 644
	场户占比(%)	86.8	3.8	7.4	1.9	0.1	0.0	0.0	100
2017	场户数(个)	128 026	4 028	11 806	3 377	206	85	2	147 530
	场户占比(%)	86.8	2.7	8.0	2.4	0.1	0.0	0.0	100
2018	场户数(个)	106 394	3 373	10 704	3 290	204	98	2	124 065
	场户占比(%)	85.8	2.7	8.6	2.7	0.2	0.1	0.0	100
2019	场户数(个)	81 480	2 788	10 298	3 559	207	101	4	98 437
	场户占比(%)	82.8	2.8	10.5	3.5	0.2	0.2	0.0	100
2020	场户数(个)	117 185	3 071	10 130	3 957	230	113	5	134 691
	场户占比(%)	87.0	2.3	7.5	2.9	0.2	0.1	0.0	100
2021	场户数(个)	93 729	2 449	8 213	3 733	230	119	7	108 480
	场户占比(%)	86.4	2.3	7.6	3.4	0.2	0.1	0.0	100
2022	场户数(个)	53 763	1 702	7 368	3 543	248	125	4	66 735
	场户占比(%)	80.6	2.5	11.0	5.3	0.4	0.2	0.0	100

数据来源：《中国畜牧兽医统计》。

1.2.2.2 养殖设备配套

商品蛋鸡养殖在国内最早使用笼养设备进行设施化提档升级，从简单笼具的使用，到半开放鸡舍的建造，机械化喂料机、饮水器的使用，降温湿帘和风机的配套，不仅提高了鸡群的生产性能和经济效益，而且降低了饲养员的劳动强度，减少了劳动力需求，人均饲养量明显增加，商品蛋鸡从最初的两层阶梯式笼养升级到目前的4层、6层、8层甚至12层层叠式笼养，单栋饲养量可达到15万只以上。在固定资产投入上，养殖设备占比高，目前全自动化蛋鸡舍的设备投入可以达到80~100元/只鸡，江苏天成集团、江苏康德蛋业等龙头企业的设备设施均达到了国内先进水平。

1.2.2.3 饲料原料资源

作为重资产投入的行业，蛋鸡养殖要实现盈利，成本控制很重要。在鸡苗、饲料、兽药、疫苗、人工、水电、设备折旧等蛋鸡生产的直接成本中，饲料成本占比最高，普遍在70%以上，近几年饲料原料价格居高不下，更是拉高了其在总成本中的占比。目前高产蛋鸡普遍使用玉米豆粕型日粮，其主要原料为玉米和豆粕。东北三省是玉米和豆粕的主产区，但是产量远远满足不了全国畜牧业快速发展的需求，很多养殖企业都在使用进口产品。江苏省内有很多大型港口，很多饲料原料都是通过江苏的口岸发往全国各地，因此在进口饲料原料成本方面优势明显。此外，江苏省内农业科研机构多、农技人员层次高、技术力量雄厚，在蛋鸡营养需要研究和饲料配置方面具有优势，2021年全省工业饲料总产量位居全国前列，达1 468万吨，配合饲料主导地位凸显，进一步推动了规模养殖的快速发展。2021年3月15日农业农村部畜牧兽医局发布了关于推进玉米豆粕减量替代工作的通知，重点下达了《饲料中玉米豆粕减量替代工作方案》，重点要求推进用谷物和杂粕对饲料中玉米豆粕实现减量替代，江苏蛋鸡产业技术体系也制定了蛋鸡饲料中玉米豆粕减量替代技术指导方案，以减轻蛋鸡企业生产成本的压力。

1.2.2.4 兽药疫苗供应

疫病防控关系到蛋鸡养殖业成败、百姓食品安全和公共卫生安全，兽药和疫苗作为蛋鸡生产必要的投入品，在防治疾病、保障蛋鸡业健康发展方面发挥着重要作用。2021年农业农村部出台《兽用抗菌药使用减量化行动方案（2021—2025）》，尤其是对抗生素类药物的使用监管更加严格，行业内减抗、替抗、无抗养殖的呼声高涨，中草药在蛋鸡业生产中的作用凸显。在兽用中草药研发与生产方面，江苏省起步较早，无锡正大生物股份有限公司率先将中药植物提取物替代抗生素成功应用于畜牧业，可以为蛋鸡养殖企业提供健康、绿色、有效的解决方案。此外，镇江威特药业有限公司、徐州天意动物药业有限公司等也有多款中草药产品推出，为蛋鸡业高效生产起到保驾护航作用。兽用生物制品因其不产生耐药性、无污染、无残留、绿色安全的特点，在蛋鸡疾病预防和保健方面作用突出，在现阶段我国家禽疫病多发的环境条件下，通过疫苗免疫构建起特异性免疫屏障是预防疾病的最有效方法。江苏省动物疫苗及生物制品生产企业有乾元浩生物股份有限公司南京生物药厂、南京天邦生物科技有限公司、南京梅里亚动物保健有限公司、扬州威克生物工程有限公司、扬州优邦生物制药有限公司、江苏南农高科技股份有限公司、中崇信诺生物科技泰州有限公司等，产品种类丰富，覆盖面广，经过市场检验，足以支撑起全省蛋鸡业发展的“保护伞”。

1.2.2.5 人力资源保障

虽然现在蛋鸡养殖场基本上应用了自动化设备，对饲养员工的需求在减少，但是，由于养殖业具有特殊性，对防疫要求高，饲养员需要长时间的隔离，生活单调乏味，许多人不愿从事此行业，导致养殖企业招工难，企业缺乏有能力、有技术、肯吃苦的熟练饲养人员，而具备较全面养殖技术和实际操作经验的规模养殖场场长更少。在一个养殖周期内需要不间断生产，设备全天运行，除了专业技术人员外，日常饲养管理人员显得很重要。江苏省是经济发达地区，饲养员的工资水平要高于其他地区，虽然本地养殖人员短缺，但是可以到经济欠发达地区去招工，解决他们的吃住问题，保持人员的稳定性。从已有的经验来看，适度规模的家庭农场由家庭成员管理，他们虽然不是科班出身，但是养殖场整体经营状况较好，充分发挥这一部分养殖主体的力量，可以有效缓解养殖用工难题。

1.3 经营模式多样

江苏各地经济发展不平衡，行业与市场需求也不同，蛋鸡业发展没有固定的模式。未来相当长的时间内，蛋鸡产业化发展都将呈现多种方式、多种模式并存的局面。

1.3.1 散户自营模式

目前江苏省蛋鸡产业正处于规模化向标准化转变时期，多种养殖方式并存，小规模大群体农户养殖仍然存在。课题组2021年调研结果显示，江苏省蛋鸡存栏量小于1万只的养殖户超过10万个。这些存栏量小于1万只的小规模农户饲养设备简陋、科技含量低，蛋鸡单产水平和生产效率较低，优良蛋鸡品种的生产性能得不到充分发挥，一定程度上造成资源浪费；散户经营一般单场存栏规模小，区域总量大且布局混乱，不利于疫病防控，由于缺少鸡粪、污水和病死鸡的无害化处理设施，造成严重的环境污染和生物安全隐患；个体养殖户由于行业生产和市场信息比较闭塞，市场好时大家跟风而上，容易引起供过于求，不利于行业健康发展，从长远来看，这部分市场主体要么主动升级为规模养殖场，要么与大企业合作，主动成为其蛋鸡产业链的重要组成部分，否则就会被市场淘汰。

1.3.2 合作社经营模式

小规模、大群体分散养鸡，农民是生产主体，产业化、组织化程度低，成立专业合作社是提高农民专业素养、改善经营状况、提高生产水平和组织水平的重要措施。合作社模式的主要内涵是：专业合作社由饲料企业、技术服务机构、养鸡场、鸡蛋销售商等不同市场主体组成，合作社统一供应日粮，育雏育成场为养鸡户提供青年鸡，养殖户按统一饲养管理程序、统一产品标准生产，技术服务机构提供饲养管理和疫病防控技术支持，合作社以保护价回收社员产品，进行喷码、包装、统一品牌销售，这种形式延长了蛋鸡产业链，实现了蛋鸡产业社会化分工、专业化生产，不仅可以提高蛋鸡生产水平，还增加了抗风险能力。近年来，江苏省蛋鸡养殖与鸡蛋产销专业合作社得到了长足发展，7家被评为国家级农民合作社示范社，3家被评为省级农民合作社示范社，详见表3-2。

表3-2　江苏省省级以上农民合作社示范社名单

地区	级别	合作社名称
丰　县	国家级	丰县苏鹏禽蛋专业合作社
沛　县	国家级	沛县永雷家禽养殖专业合作社
淮安市洪泽区	国家级	洪泽区共和镇玉龙养鸡专业合作社
盐城市大丰区	国家级	盐城市大丰区康乐禽蛋专业合作社
盐城市阜宁县	国家级	阜宁县沟墩禽蛋专业合作社
高邮市	国家级	高邮市兴旺禽业产销专业合作社
泰兴市	国家级	泰兴市鹏程禽蛋专业合作社
沛　县	省级	沛县安国镇建科蛋鸡养殖专业合作社
扬州市江都区	省级	扬州市江都区樊川镇众兴禽业专业合作社
兴化市	省级	兴化市高杭家禽专业合作社

江苏省阜宁县沟墩禽蛋专业合作社创办于2003年6月,2005年11月合作社申请注册了“大瑭”商标,依靠自主商标和过硬的品质,“大瑭”鸡蛋的销路逐年扩展,产品逐渐向邻县和市区集贸市场进驻,经济效益逐年攀升。

合作社在做好传统销售的同时,于2015年10月牵头成立江苏绿通电子商务有限公司,借助“大瑭”品牌的影响力,以网络电商平台为突破口,整合特色农产品资源及网点平台资源,实施全网B2B、B2C、平台入驻与区域O2O相结合的运行战略,成为中国江苏地平线、中国供销e家成员企业,走出一条产业电商之路。合作社荣获“江苏省‘百佳’农民专业合作社”“国家农民合作社示范社”称号,是当地禽蛋行业的佼佼者,其成功运作经验入选“2019年全国农民合作社典型案例”。

1.3.3 产业化运作模式

蛋鸡产业化是以市场需求为导向,以实现效益为目标,依靠专业服务和质量管理,形成系列化和品牌化的经营方式和组织形式。蛋鸡的产业化是行业发展的必然趋势,要么你来主导蛋鸡的产业化,成为产业化的组织者,要么你就镶嵌在蛋鸡产业化中,成为产业链当中一个重要的环节。目前国内蛋鸡产业化经营模式成功的案例有以下几个:湖北神丹、北京德青源采用与商超对接的传统销售方式,在产业化经营方面开创了新局面;四川圣迪乐村近年来通过线上新媒体平台,在京东、淘宝等电商平台进行品牌鸡蛋线上推广,成功塑造了品牌效应。

江苏康德蛋业有限公司是集蛋鸡养殖、饲料生产、蛋制品精深加工于一体的省级农业产业化重点龙头企业,主营蛋液、蛋粉、冰蛋、白煮蛋、卤蛋、溶菌酶及其他功能性蛋制品。为实现全部蛋源可掌控、原料可追溯,把好产品质量安全关,公司投资近2亿元建设全自动化蛋鸡养殖基地,采用国内先进的8层层叠式蛋鸡笼养模式,基地建成后蛋鸡饲养规模达到160万只。一方面升级优化传统产品,一方面加大核心技术的开发力度。目前公司产品在蛋液保质期、蛋粉功能性等指标上均达到较高水平,蛋黄免疫球蛋白和溶菌酶的成功提取,极大提高了高生物活性物质的工业化生产水平与产品附加值。

1.3.4 产业富民模式

近年来,农牧企业立足于当地农村实际,通过种养结合、延伸产业链等形式带动更多农户增收致富,已经成为各地乡村振兴的重要抓手。国家级农业产业化龙头企业江苏天成科技集团通过建设原料生产基地、坚持产业融合发展,形成一头以饲料加工为龙头带动家庭农场、合作社和种植农户,一头以蛋品深加工为龙头带动家庭牧场、合作社和养殖农户的独特“哑铃型”种养带农增收模式,推动了种养一体化联动发展。

天成集团自建小麦种植基地,与江苏、安徽、河北等地农户签订玉米小麦收购协议,与南通及周边地区规模化蛋鸡养殖农户、合作社签订订单,为订单农户供应鸡苗、饲料和全程技术服务,通过定期举办养殖技术培训班和技术推广活动,采取“送技术、送培训、送服务”以及专业人员“驻场服务”等办法，有针对性地帮助养殖大户解决生产问题，帮助农户实现创业梦想。2022年12月5日，江苏天成科技集团报送的案例《构建以“四轮驱动”为引擎的“哑铃型”联农带农天成模式，推动蛋鸡产业融合发展，助力乡村产业振兴》，入选“2022乡村产业振兴典型案例”。

农民要致富除了缺少技术外，缺少启动资金也是一大难题。为了解决这一困难，天成集团与海安农村商业银行合作，对缺少资金但信用良好的蛋鸡养殖农户给予资金支持。据统计，近五年来，天成集团已先后为近1 200多户养殖农户（家庭农场、合作社）提供了4.19亿元的低息委托贷款，切实解决了农户贷款难的问题。此外，天成集团还与养殖户建立起利益联结机制，在向农户提供苗鸡和饲料的同时，以高出当地市场价0.1元/千克左右从养殖户回收鸡蛋，年饲养10 000只的养殖户一个饲养周期可增加收益2万余元。据统计，2018—2021年，集团通过与养殖大户、种植大户签订合同等形式直接带动农民就业近4万人，带动农民增收3.66亿元，使农民真正得到了实惠。

1.4 产业技术先进

1.4.1 产业技术体系强大

江苏省拥有涉农科研院所70多家，农业科教人员3万余人，涉农两院院士数量居各省前列，科研体系健全，技术实力雄厚，尤其是江苏省家禽科学研究所、南京农业大学、扬州大学、江苏省农科院等在全国具有重要影响力的科研院所，多年来围绕蛋鸡育种、生产、疾病防治、饲料营养、鸡蛋质量安全控制、蛋品加工等领域进行深入研究，取得了丰硕的成果，积累了丰富的经验。

作为推动江苏省蛋鸡产业发展的重要技术力量，江苏现代农业（蛋鸡）产业技术体系于2017年成立，目前拥有1个集成创新中心、5个技术创新团队、13个推广示范基地。体系成立的初衷就是推动江苏省蛋鸡产业现代化，体系以产业技术集成创新与推广应用为主线，以构建适应现代蛋鸡产业体系、生产体系和经营体系发展的技术支撑体系为中心任务，从适应新型经营主体发展诉求和生态可持续发展需求出发，统筹协调优化蛋鸡产业科技资源，着力构建科技大联合、大协作、大推广机制，推进科技创新从单一环节的平面创新向涵盖蛋鸡全产业链的立体创新转变，推进科技创新与产业发展紧密结合，解决现代蛋鸡产业关键领域和重点环节的科技难题，提升现代蛋鸡产业发展竞争能力。

体系团队成员众多、技术实力雄厚，多年深耕蛋鸡产业，经验丰富。六年多来，体系各岗位专家团队围绕品种繁育、营养调控、疾病防控、质量安全与加工、健康养殖、废弃物资源化利用及产业信息与经济等蛋鸡产业链各环节亟待解决的问题，研发了一系列新技术、新工艺、新方法，并不断在实践中进行推广应用，推动全省蛋鸡产业实现跨越式发展。为进一步引领全省蛋鸡产业高质量发展，体系还积极为地方政府部门提供蛋鸡产业发展报告、蛋鸡产业运行质态分析报告等，为江苏省农业农村厅等管理部门提供畜禽资源保护、品种审定、家禽资源引进、畜牧业绿色发展、兽药减量化使用等咨询服务。

1.4.1.1 良种繁育

与其他蛋鸡种业强省相比，江苏省蛋鸡种业发展存在短板，竞争力不足，良种繁育体系还不完善。育成品种苏禽绿壳蛋鸡推广能力和影响力还不够。江苏省蛋鸡品种结构中引进品种海兰褐蛋鸡饲养量较大，今后需要大力推广国产品种，提高品种质量，进一步优化品种结构。针对以上问题，江苏蛋鸡产业技术体系专家团队近年来聚焦地方特色蛋鸡育种，立足于培育产蛋数多、蛋品质优、推广量大的地方特色蛋鸡新配套系，以满足长三角中高端蛋品市场需求。同时，开展基因组选择、新的经济性状遗传规律解析、智能化性能测定、良种良法等关键技术研究。

1.4.1.2 营养调控

在蛋鸡营养领域，江苏蛋鸡产业技术体系营养调控创新团队为适应现代蛋鸡产业发展新趋势的要求，基于现代蛋鸡养殖生产和市场对蛋品质的需求，并结合江苏省自主培育蛋鸡品种养殖生产需要，以促进蛋鸡健康养殖、提高蛋鸡养殖的社会经济和生态效益为中心，以提高蛋鸡生产效率、提升饲料安全性和利用率、节约饲料资源、改善鸡蛋品质和减少粪便污染物排放为目标，综合考虑集约化规模养殖及中小型养殖户的饲料生产条件，以技术成熟可行、操作简便、易于实施为原则，采用自主创新及集成创新手段，对蛋鸡营养调控及饲料技术进行系统创新研究，通过开展提高商品蛋鸡产蛋后期生产性能的营养调控技术、鸡蛋蛋黄颜色调控技术、饲料原料品质对蛋鸡生产性能影响及相关营养调控技术、新型生物饲料的合理应用、自主培育品种营养需要研究和蛋鸡饲料加工技术等领域的自主创新或集成创新研究，形成安全、高效、环保的蛋鸡饲料产品生产技术体系，并进行推广应用，从而为蛋鸡产业的可持续发展提供支撑。

目前已经集成了蛋鸡产蛋后期专用预混合及配合饲料配制技术，形成提高商品蛋鸡后期生产性能的营养调控及饲料技术体系；集成了针对不同消费需求的蛋鸡专用色素组合及应用技术；基于蛋鸡的生理特点，集成、组装功能性糖类（低聚木糖、低聚壳聚糖、β-葡聚糖、甘露聚糖等）、益生菌（枯草芽孢杆菌、地衣芽孢杆菌、丁酸梭菌等），形成提高蛋鸡生产性能、改善蛋鸡肠道健康的新型生物饲料产品及其应用技术体系；针对豆粕蛋白质氧化对蛋鸡生产性能的负面影响，建立了体外豆粕蛋白质氧化程度评价体系；通过动物饲养试验，系统评价了不同营养调控措施对饲喂氧化豆粕的蛋鸡生产性能、消化功能及鸡蛋品质等指标的影响；集成了天然维生素E、姜黄素等改善蛋鸡饲料豆粕品质和营养价值的调控技术。

1.4.1.3 疾病防控

结合江苏省蛋鸡养殖特点，江苏蛋鸡产业技术体系疾病防控创新团队主要开展了以下几方面工作：①在养殖设施上进行投入和改进，如饮水系统、喂料系统、鸡舍通风系统和消毒设备等，为疾病的控制提供良好的基础条件；②建立完善病死鸡规范处置技术体系，配备病死鸡无害化处理配套设施，有效防止病原微生物扩散；③通过蛋鸡产业技术体系建设，组织专家针对严重制约江苏省蛋鸡产业发展的疫病，研究建立净化方案，建立完善配套的生物安全措施及相关技术规程，从源头上把控鸡群健康；④建立蛋鸡主要疫病监测评价体系，充分发挥科研院所和技术推广体系的优势，加强对企业的合作与指导，开展培训，提高从业人员的技术水平，降低蛋鸡疾病风险，提高养殖效益；⑤建立完善蛋品中抗生素等有毒有害物质综合控制技术体系，减少有毒有害物质流入养殖环节，保障蛋品的质量安全。目前重点研究了禽流感、新城疫等疫病监测控制技术，禽白血病、鸡白痢等以垂直传播为主的疾病源头控制技术，蛋鸡场病死鸡规范化处置等生物安全体系构建技术，有毒有害物质的检测和综合控制技术。通过技术成果推广应用，达到净化蛋鸡养殖生态环境，为消费者提供优质、安全的蛋品，提升全省蛋鸡产业发展水平的目标。

1.4.1.4 健康养殖

目前，江苏省蛋鸡健康养殖技术需求主要包括：蛋鸡舍环境控制技术、节粮型蛋鸡饲养管理技术、蛋鸡生产减排技术等。

江苏蛋鸡产业技术体系专家团队从宏观和微观层面进行了深入系统研究与探索：通过对盐城市不同养殖条件下蛋鸡生产性能水平、养殖经济、社会和生态效益的专题调查与综合分析，依据蛋鸡生产相关法律法规和技术标准规范，着重开展蛋鸡场场址选择、场区规划布局、鸡舍设计与建造、设备设施选型与设计等相关技术的研究，创新集成了标准化蛋鸡场规划设计与建造技术；通过对盐城市不同规模蛋鸡养殖企业H型笼饲养管理关键技术进行专题调查与综合分析，查阅了解H型产蛋笼饲养管理技术最新研究进展，结合盐城实际情况，着重开展蛋鸡场H型笼饲养工艺与模式、品种选择与转群技术、饲料配制与饲喂技术、鸡舍环境与光照技术、鸡群观察与淘汰技术、生物安全技术等相关技术的研究，创新集成了H型笼蛋鸡饲养管理关键技术。

创新集成了蛋鸡生产减排技术：一是通过调整和优化饲料配制技术，实现鸡粪“营养减排”；二是通过鸡舍内有害气体控制与鸡舍排放有害气体治理，实现“有害气体减排”；三是通过改进饮水设备和集粪方式，实现鸡粪“源头控水总量减排”。

1.4.1.5 质量安全

围绕鸡蛋产品的质量安全，江苏蛋鸡产业技术体系质量安全与加工创新团队主要从以下几方面开展工作：有机微量元素改善产蛋后期鸡蛋质量安全的研究与推广应用；产蛋后期日粮钙水平的研究与推广应用；益生菌改善蛋鸡肠道健康效果的研究与推广应用；赤霉灵等减缓饲料霉菌毒素毒性作用的研究与推广应用；酸化剂改善蛋鸡肠道健康效果的研究与推广应用。通过添加有机微量元素调整产蛋后期蛋鸡的微量元素水平，形成产蛋后期添加有机微量元素的蛋鸡新饲料配方，探索产蛋后期日粮钙需求，探索合理的钙水平日粮配方，以期能够改善产蛋后期鸡蛋蛋壳颜色及均匀度，提高鸡蛋光泽度，降低破蛋率和软壳蛋率；探索并筛选出益生菌产品、酸化剂产品及适宜的添加剂量来增加饲料营养价值，增加肠道内共生的细菌群落，减少致病的细菌群落，降低致病细菌的影响，同时通过筛选能有效缓解饲料霉菌毒素毒性作用的添加剂，降低霉菌毒素对肠道屏障的损伤，减少诱发疾病的概率，改善肠道健康，提高产蛋鸡的健康水平，生产有品质保障的鸡蛋。

目前重点研究了蛋鸡健康养殖质量安全控制体系建立与示范应用、蛋鸡饲料中重金属（镉、铬、铅等）对蛋品安全的影响及其控制技术与示范应用、鸡蛋质量安全控制技术体系建设与示范应用、鸡蛋中霉菌毒素控制技术集成与应用、产蛋后期蛋壳质量改善技术研究与集成组装。

1.4.1.6 产品加工

江苏省作为蛋鸡生产大省，鸡蛋深加工行业走在国内前列。进入21世纪，丹麦SANOVO EGG GROUP在我国独资设立的大型蛋品加工企业——苏州欧福蛋业有限公司于2004年正式成立，这是一家专业生产巴氏杀菌液蛋的企业。在蛋品加工技术和设备方面，南京农业大学科研团队研发了蛋品专用纳米涂膜保鲜包装新材料、新工艺及自动化生产线，用于保洁蛋和品牌鸡蛋的涂膜保鲜包装领域。

鸡蛋在深加工方面的可操作性非常强，例如，利用鸡蛋的乳化性制作沙拉酱、蛋黄酱等调味品，利用鸡蛋的热变性及凝固性在各类肉制品、面制品中充当增稠剂等。此外，还可将鸡蛋分离后制成蛋白粉和蛋黄粉添加在功能性食品中。由于缺少蛋品深加工专业研究团队，加工产品大多是企业根据自己的生产线配置和目标市场的需求生产，例如，苏州欧福蛋业有限公司已经生产出超长保质期蛋液、欧姆蛋、咸蛋黄酱、鸡蛋白饮料等多款创新型蛋制品，成为蛋制品行业的领导者和潮流的引领者。在蛋品加工科技领域，现代食品工业所需的速溶性蛋清粉、凝胶性蛋清粉、起泡性蛋清粉等专用型蛋粉生产技术，起泡性蛋清液、乳化性蛋黄液、低磷全蛋液和高凝胶性全蛋液等专用型液蛋生产技术，溶菌酶、卵磷脂、免疫球蛋白IGY、卵转铁蛋白、蛋清活性肽等功能性因子的提取技术，还需要进行专业化的研究和开发。

1.4.1.7 粪污处理

由于我国种植业与养殖业相对分离，很多养殖场周边都没有配套足够的耕地来消纳鸡粪，规模化蛋鸡场产生的大量鸡粪得不到及时处理，就会造成严重的环境污染问题。针对蛋鸡养殖粪污处理的难题，江苏蛋鸡产业技术体系专家团队根据盐城市不同蛋鸡养殖场（户）养殖方式、养殖规模、集粪方式等特点，在鸡粪前期处理上，着重开展鸡粪收集、鸡粪贮存、鸡粪无害化处理等技术的研究与探索；在鸡粪资源化利用上，着重开展自然发酵全量还田利用、专业肥料化利用、专业能源化利用、发酵塔和带式发酵烘干一体机处理、异位发酵床降解等模式的研究与探索；在运行机制上，着重开展第三方“统一收集、集中处置”模式的研究与探索。

创新集成了蛋鸡粪资源化处理利用技术，并已通过专家评审。通过推广应用蛋鸡粪资源化处理利用技术，以每只蛋鸡年均产粪便55千克，3吨鲜鸡粪生产1吨生物有机肥，每吨生物有机肥处理成本（包括设备折旧、电费、载体及菌种、人工费等）420元，生物有机肥售价480元/吨计算，示范场新增收益1.1元/只鸡。项目实施期间，该技术合计推广应用于161.4万只商品蛋鸡，推广费用9.0万元，新增总经济效益168.54万元，并且实现鸡粪资源化利用，减少了环境污染。

1.4.2 技术创新平台众多

2010年，由江苏省家禽科学研究所组织牵头，联合省内家禽行业代表性的企业、科教单位共25家（其中科研院所2家、高校2家）组成的“江苏省家禽产业技术创新战略联盟”正式成立。产业联盟作为政府主管部门与企业、科研院所联系的纽带，产业重大技术协同攻关与推广应用的重要载体，自成立以来，以市场、行业发展需求为目标，集中包括国家、省级、联盟自身的项目和资金资源，承担家禽科技领域关键、共性及重大前沿技术研究开发，打造面向家禽行业的、开放的、具有国内领先水平和国际先进水平的行业共性技术平台，探索提升家禽行业自主创新能力的有效方式，研究形成具有一定行业影响力的自主知识产权和技术标准、技术规范。产业联盟的成立，有利于提升江苏省家禽产业自主创新能力和核心竞争能力，开创家禽产业产学研一体化发展的新格局。除此之外，江苏省还建立了众多省、市、县三级科技创新平台，为蛋鸡行业技术创新与成果转化提供了必要的技术保障。

1.4.3 科技研发机构多元

江苏省家禽科学研究所自1959年成立以来，在家禽种质资源保护及评价、家禽遗传育种与种禽扩繁、家禽品种性能测定与品质监督检验、家禽重大疫病研究与防治、家禽业信息服务与决策咨询等方面开展了大量卓有成效的研究工作，并取得了一系列研究成果。在技术研究基础上，不断推动科技成果转化，有效服务“三农”，近年来通过品种推广、养殖培训、科技服务、技术交流等活动，与省内外多家大型企业开展长期合作，建立了20多个产学研合作基地，共享禽业科技新成果，促进企业的技术革新。同时，充分发挥公益性科研院所的技术优势，积极参加江苏省“挂县强农富民工程”“江苏农村科技服务超市建设”等活动，为推动畜牧科技进步提供必要的技术支撑。

江苏省农科院畜牧研究所主要从事优质畜禽育种、种质资源保存与挖掘利用、健康养殖、繁殖调控新技术、养殖污染控制与资源化、智能化养殖等技术研究，助力家禽生产技术提高。江苏省农科院兽医研究所专门设有禽病与生物兽药研究室，主要研究家禽重要疫病与人畜共患病病原学、流行病学、诊断与免疫技术、防控技术与新疫苗、新兽药研发等，为家禽疫病有效防控和家禽健康生产保驾护航。

1.4.4 推广服务体系有效

江苏省已经建立了相对完善的畜牧兽医技术推广服务体系，2023年末，全省共有畜牧技术推广机构783个，其中省级1个、市级13个、县级97个、乡镇级672个，各级推广机构设置完善，技术力量、公益性推广经费充足。全省各级畜牧技术推广机构共有在编人员4 807人，其中省级19人、市级193人、县级1 616人、乡镇级2 979人。省级畜牧技术推广机构——江苏省畜牧总站，系2007年畜牧兽医机构改革时成立，主要承担全省畜牧技术推广、畜禽生产统计监测、畜禽资源保护技术指导等职能。在畜牧兽医社会化服务方面，连云港市推出的"1+N"服务模式入选第五批全国农村综合改革标准化试点项目，"1"为固定式服务，"N"为拓展式服务，"五位一体"涵盖现行畜禽养殖行业产前、产中、产后全产业链服务，形成巡查、报告、应急处置、粪污治理等各环节、全过程服务。

1.5 产业政策完善

养殖企业作为江苏省蛋鸡产业的主体，不可能脱离社会经济发展环境和总体需求而孤立存在。江苏省稳定的社会环境、强劲的发展动力、强大的经济实力，为蛋鸡产业由小变大、由弱变强、由数量增长型向质量效益型转变提供了强有力的支撑。2008年，为稳步提升蛋鸡标准化规模养殖水平，江苏省按照农业部发布的《关于印发蛋鸡标准化规模养殖场改造以奖代补项目实施方案的通知》要求，出台了《关于组织实施蛋鸡标准化规模养殖场改造以奖代补项目的通知》，对存栏量1万~5万只、达到蛋鸡标准化规模养殖场建设要求的给予补贴，在这一政策的鼓励下，江苏省蛋鸡存栏量1万只以上的规模养殖场占比由2007年的21.3%增加到2012年的42.1%。"十二五"期间，中央和江苏省累计投入30余亿元的财政资金支持畜牧业发展，以促进养殖场技术改造和规模提升，2015年蛋禽大中型规模养殖场比重比2010年提高9%。进入"十三五"以来，面对政策环境趋向优化、消费结构加速升级的新机遇，江苏省加大农业和农村经济结构的调整力度，适应畜禽产品消费增长趋势放缓的变化，提高畜牧业发展的质量和效率，加快中小规模养殖场的技术改造，为蛋鸡产业高质量发展创造了良好的条件，在产业宏观引导、资金项目支持、养殖用地协调、养殖和粪污处理设备补贴、蛋鸡养殖保险等方面都有相应的举措，为蛋鸡产业升级发展提供了强有力的后盾。

1.6 行业组织健全

在蛋鸡行业由小到大、由弱到强的成长历程中，行业组织的引导和推动作用明显。作为江苏省专业性行业组织，江苏省家禽业协会和政府职能部门密切配合，宣传落实江苏省家禽业发展方针政策，指导家禽业生产，提供相关信息，组织科普宣传和技术培训等各类活动，团结养殖生产者、科技工作者、教育工作者和推广部门等，针对家禽业生产的主要问题，以专业会议的形式开展技术培训、技术研讨和经验交流，组织会员参加全国性家禽交易会，并与华东六省一市家禽业协会轮流承办华东地区家禽交易会，成为区域内外厂商交流信息、展示产品、贸易洽谈的重要平台，加快了家禽业新产品、新技术的推广应用。协会创办并编印《江苏禽讯》，宣传有关家禽业政策法规，介绍国内外新技术，推介家禽企业典型经验，提供家禽生产和市场信息。协会开展相关调查研究，掌握行业生产和流通中的实际情况，反映会员和行业的愿望要求，维护会员和行业的合法利益，为促进全省家禽业发展发挥了积极作用。2021年，江苏省家禽业协会整合为江苏省畜牧业协会禽业分会。

江苏省畜牧兽医学会自成立以来，长期围绕畜牧兽医科技和产业发展开展各种形式的学术交流活动，以促进行业发展，推动企业自主创新。此外，还为畜牧生产决策和产业政策制定提供咨询、论证和科技服务，为加速畜牧兽医事业发展、推动畜牧兽医科技进步，实现家禽业集约化、现代化起到了重要的科技支撑作用。

2 产业发展的劣势

在整个畜牧产业大类中，蛋鸡产业的现代化起步早、发展快，所以生产效率、资源转化率、劳动生产率、质量效益和综合竞争力等方面处于领先位置。但是随着农牧业结构调整和养殖业转型升级，也出现了新问题、新矛盾，主要表现在：资源约束趋紧，环保、土地形势严峻，人力资源紧张，养殖成本与风险不断攀升；小规模大群体仍占较大比重，防疫条件良莠不齐，种源疫病净化水平参差不齐，疾病防控风险难度较大；行业标准与规范有待完善，产品质量安全行业标准推进缓慢；产业链条延伸不充分，产加销联结松散，社会化服务体系不健全，产业增值空间受到制约等。

2.1 饲料资源不足

近几年，在全球人口持续增长、气候异常变化、中美贸易争端、新冠疫情等全球性事件的影响下，全球粮食短缺愈发严重，饲料资源短缺成为近年来畜牧养殖业发展面临的共性问题。

饲料是家禽养殖业的基础，家禽饲料多以玉米和豆粕等粮食及粮食加工副产品为主要原料，饲料资源供需矛盾愈演愈烈，严重威胁家禽养殖业的可持续发展。目前我国每年存在2 000万吨以上的玉米供应缺口，大豆进口量超过1亿吨，国内饲料粮对进口依存度较高。2020年，我国农产品进口量创下新高，累计进口量超1.4亿吨，其中进口量排名前三位的大豆、玉米、小麦分别为1亿吨、1 130万吨、838万吨，同比分别增加11.7%、135%、140.2%，作为主要饲料原料的大豆、玉米约占农产品进口总量的80%，这严重阻碍了我国饲料业和畜牧业的发展。

江苏省不是玉米和大豆主产区，虽然非常规蛋白资源较多，但是利用率低，迫切需要深化饲料行业供给侧结构性改革，发挥非常规饲料资源的替代作用，避免资源浪费，节约玉米、豆粕等常规饲料资源，缓解饲料资源趋紧的现状，实现产业转型升级发展。

2.2 一线员工短缺

随着我国经济的迅速发展，各行各业都在不断吸纳人才，一定程度上抢占了畜牧业发展的人才资源。此外，由于畜牧业工作的环境特殊，年轻人不愿意从事这项工作，致使畜牧业从业人员数量紧缺。据统计局发布数据显示，2021年江苏省城镇单位就业人员为1 314万人，其中农林牧渔业城镇单位就业人员仅为2.5万人，年平均工资为54 841元，在19项统计指标中位居倒数第一，畜禽养殖业工作环境不佳以及工资待遇低等决定了其对就业人员吸引力较差。

在基层管理、技术人员层面，随着蛋鸡产业规模化、集约化、现代化水平不断提升，对管理人员及技术人员的专业素养要求不断提高，而当前的从业人员普遍年龄较高，专业化程度低，缺乏高素质、高层次的领军人才，导致企业的管理、技术创新能力不足。在新的畜牧专业人才培养输出上，教育部的统计数据显示：2020 年我国高职以上学历层次的畜牧类专业毕业生约 5.24 万人，中职学历层次的毕业生约 0.86 万人。我国大、中、小规模的畜牧企业对高职以上的人才需求量大约为33万人，按照2020年毕业生人数计算，人才供需比大约为 1:6，对中职人才的需求量大约为 11 万人，人才供需比大约为 1:13，人才供需比呈现明显的不平衡状态，将会导致畜牧业人才数量缺口持续扩大。

一线养殖工人短缺是影响江苏省蛋鸡养殖业的重要因素之一。现在农村劳动力少，主要是老人和妇女，蛋鸡养殖企业面临着招工难、用人难、留人难的问题，尤其是农忙时节，更是一人难求。由于江苏省经济相对发达，第二、三产业占比高，城镇就业渠道丰富，相对于养殖业而言，从事第二、三产业的工资收入和工作环境都更具优越性，蛋鸡养殖企业在本地招工难的问题突出。

2.3 成果转化偏慢

规模化蛋鸡养殖业追求高投入、高产出，设备设施先进，对技术要求高，而且企业是重资产运营，要通过降低养殖成本、提高养殖效率来实现赢利，就需要品种持续选育、优化饲料配方、提升管理水平等技术手段作为支撑，需要一系列配套的科研成果作为保障。江苏省是畜牧技术研发大省，但是，现阶段蛋鸡养殖生产的相关科研成果真正实现大范围推广应用并取得实效，还需要花费较长时间和较大精力去推广验证，短期内不会有太大进展。例如，依托江苏现代农业（蛋鸡）产业技术，研究集成的疫病风险评估与控制技术、产蛋后期蛋鸡预混合饲料配制与生产性能营养调控技术、H型笼饲养技术、鸡蛋重金属控制技术等，当前大多只在推广示范基地应用，尚未在全省养殖场（户）大范围推广应用。

2.4 品牌优势不强

蛋鸡生产企业在追求产量增长的同时，更要重视质量的提升，要以质取胜，就要走品牌化经营道路。目前国内知名的鲜鸡蛋全国性品牌有正大、德青源、咯咯哒、晋龙、圣迪乐村、神丹、光阳蛋业、伊势等，在2022中国农业品牌目录农产品品牌名单中，湖北神丹健康食品有限公司的“神丹”牌鸡蛋、大连韩伟养鸡有限公司的“咯咯哒”牌鸡蛋在列，这些品牌的市场影响力不断提高，而江苏省的鸡蛋品牌在国内影响力欠缺。课题组前期调研发现，江苏省蛋鸡养殖场（户）生产的品牌鲜蛋占比不足5%，目前主要有“天晟牧园”“禄口”“文圣”“添寿”“佳丰”“江海溯源”等品牌鸡蛋。相比较而言，天成集团、康德蛋业和欧福蛋业的液蛋、蛋粉等深加工产品，在国内市场有一定的品牌影响力。

2.5 蛋品加工滞后

欧美等发达国家的蛋品加工比例相对较高，有些发达国家消费者已经形成了消费冷藏包装巴氏杀菌液态蛋的习惯，例如澳大利亚、欧洲、日本和美国巴氏杀菌液态蛋制品占鸡蛋产量的30%~40%。江苏省鸡蛋消费模式与全国一致，以鲜蛋为主，深加工比例仅为5%左右，与发达国家相去甚远。加工蛋品能够延长保质期，扩大销售半径，增加食用场景，提高产品附加值，但是需要消费者的逐步适应和认可，短期内国内消费者的传统壳蛋消费习惯难以改变，通过蛋品深加工提升蛋鸡业产值短期内难有大的突破。

与发达国家成熟的蛋品加工市场相比，我国蛋品加工业仍处于起步阶段，蛋品深加工比例偏低，蛋品消费市场前景广阔。出于对市场前景的良好预期，近年来蛋品加工业发展迅猛，据不完全统计，每年新增规模化蛋品加工企业4~5家，蛋品加工企业的扩张，导致供需失衡，目前我国蛋品加工企业的开工率不足50%。虽然江苏省蛋品加工企业数量很多(表3-3)，但是同样存在开工率不足的问题，课题组前期调研发现，苏州欧福、江苏康德、江苏天成等企业的实际加工量远低于设计产能，企业开工率约为40%。

表3-3 江苏省鸡蛋产品加工企业名单

地区	企业名称
苏州市吴江区	苏州欧福蛋业股份有限公司
海安市	江苏天成蛋业有限公司
如东县	江苏鸿轩生态农业有限公司
海安市	江苏康德蛋业有限公司
海安市	海安市婷婷农副产品有限公司
泰州市姜堰区	泰州苏鹏蛋业生物科技有限公司
沛 县	江苏香道食品有限公司
阜宁县	江苏大鹤蛋业有限公司
射阳县	江苏仁康蛋业有限公司

2.6 融资能力欠缺

金融机构出于对资产安全性的考虑，在信贷资金投放上越来越讲究择优性与趋利性。蛋鸡养殖业经营风险高，在金融市场上处于弱势地位，抵押担保难，融资能力差。如果在行业低谷期出现资金链断裂又得不到金融系统投资支持，则倒闭风险大大增加。

另外，蛋鸡业同样存在保险体系不健全的情况，蛋鸡养殖要承担自然风险(如洪涝灾害、风灾等)和市场风险(价格波动和供需变化等)，稍有不慎则造成严重经济损失，因而针对蛋鸡养殖业建立完善的保险机制十分重要。目前江苏省大部分蛋鸡养殖场户还未办理保险业务，企业自身需要承担较大的经营风险，风险转移能力不强。

期货衍生工具是蛋鸡养殖企业用于有效规避市场波动风险的工具。目前江苏蛋鸡产业正处于规模化快速发展时期，企业普遍微利经营，蛋鸡养殖产业链竞争，除了综合管理成本的控制、产能规模的扩张外，更重要的是通过金融衍生品来管理原料采购、产品销售价格波动风险，确保养殖端的利润。当前，期货衍生工具在中小规模蛋鸡养殖企业中应用较少，企业不能有效利用其应对市场波动风险从而获得稳定收益。

3 产业发展的机遇

"十四五"时期,江苏畜牧业发展面临诸多有利条件。首先,党中央、国务院和省委、省政府高度重视畜牧业发展和转型升级,初步建立了稳产保供的约束激励机制和政策保障体系,不仅引导激励更多的资源要素向畜牧业集聚,也提高了基层政府发展畜牧业生产的主动自觉,为推进畜牧业高质量发展创造了有利的外部环境;其次,构建以国内大循环为主体、国内国际双循环相互促进的新发展格局,畜产品市场需求将更加巨大,加之人民生活日益富足,城乡居民消费结构不断升级,对绿色、优质、安全的畜产品消费需求显著提高,成为助推畜牧业发展的主引擎;同时,随着生态文明建设不断推进,畜牧业在农业废弃物资源化利用、土壤地力改善、优质农产品供给上将发挥不可替代的作用,发展空间进一步拓展;此外,江苏省农业科技资源丰富,农业科技贡献率、科技装备水平位居全国前列,互联网、物联网、大数据、云计算等信息技术与农业深度融合,新产业新模式新业态不断涌现,为畜牧业依靠科技驱动、加快转型升级提供了强大的技术支撑。

3.1 乡村振兴战略机遇

2015—2020年,"中央一号"文件先后强调农业竞争力的重要性,提出提高农业竞争力是今后一个时期"三农"工作的重大任务。农业质量、效益和竞争力的提升是实现农业现代化和高质量发展的重要着力点。在中国特色社会主义新时代,推进农业现代化和乡村振兴是重要工作,立足于农业农村发展的蛋鸡行业有望迎来发展新机遇。2018年出台的《中共中央 国务院关于实施乡村振兴战略的意见》提出,要促进小农户和现代农业发展有机衔接,统筹兼顾培育新型农业经营主体和扶持小农户,采取有针对性的措施把小农生产引入现代农业发展轨道。正因如此,一些资源优势明显的地区,可以把乡村振兴战略作为契机,引导推动企业和农户通过现代化思维和经营方式发展蛋鸡业,把它作为农业增效、农民增收和乡村振兴的重要抓手,努力发展成为农村经济的重要支柱产业。

3.2 国民经济持续增长

2023年1月国家统计局发布最新数据显示:2022年国内生产总值约121.02万亿,按不变价格计算,同比增长3.0%,国民经济总量再上新台阶,人民生活持续改善,高质量发展取得新成效。江苏作为我国经济大省和强省,是长三角经济带和长三角城市群的主要成员,在我国区域经济发展中一直扮演着重要的角色。近年来,江苏省聚焦高质量发展,积极贯彻新发展理念,构建"强富美高"新篇章,GDP总量连续多年位居全国第二,人均GDP位列全国前列。2022年江苏省GDP总量约为12.29万亿元,以全国1.12%的国土面积创造全国10%的GDP,是与广东同处于第一阶梯的GDP超过12万亿元的省份,且人均GDP、地区发展与民生指数均居全国省域第一。随着江苏国民经济持续增长,江苏居民的可支配收入水平和消费水平也不断提高，对肉、蛋、奶等畜禽产品的消费量将快速增加。同时，由于地区经济基础强劲，金融资本雄厚，为蛋鸡养殖业高水平设施设备投入提供了更多资金支持，对推动江苏蛋鸡业的规模化、现代化高质量发展奠定了坚实基础。

3.3 产业内部良性竞争

随着蛋鸡养殖业由增量市场向存量市场的转变，整个产业结构都发生了明显变化，企业所面临的发展环境和竞争形式也完全不同。此前蛋鸡养殖企业通常是把产品、技术、成本、管理、市场份额等与产业直接相关的主要指标作为市场竞争的主体，如今在产品竞争与服务竞争并存、价格竞争向非价格竞争转变的趋势下，企业在生产经营中除了要关注以上指标外，还需要综合考虑自身所拥有的资源、能为客户提供的服务等要素，因为企业的竞争已经与兼顾社会利益结合在一起，企业的发展成果需要通过产品和服务向用户和消费者、供应商、投资者共同分享，这就需要企业营造良好的产业链环境，使产业链各环节有机衔接在一起，从而实现产业价值最大化。

江苏作为蛋鸡生产、鸡蛋加工大省，有着良好的产业基础和资源优势，已经形成规模化的蛋鸡产业集群，具备较强的区位优势以及产业竞争力。虽然当前江苏省蛋鸡养殖主体数量仍然庞大，但是经过多年的市场洗礼、疫情风波、公共卫生事件影响，一部分养殖户和企业已经退出了历史的舞台，继续在市场上生存的企业已经摒弃了同质化生产、低价竞争、同行是冤家的观念，开始寻求合作与共同进步，整个产业内部形成了和谐发展的良好氛围。除了为数不多的企业仍在单打独斗外，不同形式的联合发展渐渐成了主旋律，产销合作社、产业联合体、产业联盟等不断释放活力。新型产业联合体的出现，既是行业发展所需，也符合国家政策导向。2017 年 10 月 13 日，国家六部委联合下发了《关于促进农业产业化联合体发展的指导意见》，目的是让龙头企业、农民合作社和家庭农场等新型农业经营主体以分工协作为前提，以规模经营为依托，以利益联结为纽带，结成一体化农业经营组织联盟，实现农业快速发展。

由江苏天成科技集团牵头成立的“江苏天成蛋鸡产业化联合体”和“南通市蛋鸡产业联盟”，以“蛋鸡全产业链”为发展引擎，以“天成+天晟牧园”品牌为核心，形成了独特的“哑铃型”种养带农增收模式，即一头以饲料加工为龙头带动家庭农场和种植农户，一头以蛋品深加工为龙头带动家庭牧场和养殖农户，实现多层次联合联动，全面联农带农。

组建蛋鸡产业化联合体，可以充分整合各方面资源，实现各经营主体的联合发展，即龙头企业建立了自己的生产基地，家庭农场的土地经营实现节本增效，合作社作业收入有明显提高，可以实现降低生产成本、降低经营风险、优化资源配置、提高经济效益的目标，为蛋鸡业组织化建设和提质增效提供了重要的方向指引。

3.4 消费市场空间广阔

在整个市场结构中，消费者占据重要地位。消费品需求受人口数量及构成的影响，也受产品数量、种类、质量等因素影响，但最主要的影响因素是消费者的购买力。

江苏省位于我国东部沿海地区，与上海、浙江、安徽共同构成的长江三角洲城市群已成为国际六大世界级城市群之一，区域经济发达、城镇化水平高、人均收入高，为江苏省高质量农产品市场提供了巨大的发展空间。据统计，江苏省2021年常住人口达8 505.4万人，人均GDP为13.73万元；上海市2021年末全市常住人口为2 489.43万人，人均GDP达17.36万元；浙江省2021年常住人口6 540万人，人均GDP为11.5万元，三省市常住人口总数超过1.7亿。这一人口基数和经济水平为鸡蛋产品消费增长创造了良好的市场条件。2021年江苏居民人均蛋类消费14.1千克，上海市人均蛋类消费14千克，浙江省人均蛋类消费12.4千克。

随着生活水平的改善和消费结构的升级，消费者往往更加关注鸡蛋品质、质量安全和新鲜度等，而对价格敏感度相对较弱，对有一定溢价的功能鸡蛋、特色鸡蛋、加工蛋制品等的需求将进一步提升，未来鸡蛋及其制品还具有广阔的市场发展空间。从长远来看，发展特色蛋鸡产业是江苏省蛋鸡业供给侧结构性改革的重要抓手，可充分体现特色蛋鸡鸡蛋价格上的优势，满足消费者高品质鸡蛋消费需要，提高综合养殖效益。

3.5 品牌理念引领发展

随着经济社会的快速发展，人们的消费已从过去满足刚性需求的“普适性”消费，逐渐向追求更高的产品质量、更好的消费体验、更能提升生活幸福感的“品质化”消费转变，品牌理念开始渐渐深入人心，消费者对品牌鸡蛋的需求将不断增加，未来品牌鸡蛋将越来越普及，市场发展空间巨大。我国虽然鸡蛋产量位居世界第一，但是品牌鸡蛋的市场占比并不高，目前大部分鸡蛋未经过分级、清洗、涂油、喷码等处理直接销往批发市场，品牌价值没有得到发挥，江苏省同样如此。随着消费者对鸡蛋质量要求的日趋严格，江苏省可借鉴美国、欧洲、日本的经验：建立统一的鸡蛋分级包装中心，企业生产的鸡蛋必须经过清洗、检查、分级、包装后才能进入市场；制订不同等级的产品标准，只有符合一定标准的鸡蛋才能进入商超等卖场销售，提高产品质量门槛。在品质消费时代，盐城、南通和泰州市等品牌蛋生产企业集中区应顺势而为，抢抓市场机遇，打造区域品牌，做强企业品牌，加大品牌行销与传播力度，以品牌赢得消费者的信任，以消费促发展，做大做强蛋鸡产业。

3.6 产业延伸实现增值

近年来，蛋鸡产业链上游的竞争日趋激烈，祖代鸡、父母代鸡、商品代鸡的产能都已过剩，产业增长空间受限。为了拓展新渠道，寻求新的利润增长点，国内大型商品蛋鸡企业开始把目标定位在淘汰蛋鸡加工环节，在新的赛道上抢抓机遇，以实现产业链价值最大化。保定兴芮农牧发展有限公司是国内较早开始淘汰蛋鸡规模化加工的企业，公司选用500日龄优质淘汰蛋鸡为原料，活鸡现宰，当日烤制，生产烤鸡、扒鸡、熏鸡等包装食品，主要通过超市渠道和直营方式销售，年销售量在300万只左右。安徽荣达集团也配备了淘汰蛋鸡生产线，产品类型有冷冻鸡、冰鲜鸡和老母鸡汤。国内知名的蛋鸡养殖和蛋品加工企业厚德食品股份有限公司,如今也把战略目标锁定在淘汰蛋鸡加工上,自主创新"下架鸡系列产品的研制",通过产业链延伸来增强市场竞争力,实现产业增值。江苏蛋鸡龙头企业可以考虑投资淘汰蛋鸡屠宰加工生产线,以实现蛋鸡产业链的进一步延伸增值。

4 产业发展的挑战

4.1 养殖用地紧张

土地是与蛋鸡产业发展密切相关的资源,实现蛋鸡业规模化发展,必须配套现代化鸡舍和设施设备。当前制约企业规模化生产的一个主要因素是养鸡场建设用地不足,这一问题近年来在江苏省内显得尤为突出。江苏是经济大省、人口大省,但土地面积狭小,人均土地占有面积仅为全国平均水平的60%。随着工业化和城镇化水平的进一步提高,土地资源愈加趋紧,在确保基本农田和工业用地基础上,能够用于蛋鸡场建设的土地少之又少,土地供应紧张趋势越来越明显。在严格的土地政策约束下,规模蛋鸡场新建基地扩产能难度大,不利于实现规模效应。此外,还有一些市县出于环保的考虑,对畜禽限养区的划定十分严格,进一步压缩了蛋鸡企业的生存空间。

4.2 环保要求严格

随着近年来各地环保政策趋严以及民众环保理念的提升,小规模养殖企业(户)经济实力差,缺少用于鸡粪和污水处理的资金,粪污不经处理会对周围环境造成较大影响。目前江苏省蛋鸡存栏2 000只以上比重达96%,规模养殖产生的粪便大多经粪污处理设施简单处理,不能做到达标排放,存在环境污染隐患。虽然一些地方建立了粪污集中处理中心,养殖企业(户)的鸡粪有专门的人员和车辆收集,但是由于处理能力有限或收集鸡粪不及时,遇到雨水天气就会对环境造成污染。2015年开始实施的《中华人民共和国环境保护法》明确规定:从事畜禽养殖和屠宰的单位和个人应当采取措施,对畜禽粪便、尸体和污水等废弃物进行科学处置,防止污染环境。2016年江苏省出台《"两减六治三提升"专项行动方案》,加强生态环境保护工作。随着国家生态文明建设的大力推进,以及可持续发展理念的指引,未来环保要求更加严格,蛋鸡产业的持续发展将面临更多挑战。

4.3 成本压力剧增

近年来,蛋鸡养殖成本逐年攀升,主要源于饲料、劳动力等生产要素价格的上涨。劳动力工资持续上涨对我国经济的影响已成为社会关注的焦点,近十年蛋鸡行业劳动力价格年均增幅超过10%,长江中下游地区一名饲养员的工资已经超过3 000元/月,在目前蛋鸡养殖业处于微利的情况下,中小规模蛋鸡养殖企业压力很大。即便如此,企业仍旧面临招工难的问题,现在基层养殖者年龄普遍较大,有经验和能力、能胜任一线工作的技术人员十分匮乏,企业用工压力与日俱增。除了工人工资以外,饲料、疫苗、兽药、水电费等生产资料成本也连年上涨,不断压缩企业的利润空间,这是养殖业面临的共性问题。受国际国内政治、经济环境影响，近年来饲料原料价格不断上涨，饲料价格的快速上涨势必会推动蛋鸡养殖成本的上升。以大宗饲料原料玉米和豆粕为例，2020年玉米平均价格为2 239元/吨，而2021年平均价格涨至2 842元/吨，涨幅高达27%。豆粕价格更是从2021年春季的3 000元/吨左右涨至2022年10月的5 400元/吨左右。养殖成本攀升挤压了养殖户的利润空间，养殖利润呈现出明显的波动态势。养殖风险的加剧迫使部分养殖散户退出蛋鸡养殖行业，还有一部分养殖户通过扩大生产规模以获得规模效益。

4.4 风险因素叠加

4.4.1 疾病风险

疾病风险具有不确定性，全国范围的疫情一般属于突发事件，无法提前预测，对养殖户造成的经济损失不可估量，成为严重威胁蛋鸡产业发展的主要因素之一。目前在蛋鸡养殖中比较流行的疾病有禽流感、新城疫、球虫病、大肠杆菌病、支原体感染、传染性支气管炎、传染性法氏囊病等，其中禽流感对蛋鸡产业的影响尤为严重，目前全球高致病性禽流感疫情持续多发，多种病毒共存，全球8条候鸟迁徙路线中，有3条途经我国，境外禽流感等疫病传播风险持续存在。

4.4.2 安全风险

2013年H7N9流感疫情的暴发，重创了我国家禽产业，江苏省蛋鸡产业也未能幸免。当时专业、主流媒体未能很好地发挥舆论引导作用，让一些非主流媒体大肆误导性宣传，全国上下“谈禽色变”，蛋鸡行业深受影响。此外，“苏丹红”“激素蛋”“橡皮蛋”以及鸡蛋中检测到抗生素药物残留等负面新闻的持续发酵，同样影响了蛋鸡业生产，导致鸡蛋价格大幅走低。当前消费者越来越关注食品安全，对鸡蛋质量也有了更高的要求，倒逼蛋鸡生产企业通过提高产品质量来降低食品安全风险。

4.4.3 市场风险

受饲料原料贸易、兽药疫苗价格、市场供求关系、生产组织模式、国际经济环境等影响，鸡蛋市场行情不断变化，尤其是近几年饲料原料价格的快速上涨和新冠疫情的影响，鸡蛋价格波动频繁，市场难以预测，时常出现“有市无价”或“有价无市”的局面。

4.4.4 环境风险

自然灾害因素，如水灾、火灾、风灾、冰雹、霜冻等也会对蛋鸡生产造成损失。夏季极端高温天气和突发洪涝灾害，对于设施化程度不高的养殖企业（户）来说，轻则影响生产成绩，重则导致停产危机。另外，国家和社会对资源、环境的日益重视，也会给蛋鸡产业带来新的挑战。

4.4.5 投资风险

饲料、人工等成本的逐年上升以及鸡蛋市场价格不稳定等因素，导致养殖场户经常出现亏损状况，收益没有保障，蛋鸡养殖投资风险增大。在生产经营过程中，一些企业因为缺乏持续的资金保障，使得正常的生产经营活动无法开展，从而产生投资风险。

4.4.6 政策风险

农业政策中的畜产品价格政策、环保评价政策、全国兽药（抗菌药）的综合治理与五年行动规划、兽药国标化等变化，经过传导最终会直接影响到企业生产的持续性以及蛋价波动，有的企业因为不能深入理解政策的重要性，对政策的预期不足，不能准确把握政策导向，往往会在经营决策上产生误判，出现经营风险。

第二章
江苏省蛋鸡产业高质量发展思路与建议

2022年1月，江苏省农业农村厅发布了《江苏省“十四五”现代畜牧业发展规划》。规划在总结“十三五”时期全省畜牧业发展成效，分析“十四五”面临挑战和机遇的基础上，提出全省畜牧业高质量发展目标，明确加快构建高质量供给体系、加快构建现代畜禽养殖体系、建立健全动物防疫体系、加快构建现代加工流通体系、推动全产业链发展、加快构建畜牧业绿色循环体系等6个发展重点，制定标准化生态健康养殖推进项目、动物防疫安全提升项目、动物检疫规范提升项目、现代畜禽种业振兴项目、畜禽粪污资源化利用巩固提升项目、畜禽屠宰和加工流通升级项目等6个重点项目，以及相应的保障措施。

蛋鸡产业要在全省现代畜牧业发展规划框架内，根据自身现状和特点，明确高质量发展的任务目标，提出相应的路径策略。

1 总体发展思路

1.1 指导思想

遵循“十四五”江苏现代畜牧业发展的指导思想：坚持以习近平新时代中国特色社会主义思想为指导，深入贯彻党中央会议精神，全面落实习近平总书记系列重要讲话精神，尤其是视察江苏时重要指示精神，认真落实党中央、国务院和省委、省政府决策部署，牢固树立新发展理念，以实施乡村振兴战略为引领，以畜牧业供给侧结构性改革为主线，以规模化、标准化、智慧化、生态化为主攻方向，强化畜牧业科技和装备支撑，强化标准引领和质量安全监管，加快建立适应国内大循环为主体、国内国际双循环相互促进的高质量供给体系、现代畜禽养殖体系、动物防疫体系、加工流通体系和绿色循环体系，形成布局合理、生产高效、品种优良、产品安全、资源节约、环境友好、调控有效的畜牧业高质量发展新格局，努力在推动畜牧业高质量发展、推进畜牧业现代化中“争当表率、争做示范、走在前列”。

1.2 基本原则

遵循“十四五”江苏现代畜牧业发展的基本原则。

1.2.1 坚持民生优先

坚持把满足人民群众对美好生活的向往放在首位，立足保供给、保安全、保生态，着力补短板、转方式、提质效，统筹生产、生态、生活协调发展。既要努力稳增长，又要着力防风险，科学制定产业规划，不盲目扩大规模，推进畜牧业平稳有序健康发展。

1.2.2 坚持创新驱动

充分发挥科技的引领支撑作用，深入推进畜牧业供给侧结构性改革，推动畜牧业发展模式和业态创新，推进畜牧业向智能化、绿色化、数字化转型，加快构建现代产业体系，全面推进畜牧业发展质量变革、效率变革、动力变革，走出一条具有江苏特色的畜牧业现代化道路。

1.2.3 坚持绿色导向

切实把绿色发展理念融入畜牧业生产全过程，统筹资源环境承载能力、畜禽产品供给保障能力和养殖废弃物资源化利用能力，协同推进畜禽养殖和环境保护，优化产业布局，构建新型种养结合绿色循环体系，全面提高资源利用效率，促进畜牧业可持续发展。

1.2.4 坚持防疫先行

将动物疫病防控作为防范畜牧业产业风险和防治人畜共患病的第一道防线，着力加强防疫队伍和能力建设，着力加强从养殖到屠宰全链条兽医卫生风险管理，落实政府和市场主体的防疫责任，形成防控合力，切实维护养殖业生产安全、动物源性食品安全和公共卫生安全。

1.2.5 坚持市场主导

充分发挥市场在资源配置中的决定性作用和更好发挥政府作用，消除限制畜牧业发展的不合理壁垒，进一步激发各类市场主体活力，强化政策支持和依法兴牧，加快补齐畜牧业发展的短板和弱项，推动有效市场和有为政府更好结合。

1.3 主要任务

江苏蛋鸡产业发展要围绕全省现代畜牧业发展的总体要求，转变增长方式，着力推进养殖规模化、设施设备现代化、生产标准化、管理规范化、加工产业化、防疫制度化、粪污利用资源化、专业服务社会化，切实提高全省蛋鸡综合生产能力和质量效益。

1.3.1 巩固对市场保供能力

支持蛋鸡优势区域发展和蛋鸡生产大县建设，提高全省养殖数量；发展适度规模生产和标准化养殖，提高自动化水平和单位生产效率；提高保洁蛋、品牌蛋生产能力和蛋液、蛋粉、功能产品等深加工能力，提升区域品牌美誉度与产品附加值。

1.3.2 不断加强科技创新

加强具有江苏特色的蛋鸡育种工作，健全良种繁育体系，实现品种多元化发展，扩大地方特色蛋种鸡在省内和国内其他区域市场的份额；同时加强蛋鸡精准化饲料营养、智能化环境控制和蛋品深加工等方面技术研发。

1.3.3 提高产业安全水平

进一步提高蛋鸡疫病综合防控能力和鸡蛋产品质量安全水平，确保不发生区域性重大动物疫情和重大质量安全事件。

1.3.4 推动行业绿色发展

提高蛋鸡生产发展与资源环境承载力匹配度，在推进养殖废弃物资源化利用方面做出表率，形成种养结合、农牧循环的绿色循环发展新方式。

1.4 发展目标

通过调整产业结构、优化配置产能、提高单产能力实现蛋鸡业稳产保供的总体目标，进一步完善蛋鸡产业链，提升产业抗风险能力，促进一二三产业融合发展。通过提高饲养水平使养殖管理得以强化、生产效率稳步提升，不断提升鲜蛋加工比重，使产品附加值与品牌效应得到显现，以农牧结合打通种养绿色循环通道，使生态健康养殖全面推广。

2 高质量发展建议

2.1 加强宏观引导及必要的政策支持

2.1.1 科学引导企业适度规模生产

鸡蛋和猪肉同为城乡居民“菜篮子”的主要消费品。与生猪一样，蛋鸡业是江苏畜牧业的重要支柱产业，对保障食品安全、推进乡村振兴、维护生态平衡、促进经济社会发展稳定具有重要作用。江苏蛋鸡业位居全国第一方阵，历史久、基础好、后劲足、潜力大，各地要站在全局高度，将“强蛋鸡”与“稳生猪”放在同等重要的战略层面，坚持问题导向、目标导向、效果导向，抓紧抓实各项发展任务，落实落细各项政策举措，着力推动全省蛋鸡产业高质量发展，构建江苏现代畜牧业发展的新格局。在未来蛋鸡业发展过程中，要妥善处理好政府、企业和农户的关系，在政府的引导下，以企业为生产主体，加大行业主管部门的资金投入和有效监管，切实保障各方利益。

要根据全省人口总量变化趋势和经济社会发展水平科学预测鸡蛋的市场消费需求，在此基础上确定蛋鸡养殖规模总量，鼓励企业进行适度规模生产，实现质量效益双向奔赴。支持发展蛋鸡养殖专业合作社和家庭农场，鼓励其以产权、资金、劳动、技术、产品为纽带，开展合作和联合经营。鼓励蛋鸡养殖龙头企业发挥引领带动作用，与养殖专业合作社、家庭农场建立紧密合作的利益联结机制，增强联农带农能力。

2.1.2 合理优化区域产业布局

立足于江苏省蛋鸡产业区域市场变化情况，积极推动蛋鸡养殖优势区域发展，以增量提质为目标培育蛋鸡产业集群，打造区域经济新增长极，以强县为着力点，以强企为抓手，构建龙头企业引领、中小企业共生、上下游企业共处的雁阵模式，做大做强蛋鸡产业县域经济。海安、东台等市县是江苏蛋鸡产业的一张名片，也是江苏农业农村经济的一张名片，在全国较有影响力。新时期，结合国家“一县一品”“一县一业”等工程，支持这些蛋鸡养殖大县发挥资源优势，加强基地县建设，打造一批生产大县。

对年度蛋鸡新增存栏排名前三或前五位的县，在中央和省级可用于支持畜牧业相关转移支付资金分配时给予适当奖励。统筹中央农业生产发展和省级乡村振兴专项资金，加大对蛋鸡养殖大县支持力度，重点支持生产环节鸡舍改造、良种引进、粪污处理等方面。支持重点县整乡推进特色蛋鸡产业发展，打造富民强镇新优势产业，支持符合条件的县积极创建家禽产业园区。

2.1.3 统筹标准化鸡舍建设用地

蛋鸡养殖大县在编制年度耕地“进出平衡”总体方案时，要充分考虑蛋鸡养殖用地合理需求，鼓励利用农村集体建设用地发展蛋鸡产业。依法依规、积极稳妥做好蛋鸡养殖用地管理工作，符合用地政策、手续不全的，尽快补充完善用地等相关手续，对违反用地政策、确需关停恢复的，要充分考虑蛋鸡生产周期，合理确定整改恢复时间，防止简单粗暴关停拆除。对合法合规养殖场户，不得以行政手段实施关停或清退，不得超越法律、法规规定扩大禁养区范围。

支持发展蛋鸡标准化规模养殖场，推动将相关机具设施全部列入农机补贴范围，应补尽补。重点支持符合条件的蛋鸡企业创建国家级标准化示范场、全产业链标准化示范基地，推动散养向规模、规模向标准、标准向示范转变。

2.1.4 必要的资金支持和融资渠道创新

建议江苏省政府以省农业农村厅联合财政厅、发展改革委、生态环境厅、自然资源厅、地方金融监管局、银保监局，以及各市、县级政府，制定相关政策措施，重点是推动财政资金向重点领域和重要环节聚集，支持蛋鸡产业高质量发展。

对蛋鸡标准化养殖场扩大再生产贷款予以一定幅度的省农业信贷担保贷款贴息支持。支持蛋鸡养殖头部企业、优势企业挂牌上市，对总部和主营业务均在江苏的成功上市企业，给予一定奖励；对“借壳”或“买壳”省外上市公司并将注册地和纳税地迁入江苏的企业，同样给予一定奖励。建立健全农村资产确权、评估、流转和处置机制，积极创造条件，支持银行业金融机构拓宽农村资产抵质押物范围，开展活体畜禽、养殖圈舍等抵质押贷款业务，支持规模养殖主体发展。利用省级地方特色农业保险以奖代补试点政策，对开展家禽保险业务的市县，省财政给予奖补支持。

2.1.5 推动病死鸡无害化处理和粪污资源化利用

建立健全病死鸡无害化处理体系和补助机制，有条件的市县可对病死鸡无害化处理给予补助。与生猪养殖统筹，积极争取国家畜禽粪污整县推进项目资金，支持符合条件的县加大畜禽粪污资源化利用，在污染防治、粪污收集、转运、处理及粪污抛洒机购置等方面给予优先扶持，支持高标准农田建设等项目采购粪肥，促进粪肥低成本就地就近无害化还田利用。设有污水排放口的规模化养殖场、养殖小区依法申领排污许可证，对粪污全部还田利用的规模养殖场(小区)实行排污登记管理，不需申领排污许可证。

2.2 加速科技创新与实用技术推广

创新是高质量发展的第一动力，创新包括科技创新、产品创新、组织创新、制度创新、商业模式创新等，科技创新引领全面创新。实施创新驱动发展战略，就是要推动以科技创新为核心的全面创新。谁抓住了科技创新的“牛鼻子”，谁就能够引领创新发展。科技创新同样是蛋鸡产业高质量发展的核心推动力量。蛋鸡产业必须依赖于科学技术进步的推动，才能突破当前面临的诸多问题，实现产业化生产、组织化经营和特色化发展。

2.2.1 加强基础研究和新技术、新产品研发

“十三五”期间，江苏蛋鸡产业的科研工作成绩斐然，今后要在遗传育种、饲料营养、疫病控制、设施设备等领域进一步加强研究。在重视高校和科研院所的基础研究和技术创新的同时，更要鼓励企业自主创新，大力引导、支持龙头企业加强对新技术新产品的研发投入。

2.2.1.1 遗传育种领域

良种是产业基础，要规避江苏缺少祖代蛋种鸡场的劣势，聚焦地方特色蛋鸡育种，统筹现有各类专项资金，支持企业与科研单位、大专院校联合攻关，共同培育地方特色蛋鸡配套系，满足江苏省以及长三角地区中高端蛋品市场需求。

2.2.1.2 饲料营养领域

饲料是蛋鸡养殖的物质基础，为降低成本和相对精准调控，目前全省蛋鸡养殖以采用预混合饲料自行配制饲料为主，商品配合饲料的应用尚不够普及，不足饲料总需求量的四分之一。要在蛋鸡饲养阶段划分及阶段性营养需要量、提高鸡蛋品质、生物饲料产品对蛋鸡生产性能和经济效益的影响、节粮增效型绿色饲料添加剂开发、蛋鸡饲料原料品质评价体系、适应蛋鸡自动化养殖的饲料加工技术等方面加强基础研究和产品研发。

2.2.1.3 疫病防控领域

疫病是影响蛋鸡养殖效益的主要风险因素之一，养殖环境安全和鸡群健康是养鸡成功的基础保障。要重点加强以禽流感、新城疫等传染病监测为主体的综合防控技术集成和推广，以鸡白痢、禽白血病等垂直传播疾病检测为核心的综合净化技术集成和推广，以补疏堵漏、系统构建为要务的蛋鸡场生物安全控制技术和防控体系，以抗生素、重金属残留检测为主的有毒有害物质在鸡体和蛋品中残留检测和综合控制技术等方面的研究。遵循预防为主、治疗为辅的原则，加强对疫病的有效防控，根据不同养殖规模、不同生产阶段科学编制疫

病防控方案。

2.2.1.4 蛋品加工领域

在鸡蛋需求相对稳定的情况下，发展蛋品深加工是促进消费增长、稳定市场价格的重要措施，也是蛋鸡产业化经营的核心。影响蛋品深加工发展的主要因素除了人们喜食鲜蛋的消费习惯以外，跟蛋品深加工技术和装备有密切关系。鸡蛋作为一种生命起源物质，其潜在的功能和价值远未被开发。目前蛋品深加工主要是生产液蛋、蛋粉等，除了要对加工技术、工艺和装备进一步加强研发，以降低加工成本、提高产品普及率外，也要深入研究溶菌酶、免疫球蛋白等高附加值产品提取技术，提升产业化加工能力，还要研究利用超临界萃取技术提取卵磷脂、蛋黄油等。

2.2.1.5 装备设施领域

要将数字化装备设施建设融入生产管理，开展蛋鸡养殖数字化工艺的研究应用，从“饲养过程自动化”“生产管理智能化”发展进入“养殖全程数字化”，实现蛋鸡全生命周期数字化，精准饲喂、精准环控、精准识别、精准管控等高度数字化水平。加强蛋鸡健康养殖装备研发与优化，以及改善笼养蛋鸡生产性能及机体健康的养殖工艺研究。

2.2.1.6 粪污处理领域

规模蛋鸡场粪污处理是制约产业发展的重要因素之一，处理和利用要遵循以下三个原则：一是要无害化处理彻底，避免病虫害散播及臭气扰民；二是必须固化处理和异地利用；三是处理工艺要尽量高效节能，降低成本。

因此，需要对现有处理模式和工艺进行创新，相关科研院所和企业要共同努力，深入研究和示范推广快速清粪技术、鸡粪全量密封存贮技术、罐式发酵节能降耗技术、生物膜处理技术、污水快速降解技术、微生物除臭技术、有机肥高效生产和施用技术等，从根本上突破技术难关，使处理技术真正能够落地实施，创造更多的经济效益和生态效益。

2.2.2 充分发挥产业体系的功能和作用

江苏现代农业(蛋鸡)产业技术体系自2017年成立以来，坚持产学研政推结合，围绕产业发展需求，集聚优质资源，在产业共性技术和关键技术研究、试验、集成和示范等方面开展了卓有成效的探索和实践，大力推广普及新品种、新技术、新工艺、新模式，提升机械化、自动化、智能化设施装备水平，重点解决产业发展中遇到的突出难题。体系建设很好地为政府决策提供咨询、为企业发展提供指导、为农户养殖提供服务，对推动全省蛋鸡产业健康稳定发展发挥了积极作用，取得了良好效果。

新形势下，要进一步加强产业技术体系在产学研政推链接中的协同作用，规范体系运行管理，加强岗位与岗位、岗位与基地、基地与基地之间的联系与工作融合，促进蛋鸡产业技术体系协同创新，推动体系工作真正为产业服务、为基层服务、为一线服务。

2.2.2.1 立足生产服务

深入蛋鸡养殖企业和养殖户开展服务和调研，为他们带来实实在在的帮助，并了解生产一线的实际需求，以企业需求和亟待解决问题为立足点开展基础研究与应用研究。

2.2.2.2 立足成果转化

基于体系岗位专家、基地主任等多为高等院校、科研院所优秀科技人才的优势，要加大高校和科研单位的科技成果对蛋鸡产业发展的支持力度，进一步推动江苏蛋鸡产业技术体系技术集成创新工作，落实集成创新成效，促进科研单位和高校的科研优势转化为经济优势和产业发展优势。

2.2.2.3 立足人才培养

作为人才培养摇篮的高校要进一步加强学科建设、人才培养，为企业培养创新能力强、实践能力强的高素质人才，缓解人才紧缺的现状。

2.2.2.4 立足产业发展

在产业调研、科技创新、成果推广等工作的基础上，根据产业发展现状和需求，及时形成产业形势分析报告，为政府政策制定提供合理依据，精准服务蛋鸡产业发展。

2.2.3 强化基层推广体系的服务功能

多措并举，充分发挥畜牧兽医科技推广主渠道作用，建立健全省、市、县、乡四级畜牧兽医技术推广体系，根据规模养殖场与经营户、新型创业者、特色养殖户等不同主体的特征和需求整合服务内容，为各经营主体提供个性化的技术推广服务，将传统服务功能从技术推广向政策咨询、信息提供、生态环保等公共服务领域拓展，全面提升服务能力。

健全社会化服务体系，加强动物疫病防控分类指导和技术培训，依托兽医行业相关企业、社会组织、防疫服务队等主体，加快发展第三方社会化服务，为蛋鸡养殖场(户)提供有偿技术服务，拓展防疫、诊疗等服务功能。推动社会化服务组织为中小养殖户提供良种饲养、饲料营养、产品储运、废弃物资源化利用等全方位的实用技术服务，通过展销会、博览会、培训会等形式，积极推广展示蛋鸡产业的新技术和新模式，发掘各地的经验做法，总结推介一批差异化、特色化的典型案例，运用报刊、互联网等全媒体手段广泛宣传，推动各地互学互鉴，促进蛋鸡行业整体升级。

2.3 推动养殖主体全面提高生产能力

最近的调研显示，江苏存栏量在0.2万~10万只的养殖场户占比82.7%，其中，存栏1万~5万只规模的占比为39.5%。根据国家蛋鸡产业技术体系调研报告定义：0.2万~1万只存栏规模为小专业户为主的“专业化家庭养殖”，1万~10万只规模为专业大户为主的“中小规模养殖”，10万只以上规模为工厂化养殖为主的“大规模养殖”。可见，江苏省蛋鸡养殖以“专业化家庭养殖”和“中小规模养殖”为主，这部分养殖主体面广量大，既是江苏蛋鸡生产和鸡蛋供应的主力军，又是需要转型升级提高生产水平的主体。

2.3.1 升级养殖设施设备

机械化、智能化养殖对于缓解非农就业及劳动力成本上升带来的成本压力，保证鸡蛋市场有效供给具有重要作用，但江苏蛋鸡养殖机械化水平与发达国家相比还存在差距。江苏省蛋鸡养殖以“专业化家庭养殖”和“中小规模养殖”为主，这些群体在蛋鸡养殖过程中，自动化、智能化的设施设备使用较少或较为落后（表 3–4），从而影响蛋鸡养殖效益。

表 3–4　江苏省海安市鸡舍设施设备配置情况

单栋饲养规模	鸡舍结构	笼具设备	喂料设备	饮水设备	环控设备	光照设备	清粪设备	禽蛋设备	运行模式
<1万只	砖混+彩钢保温屋顶	阶梯笼为主、少量层叠笼	行车播种式喂料机	乳头饮水器+水箱	定频风机+湿帘，手动启停或按设定温度启停	节能灯+定时控制器	刮粪板	人工集蛋或舍内集蛋机	机械化
1万~5万只	砖混+彩钢保温屋顶、钢架结构+彩钢保温板及保温板屋顶	4层层叠笼	跨笼播种式喂料机	乳头饮水器+减压及过滤装置+加药器	定频风机+变频风机+湿帘，配置具备监测反馈功能的环境控制器	LED灯+自动调光控制器	传送带清粪机	舍内集蛋机或配置中央输蛋线	半自动化
>5万只	钢架结构+彩钢保温板及保温板屋顶	8层层叠笼	绞龙式或链板式喂料机	乳头饮水器+减压及过滤装置+加药器	定频风机+变频风机+湿帘，配置具备监测反馈功能的环境控制器，以及远程控制平台系统	LED灯+自动调光控制器	传送带清粪机	舍内集蛋机+中央输蛋线或鸡蛋中央处理系统	半智能化

资料来源：国家蛋鸡产业技术体系（2022 年）。

要鼓励高校科研院所和企业开展有关蛋鸡养殖设备智能化的研究，促使设施设备的智能化与物联网技术充分融合。鼓励并扶持蛋鸡养殖场（户）采用智能化设施设备，解决中小规模养殖机械购置成本问题，鼓励有条件的区域实现养殖设备的共享共用，实现中小规模由人工养殖或半机械化养殖向机械化养殖的转变。针对大规模养殖，要推动机械化养殖重点环节的社会化服务水平，提高蛋鸡养殖机械的利用效率；加强对投入品的自动化智能化控制管理与实时记录。实现鸡蛋产品安全、环境生态安全、养殖生物安全的智慧管理及预警。

2.3.2 合理配制全价饲料

在蛋鸡饲养过程中，为其提供生长所需的各种营养成分，对确保蛋鸡健康、提高免疫力、减少环境污染至关重要。传统的蛋鸡日粮主要根据粗蛋白配制，养殖户对蛋鸡不同生长阶段的营养需求比较模糊，存在以饲料中粗蛋白含量判定饲料质量优劣的习惯。较高的蛋鸡饲料营养水平，会导致蛋鸡饲料营养吸收利用率低，增加鸡群患病风险，同时饲料中大量营养成分随粪便排出，对环境造成不良影响。

蛋鸡养殖周期相对较长，不同生长发育阶段的营养需求差异性比较大，相关部门要指导养殖户充分掌握蛋鸡各时期的生长特点，依据蛋鸡阶段性生理与生产需要，科学调整饲料营养配方，以提高蛋鸡对日粮的利用率，提高饲料报酬。

配制蛋鸡日粮的原料或采购的全价饲料来源应执行《饲料和饲料添加剂管理条例》，符合禽用饲料质量卫生安全标准规范。随着蛋鸡营养需要研究的不断深入，低蛋白日粮技术的发展，可通过添加合成氨基酸来满足蛋鸡对氨基酸的需求，饲料中粗蛋白质水平可以显著降低。也可以通过在饲料中添加酶制剂、微生态制剂等生物活性物质，以提高饲料转化率，降低蛋鸡排泄量及粪便中有机营养物质含量。

2.3.3 严格执行防疫制度

蛋鸡场的疫病防控工作非常重要，对养殖户的养殖经济效益产生直接影响。大部分养殖户在鸡群发生疫病时只考虑病原因素，对生物安全综合防控缺乏理解与重视。由于缺乏科学的规划意识，许多蛋鸡养殖户在建造鸡场时随意布局，生产区、生活区不分，净道污道不分，增加疾病防控难度。部分养殖户将“预防为主”的概念理解为靠疫苗预防，忽视种源、消毒、生物安全等在疫病防控中的重要作用。有些蛋鸡养殖场凭经验养殖，饲养管理粗放，缺乏科学的管理意识，生物安全设施形同虚设，场区、鸡舍、蛋箱、车辆等消毒不严，疫苗未按规定存放、接种不规范等问题时有发生，也会导致疫病传播。

雏鸡质量是疫病控制的主要因素之一，一定要从管理规范、种源干净的种鸡场引种，防止种源性疫病的发生。生物安全综合防控是控制疫病发生最重要的手段，相关部门应联合技术专家，在全省范围开展有关生物安全综合防控的宣传，促进养殖户对生物安全综合防控的了解和重视，树立“安全是养出来”的理念。

养殖户在做好场区科学规划的基础上，要严格执行各项消毒、隔离、净化措施。养殖户应充分认识到免疫效果与疫苗质量、免疫程序、接种技术、鸡群健康状况等均有关，科学合理的免疫才能确保疫苗免疫效果。疫苗免疫时，要根据各自养殖场的情况，综合考虑鸡场环境因素、抗体水平，制定适合自己养殖场的免疫程序。

2.3.4 科学规范使用药物

蛋鸡饲养周期较长，感染疾病的风险较大，治疗过程中如果不规范使用药物，鸡蛋中就会有药物残留，存在食品安全问题隐患。我国已制定《兽药管理条例》《饲料和饲料添加剂管理条例》《遏制细菌耐药国家行动计划(2016—2020年)》等，以提高兽药与饲料及饲料添加剂的管理水平，减少细菌耐药性的产生。但是在实际生产中部分养殖户对抗生素使用依然存在心理依赖，由于养殖户对兽药使用缺乏必要的安全意识和法制意识，在治疗疾病过程会存在滥用药物的现象。

为规范蛋鸡养殖环节用药行为，保障“舌尖上的安全”，相关部门应加强养殖过程兽药使用督查指导及蛋鸡养殖安全用药宣传，增强养殖场户质量安全主体责任意识。同时，加强鸡蛋产品兽药残留监测，针对鸡蛋产品质量安全问题隐患，优化监督抽检等监测方案，重点加强氟喹诺酮类、氟苯尼考、硝基咪唑类等指标监督抽检。指导养殖场户从正规渠道购买兽药、饲料，加强对假冒伪劣兽药或饲料的辨识。督促养殖场户严格执行兽药处方药制度、休药期制度等规定，完善养殖档案，规范用药记录。

严禁超范围、超剂量用药，严禁使用原料药、人用药以及其他违禁物质等。同时，严格落实《江苏省兽用抗菌药使用减量化行动实施方案(2021—2025年)》，禁止使用以促生长为目的的抗菌药物，积极推广安全高效替抗饲料添加剂、新型无抗日粮配方技术和兽用抗菌药替代品。

2.3.5 提高经营管理水平

当前，江苏省蛋鸡养殖场主年龄50岁以上占比超过50%，约30%为高中以上学历，从事蛋鸡养殖时间短则十来年，长则二三十年，多数还停留在传统的凭经验养鸡，对新观念、新技术等接受能力差。很多养殖场经营管理粗放，没有科学的进鸡计划，没有原辅材料出入库和各项生产记录，更没有对人工、设备折旧、贷款利息等进行全成本财务核算，不能及时反映真实的盈利状况，生产环节的管理也不到位，比如产蛋后期没有及时挑出低产鸡，养殖密度过大，使得产蛋期耗料整体偏高。

各级畜牧兽医推广部门要通过科普宣传及各种形式的技术培训，引导蛋鸡从业人员改变陈旧的养殖观念，接受新的养殖技术，提高生产效率。引导蛋鸡养殖场(户)改造提升基础设施条件，提升标准化养殖水平，建立科学精细化的生产经营管理制度，实事求是地制定近期和远期蛋鸡养殖生产计划，科学合理地安排蛋鸡生产。

养殖场要完善各个环节的生产和财务支出记录，制定蛋鸡养殖生产计划备选方案和突发状况应急处置方案，以便能灵活调整蛋鸡养殖生产计划，避免盲目跟风。提高生产管理水平，主动淘汰老龄、低产蛋鸡，避免饲料浪费，降低生产成本，提高养殖效益，保障蛋鸡养殖生产的稳定。

2.4 有效促进产业链延伸与价值提升

从产业发展的角度来说，转型升级就是转方式，然后谋求产业链价值。从企业发展的角度来讲，只有构建一个属于自己的生态系统，才有利于提高抵御疾病、市场风险的能力。在当前蛋鸡养殖从量的增长向质的增长转变之际，企业通过延伸产业链条，逐步形成蛋鸡养殖、鸡蛋加工和销售、淘汰鸡加工和销售的商业模式，通过延长产业链条提高抵御市场风险能力，并积极融入当前网络经济时代，借助电商平台大胆尝试鸡蛋、鸡蛋加工产品等网上销售模式，缩短产销路径，拓宽销售渠道，可以实现养殖效益的有效提升。

2.4.1 蛋品深加工延伸产业链

发达国家自20世纪60—70年代开始推广和普及自动化蛋品加工技术，而我国从21世纪初才开始液蛋和蛋粉的生产，蛋品加工的自动化、标准化程度与发达国家存在较大差距。

从提高生产效率与产品质量安全角度，有必要运用工业化理念，引领江苏省蛋品加工的标准化、自动化，带动江苏省蛋品加工行业发展。企业通过引进先进的蛋品加工设备、技术和工艺，开发鸡蛋高附加值产品，尤其推进溶菌酶、免疫球蛋白等现有高附加值产品的产业化力度。完善鸡蛋及蛋制品加工标准体系，企业通过规范生产过程保证产品质量稳定，推动鸡蛋加工产品的质量标准与国际标准接轨，通过开拓深加工蛋品的海外市场实现产业延伸。

2.4.2 淘汰鸡加工提高产品收益

淘汰蛋鸡作为我国特有的产品形式,有其生存的土壤和空间。在蛋鸡产业链其他环节的竞争已经日趋明朗、空间受限后,作为蛋鸡养殖业重要的利润来源之一,把淘汰蛋鸡加工成食品是新的方向,这也是一些大企业争相进军淘汰蛋鸡加工领域的主要原因。江苏省蛋鸡饲养量约1.9亿只,淘汰蛋鸡数量大,如果把淘汰蛋鸡全部加工成系列产品出售,蛋鸡业产值会有明显增长。江苏蛋鸡龙头企业可以考虑投资淘汰蛋鸡屠宰加工生产线,蛋鸡养殖集中区的行业主管部门也可以支持食品企业进军这一领域。

2.5 以品牌打造为核心构建产销体系

鸡蛋从生产到走上百姓餐桌,流通销售是极为重要的环节,这个环节既能左右养殖端的利润空间,又能影响百姓的消费体验。如果说蛋鸡养殖的基本现状是"小规模、大群体",那么鸡蛋流通销售的基本现状是"有品类、无品牌"。蛋品流通环节过多,流通渠道不畅通、流通效率低下会严重影响养殖端的经济效益。如何实现"蛋链"价值再造,是蛋鸡产业实现高质量发展过程中急需研究的难题。

2.5.1 打造蛋鸡生产大县区域公共品牌

当今社会,品牌与人们的生活息息相关。上到国家品牌强国工程,下到各个企业的品牌发展战略,对于品牌的重视程度不言而喻。品牌可以分为产品品牌、企业品牌、区域品牌和通用品牌。鸡蛋作为一种鲜活农产品,其品牌打造既需要有生产经营主体层面的企业品牌和产品品牌等自有品牌建设,以及争取到"绿色产品""有机产品"等通用品牌,更需要有产业集群层面的区域公共品牌建设,比如"富平柿饼""烟台苹果",是区域性产业资源优势和竞争优势的体现。

在国家乡村振兴和品牌兴农战略指引下,农产品区域公用品牌的创建是加速地方优势产业高质量发展的重要抓手。对江苏蛋鸡产业而言,在蛋鸡养殖聚集的市县建设几个区域公共品牌非常有必要,也有基础。

最典型的是南通海安,其全域性饲养蛋鸡历史悠久,特色鲜明,既有"百万雄鸡下江南"的前世,又有"一县一业"的今生,还有"中国禽蛋之乡"的美誉,在乡村振兴和一二三产业融合发展的时代背景下,完全可以打造区域品牌。除了南通海安,还可以在盐城、泰州、徐州等江苏蛋鸡养殖主产地市,选择具有典型区位特色和资源优势的县市或乡镇联合体,在发掘当地相关历史文化的基础上,创建相应的区域鸡蛋公共品牌。

打造农产品区域公共品牌的原则是:地域特色+政府引导+行业主导+从业共建共维共享+市场运作。要注意三点:一是须建立在区域内独特自然资源或产业资源的基础上;二是区域品牌不属于某个企业或集团、个人拥有,而是为区域内相关机构、企业,甚至个体户等共同服务的;三是一定要具有区域的表征性意义和文化价值,除了助力本产业的发展外,也能成为这个区域对外宣传的名片,对其区域形象、美誉度、旅游招商等都起到积极作用。

2.5.2 大力发展产销一体化经营模式

与全国的情况一样，江苏生产的鸡蛋产品整体流通水平低，流通成本高。目前鸡蛋流通有四种模式：一是“批发市场+农户”，二是“公司+农户”或“公司+合作社+农户”，三是“产销一体化”，四是“家庭自产自销”。除第四种模式不可能有品牌外，占主流的第一种模式基本上也没有品牌，更没有冷链运输做保障，交易环节相对繁杂，鸡蛋销售又以散装为主，蛋品质量缺乏保证。

随着人民生活水平提高，终端消费者品牌意识提升，对食品安全、蛋品营养的要求也越来越高，高效率、品牌化运营的“产销一体化”流通模式在市场上所占份额将越来越高。发达国家基本都是“产销一体化”模式，销售客户与区域固定。蛋品加工化、销售品牌化、流通信息化、运输冷链化是鸡蛋产业实现稳定发展的方向。

目前国内大型蛋品生产企业都建有自己的产品流通渠道，如湖北神丹、北京德青源、四川圣迪乐，都与超市、便利店等零售机构和餐饮企业建立长期稳定的合作关系，通过自建渠道可以提高渠道效率，扩大产品的市场占有率和全链利润空间。江苏的一些蛋鸡龙头企业，如天成集团、新康德公司也有所动作，需要进一步加强。从养殖企业的角度来看，“产销一体化”这种流通模式要求企业有较高的全程品控能力、冷链管理能力及品牌运营能力，这就需要蛋鸡企业高度重视蛋鸡饲养管理水平，确保蛋品质量及食品安全，进而对鸡蛋科学处理、合理分级。

2.5.3 组建不同功能类型的产销联合体

从目前的产业基础和行业秩序来看，鸡蛋流通完全转向“产销一体化”模式在短期内是不现实的，在较长时间内主要还是要走经销商模式。事实上，随着规模化、标准化养殖时代的到来，尤其是主产区与主销区边界的日渐模糊，传统经销商模式也正在面临转型。通过组建产供销联合体，将以前经销商与养殖户、蛋鸡场之间简单的合作关系升级成为权责明确、风险共担、利益共享的紧密合作伙伴，结成鸡蛋产销链条上重要的利益共同体，可以实现鸡蛋流通渠道的价值重塑。

最近几年，全国各地围绕禽蛋产销成立的联合体越来越多，远的有“京津冀”蛋鸡产业协同发展联盟等，近的有上海禽蛋联盟等，江苏省也有苏北振宇草鸡蛋购销中心、晶链通·中国鸡蛋交易平台（江苏）、东台神州蛋联供应链公司、南京蛋鸡产业联盟等。成立产销联盟或产销合作社，一方面可以推进企业增加技术、资本等生产要素的投入，努力提高集约化生产水平，另一方面能推动蛋鸡产业链上下游企业之间联合与合作，形成多元化、多层次、多形式的经营服务体系，实现生产、加工、销售、金融服务一体化，加速鸡蛋销售品牌化、渠道化、包装化、标准化，最终实现企业的高利润率。

组建产销联合体时，要在对原有经销商流通渠道改造升级的基础上，开辟既符合产业特点、又适应消费需求的新渠道，在权衡物流运输效率与成本的同时，利用“期货”“保险”“互联网”“物联网”等现代化手段降低流通成本、规避市场风险、实现产业链增值。

重点培育一批龙头企业牵头、家庭农场和农民合作社跟进、广大农户参与的农业产业化联合体，整合行业资源，提升蛋鸡行业标准化生产水平。壮大新型农业经营主体，实施新型农业经营主体提升行动，培育一批经营示范家庭农场、示范合作社，健全完善联农带农机制，带动农户发展。

2.6 推动行业绿色低碳生态化发展

2.6.1 福利健康养殖

进入21世纪，全球一体化格局已经形成，“福利散养系统”这一概念也在全世界推广，越来越多的企业和消费者开始关注动物福利。世界农场动物福利协会倡导“高福利养殖方式”，以更人道的方式饲养蛋鸡，提升鸡蛋的安全与质量水平。蛋鸡福利养殖的最初推动者是各级动物福利组织，是为了让蛋鸡有更好的生长环境，减少其生长过程中的应激和痛苦。近些年来，随着人们生活水平的提高，人们对鸡蛋品质的要求越来越高，非笼养鸡蛋受到消费者的欢迎，全球各大食品公司开始相继采购非笼养鸡蛋，产品消费端正在倒逼企业向福利化养殖方向发展。面对这种新的趋势，江苏省也要从笼具改造、养殖方式转变以及相关政策配套等方面及时做出调整，逐步适应国际动物福利的新标准。

也许在不久的将来，蛋鸡叠层笼养一支独大的局面会被自由散养、棚舍平养、大笼饲养及自动化栖架饲养等多元化养殖方式所取代。各地有必要优化蛋鸡产业布局，结合地理位置、资源条件、生产力水平、消费水平、经济效益等诸多因素，在足量保障鸡蛋供给的基础上，鼓励企业探索自动化、智能化蛋鸡福利养殖模式，在人口密集地区可以借鉴欧盟经验推行富集型笼养、大笼饲养、多层栖架饲养，在城郊接合部推广家庭农场养殖模式，实行果园或林地养鸡+鱼塘的循环养殖模式，也可以尝试发展观光旅游业，通过多渠道经营提高经济效益。

2.6.2 节能低碳养殖

在蛋鸡养殖总成本居高不下、重要饲料原料资源日趋紧张的行业形势下，在国家推行“双碳战略”的时代背景下，要推动蛋鸡养殖节能降耗，应用新材料、新工艺建造节能型鸡舍，解决鸡舍冬季保温和夏季隔热问题，在最大限度节约能源的基础上满足蛋鸡生产对环境的要求，引导规模养殖场采用清洁能源供暖，使用新型节能光照设备降低照明成本，推广节水技术和模式。有效实施饲用豆粕减量替代和节粮行动，企业可以根据原料的本地供应量、市场价格、饲料转化效率、养殖综合效益采用小麦豆粕型、高粱豆粕型、玉米杂粕型、小麦杂粕型日粮，灵活调整饲料配方，推广应用低氮、低磷和低矿物质饲料。开展蛋鸡养殖规范用药专项管理，持续推动兽用抗菌药减量化应用，早日实现低碳减排的目标。

2.6.3 绿色生态发展

解决好“三农”问题，全面实施乡村振兴战略，加快农业农村现代化，一直是江苏省农业农村工作的重点之一。江苏省蛋鸡产业发展存在环境短板，包括蛋鸡粪肥在内的畜禽粪肥处理市场机制不健全、供给与需求不匹配、资源化利用投入渠道单一及运营困难等问题，对于推进蛋鸡粪污资源化利用进程、实现蛋鸡粪肥替代化肥以及缓解农业面源污染等方面影响较大。

促进蛋鸡废弃物资源化利用，一是根据江苏省各地区的实际情况，试点实施种养结合的养分平衡技术标准与操作规范；二是完善粪污资源化利用的相关农业基础设施，农机化作业会明显提升劳动效率；三是地方主管部门要建立对粪污科学规范资源化利用的效果评估与监管机制，推动蛋鸡产业绿色健康发展。从企业经营视角来看，对鸡粪进行资源化利用是最有效的处理方式，企业要把科学合理处理鸡粪作为新的经济增长点，作为养殖增效的一个重要途径，配建完善粪污处理设施，加强臭气排放控制，深入推进养殖废弃物资源化利用，建设一批美丽生态牧场，不断提高蛋鸡生态化养殖水平。

2.7 挖掘消费潜力增加产业动能

2.7.1 开发新型产品，拓展消费渠道

目前市场上的鸡蛋，从外观上可以分为褐壳蛋、粉壳蛋、绿壳蛋、白壳蛋，从种类上可以分为土鸡蛋、草鸡蛋，无菌蛋、富硒蛋、ω-3鸡蛋等功能蛋品。虽然我国年人均鸡蛋消费量突破了20千克，但是鸡蛋消费仍以传统方式为主，例如白煮蛋、煎蛋、蛋羹、卤蛋、茶叶蛋、番茄炒蛋、韭菜鸡蛋水饺等，深加工蛋品如蛋挞液、炒蛋液、全蛋粉、蛋黄粉、蛋白粉等，目前发展前景可观的预制菜行业中也缺少鸡蛋产品。为了有效引导市场消费，蛋品加工企业要加大资金投入，研制高附加值蛋品，生产蛋液、蛋粉等深加工产品，提取溶菌酶、卵磷脂、白蛋白、多肽等营养成分，拓宽深加工产品的消费渠道，这样才能有效释放消费市场的潜力。

2.7.2 科学引导消费，撬动产业发展

我国饮食结构复杂，公众对鸡蛋的消费需求与国外不同，而且在消费过程中还存在一定的认知误区，例如多吃鸡蛋会引起胆固醇偏高等，由于科普宣传力度和广度不够，导致消费者蒸煮鸡蛋等烹饪过程不科学，一定程度上影响鸡蛋消费。当前整个蛋鸡行业要把关注重点从生产端转向消费端，通过消费拉动和消费侧改革实现全行业转型，行业协会、龙头企业要加强对消费端的调查研究，通过产品设计和品牌宣传拓展鸡蛋消费场景，扩大消费量。在未来生产经营中企业要统一思想，多研究消费者的真实需求，同时加大产品宣传推广力度，加强正面宣传引导，通过挖掘消费端的潜力来推动产业向纵深发展。

2.8 开辟国际市场实现收益共享

2.8.1 产品走出去增产增收

2007年“中央一号文件”首次提出农业要实施“走出去”战略以来，我国农业“走出去”步伐不断加快。随着“一带一路”理念的深入践行以及相关配套政策措施的陆续出台，实施农业“走出去”战略面临着难得的发展机遇，我国农牧企业掀起了新一轮海外发展热潮，而且取

得了预期的效果。在蛋鸡产能结构性过剩的现实情况下，江苏省蛋鸡企业有必要加强与"一带一路"等周边国家合作，主动开展国际贸易，探索鸡蛋或蛋制品的出口路径，通过开辟新市场寻求新商机，努力去国外市场争取一席之地，实现企业创新发展和收益增加。

2.8.2 企业走出去做大做强

蛋鸡企业走出去的方式除了产品出口外，还可以选择在国外建场、积极参与国际合作等，实现产品研发、生产、营销、服务等产加销系统的当地化，这就需要主管部门提前研判产业形势，积极谋划，科学布局：以大型蛋鸡企业为核心，理性制定走出去发展战略；以技术研发机构为重点，提高科技的核心竞争力；以社会服务组织为基础，塑造高效运行的行业组织，为企业国际合作奠定坚实的基础。企业要立足自身、着眼长远，选择适宜的国际化道路，切不可盲目投资发展。可以选择"一带一路"沿线国家因地制宜、就地取材、低成本生产，通过走出去提高核心竞争力，在对外合作中不断做大做强，在为"一带一路"沿线国家人民生产鸡蛋的同时实现收益共享，在国际竞争中见证蛋鸡行业的"中国制造"硬实力。

第四篇

下马看花·擘肌分理

专项调研报告

第一章
江苏省蛋品深加工与品牌蛋产销现状调研分析

为了解江苏省蛋品深加工与品牌蛋产销现状，江苏现代农业（蛋鸡）产业技术体系在对全省蛋品企业普查的基础上，于2018年10月—2019年3月对南通、泰州、盐城和苏州4市15家蛋品企业进行深入调研。结果显示：江苏省蛋品深加工企业集中度较高，区域分布上呈现靠近蛋源基地型与贴近市场消费型；蛋品深加工企业蛋源以外购为主，褐壳蛋占比为89.6%；蛋品深加工企业的产品主要为液蛋，80%鸡蛋深加工产品销往食品企业；蛋品加工企业实际加工量远低于设计加工能力，蛋品生产线闲置现象普遍；品牌蛋企业主要集中于盐城、南通和泰州，品牌蛋销售渠道以大型超市和批发商为主，比重约为70%。本调研结果在为蛋品加工行业投资者进行投资做出前景预判的同时，也为政府部门制定相关政策提供参考依据。

1 我国蛋品加工发展现状

我国是鸡蛋生产与消费大国，2018年我国鸡蛋总产量为2 650万吨左右，其中，褐壳蛋占58%、粉壳蛋占40%、白壳蛋占1%、绿壳蛋占1%。受传统消费习惯的影响，我国鸡蛋消费以鲜蛋为主，深加工比例不足5%。鸡蛋深加工产品主要包括蛋粉、蛋液、冰冻蛋品、蛋白片及高附加值生物活性物质（溶菌酶、蛋清肽、卵磷脂、蛋黄油、钙素等）。

1.1 主要蛋品深加工企业

目前国内有吉林金翼蛋品有限公司、苏州欧福蛋业股份有限公司、江苏康德蛋业有限公司、湖北神地农业科贸有限公司、大连绿雪蛋品发展有限公司、大连韩伟集团有限公司、安徽荣达食品有限公司、黑龙江中农兴和生物科技有限公司、北京正大蛋业有限公司、河北同和生物制品有限公司、浙江长兴艾格生物制品有限公司、北京德青源农业科技股份有限公司、赛法特（长沙）生物技术有限公司、北京二商健力食品科技有限公司、江苏天成蛋业有限公司、泰州苏鹏蛋业生物科技有限公司等二十余家蛋品深加工企业。其中，年打蛋能力20 000吨以上的企业有吉林金翼蛋品有限公司（60 000吨）、苏州欧福蛋业股份有限公司（45 000吨）、江苏康德蛋业有限公司（26 000吨）；年打蛋能力10 000~20 000吨的企业有湖北神地农业科贸有限公司、大连绿雪蛋品发展有限公司、大连韩伟集团有限公司、安徽荣达食品有限公司、黑龙江中农兴和生物科技有限公司、北京正大蛋业有限公司、北京二商健力食品科技有限公司等。

我国蛋品深加工企业的主要产品与鸡蛋来源见表4-1。由表4-1可知，年销售额位列前三甲的蛋品深加工企业，除吉林金翼蛋源完全自给外，苏州欧福蛋业股份有限公司与江苏康德蛋业有限公司虽也有蛋鸡养殖场，但无法满足自身加工需求，仍需从合作养殖场外购鸡蛋。

表4-1 我国蛋品深加工企业主要产品与原材料来源

公司名称	年销售额（亿元）	主要产品	鸡蛋来源
吉林金翼蛋品有限公司	7	全蛋粉、蛋黄粉、蛋白粉；蛋白液、浓缩蛋白液、全蛋液、蛋黄液；冰冻蛋白液、冰冻蛋黄液、冰冻全蛋液	自养500万只蛋鸡
苏州欧福蛋业股份有限公司	4.6	全蛋粉、蛋黄粉、蛋白粉；冷冻(藏)全蛋液、冷冻(藏)蛋白液、冷冻(藏)蛋黄液；热稳定蛋液；高胶蛋白粉、高泡蛋白粉、强筋蛋白粉	自养30万只蛋鸡+合作鸡场
江苏康德蛋业有限公司	3	蛋液、全蛋粉、蛋黄粉、蛋白粉、白煮蛋、卤蛋、溶菌酶	自养80万只蛋鸡+合作鸡场
湖北神地农业科贸有限公司	-	蛋白粉、蛋黄粉、全蛋粉、全蛋液、蛋黄液、蛋白液；饲料专用蛋壳粉、宠物饲料蛋粉、SD-70饲料蛋粉；蛋源乳酸钙、蛋源柠檬酸钙、蛋源丙酸钙、壳膜蛋白、有机酸钙补钙产品、蛋膜美容产品；溶菌酶	自养蛋鸡
黑龙江中农兴和生物科技有限公司	-	全蛋粉、蛋黄粉、蛋清粉；全蛋液、蛋黄液、蛋白液；蛋壳粉；溶菌酶	自养150万只蛋鸡
大连绿雪蛋品发展有限公司	1.4~1.5	全蛋粉、蛋黄粉、蛋白粉、蛋壳粉、蛋黄球蛋白粉、鸡蛋粉复合汤料、蛋白片、溶菌酶	—
大连韩伟食品有限公司	1~1.2	蛋白粉、蛋黄粉、全蛋粉、复合蛋粉(烘焙专用)、特种蛋粉；蛋白液、蛋黄液、全蛋液、特种蛋液	自养蛋鸡
安徽荣达食品有限公司	1	全蛋粉、蛋黄粉、蛋清粉；全蛋液、蛋黄液、蛋清液；蛋粒	自养蛋鸡

注：蛋品加工企业主要产品与鸡蛋来源来自各企业官网，年销售额根据调研企业相关数据测算获得。

国内鸡蛋深加工产品主要销往食品企业和大型商超，吉林金翼蛋品有限公司、大连韩伟集团、湖北神地农业科贸有限公司和苏州欧福蛋业股份有限公司等部分企业的鸡蛋深加工产品出口至欧盟、东南亚等国家和地区。

1.2 鸡蛋深加工主要设备

鸡蛋深加工设备主要包括上料设备、打蛋分离机、过滤设备、均质设备、冷却设备、储藏罐、发酵罐、巴氏杀菌机、液体罐装机、喷雾干燥机、粉体包装机、蛋壳离心机、就地清洗(CIP)系统等。其中，打蛋分离机主要有SANOVO、Pelbo、OVOBEL、MOBA、ACTINI等品牌(表4-2)。法国ACTINI公司、丹麦SANOVO科技集团和比利时Ovobel公司的蛋品深加工设备涵盖整个蛋品生产线，其中，法国ACTINI公司的巴氏杀菌设备享誉全球。我国在鸡蛋深加工专用设备领域有振野打蛋机、闽台打蛋机、大唐喷雾干燥机等品牌。据了解，目前国内多数蛋品加工企业均采用进口打蛋分离机，配套国内其他深加工设备。

江苏省蛋品加工企业打蛋分离机主要来自欧洲，如江苏康德蛋业有限公司使用SANOVO打蛋机，江苏天成蛋业有限公司使用Pelbo打蛋机；苏州欧福蛋业股份有限公司整条液蛋生产线全部由丹麦SANOVO科技集团提供，并采用自动化控制系统；江苏鸿轩生态农业有限公司的打蛋分离机、巴氏杀菌机、灌装机和CIP系统等均由法国ACTINI公司提供。江苏康德和江苏天成均采用无锡大唐设备干燥厂的喷雾干燥机。泰州苏鹏蛋业生物科技有限公司的打蛋分离机、液体灌装机、巴氏杀菌机、喷雾干燥机等均为国产。

表4-2　蛋品深加工主要设备、生产厂家及在我国应用情况

名称	国家	生产企业	我国加工企业使用情况
打蛋分离机	丹麦	SANOVO科技集团	大连韩伟、二商健力食品、江苏康德、苏州欧福、中农兴和、大连绿雪
	意大利	Pelbo公司	湖北神地、河北同和生物、江苏天成
	比利时	Ovobel公司	吉林金翼
	荷兰	MOBA(荷兰)公司	太阳食品(天津)
	法国	ACTINI公司	江苏鸿轩
巴氏杀菌机	法国	ACTINI公司	湖北神地、江苏鸿轩
	意大利	Pelbo公司	江苏天成
	比利时	Ovobel公司	—
	丹麦	SANOVO科技集团	苏州欧福、大连韩伟
喷雾干燥机	法国	ACTINI公司	江苏鸿轩
	丹麦	SANOVO科技集团	苏州欧福、大连韩伟
	比利时	Ovobel公司	—
	中国	无锡大唐干燥设备厂	江苏天成、江苏康德
蛋液灌装机	法国	ACTINI公司	江苏鸿轩
	丹麦	SANOVO科技集团	苏州欧福
CIP系统	意大利	Pelbo公司	江苏鸿轩
	丹麦	SANOVO科技集团	苏州欧福、大连韩伟

注：根据文献及Sanovo、Pelbo、Ovobel公司官网整理。

2 江苏省蛋品加工现状调研分析

2.1 调研基本情况

课题组结合近年来江苏省蛋鸡产业发展状况和区域分布等，通过对全省蛋品加工企业普查，发现江苏省鸡蛋深加工企业主要集中于鸡蛋主产区（南通、盐城和泰州）及周边地区（苏州）。据此，课题组于2018年10月—2019年3月先后3次、共安排6个调研小组对南通、泰州、盐城和苏州4市15家蛋品企业深入调研。其中，6家企业目前仅做鸡蛋（含品牌蛋）销售；苏鹏禽业发展有限公司于2019年初刚上鸡蛋深加工设备，还未投产；泰州市梅香食品有限公司主要从事咸蛋、皮蛋加工和鸡蛋销售（表4-3）。

2.2 鸡蛋深加工规模

江苏省鸡蛋深加工产品类型与全国基本一致，主要有液蛋、全蛋粉、蛋黄粉、蛋白粉、溶菌酶等。本次调研涉及企业液蛋产量约为3.9万吨/年、蛋粉产量约为0.7万吨/年，液蛋与蛋粉的产量比约为6:1。苏州欧福蛋业股份有限公司2018年液蛋产量约为2.4万吨，占江苏省液蛋产量的比重为61.5%，为全省甚至全国第一。同时，由表4-4可以看出，包括苏州欧福、江苏康德、江苏天成等在内的蛋品加工企业的实际加工量远低于企业当初的设计加工能力，企业开工率约为40%。

2.3 销售规模与销售方式

本次调研企业2018年鸡蛋深加工产品销售产值约为8.48亿元（表4-5）。由表4-5可以看出，鸡蛋深加工产品的销售渠道主要有食品企业、餐饮企业、大型超市等。液蛋、蛋粉等蛋制品主要销往食品企业，苏州欧福和江苏康德销往食品企业的比例超过90%。同时，鸿轩生

态农业有约850吨的液蛋(包括蛋黄液和蛋白液)销往一线城市的大型超市。

表 4-3　江苏省蛋品企业基本情况

调查区域	企业名称	经营范围	年销售产值(万元)
盐城	东台源耀股份有限公司	鸡蛋销售	1 320
	上海海丰大丰禽业有限公司	鸡蛋销售	6 000
	大丰区添寿禽蛋专业合作社	鸡蛋销售	1 800
	江苏省宏广畜禽产销专业合作联社	鸡蛋批发销售	13 300
	东台市宗林禽蛋有限公司	鸡蛋批发销售	1 000
泰州	泰州苏鹏蛋业生物科技有限公司	蛋品加工	6 650
	泰州市梅香食品有限公司	蛋制品加工、鸡蛋销售	2 000
南通	江苏康德蛋业有限公司	蛋品加工	26 000
	江苏天成蛋业有限公司	蛋品加工	5 650
	江苏龙祥食品有限公司	蛋制品加工	800
	江苏婷婷食品有限公司	蛋制品加工、鸡蛋销售	15 000
	江苏鸿轩生态农业有限公司	蛋品加工、鸡蛋销售	173 694
	南通文圣特种养殖有限公司	鸡蛋销售	400
	苏鹏禽业发展有限公司	蛋品深加工(在建)	-
苏州	苏州欧福蛋业股份有限公司	蛋品加工	46 000

数据来源:由调研企业提供,下同。

表 4-4　鸡蛋深加工主要产品与产能

公司名称	主要产品	设计加工能力(吨)	实际加工量(吨)	开工率(%)
江苏康德	液蛋	30 000	9 984	32
	全蛋粉	900	322.43	
	蛋黄粉	3 000	1 391.88	
	蛋白粉	2 100	531.41	
	白煮蛋	4 000	653.59	
江苏天成	液蛋	5 000	1 500	30.8
	全蛋粉	600	200	
	蛋黄粉	2 000	600	
龙祥食品	卤鸡蛋	-	600	-
江苏婷婷食品	卤鸡蛋	250	249.59	93.2
	鸡蛋干	200	169.76	
泰州苏鹏蛋业	液蛋	15 000	3 000	19.7
	全蛋粉	1 500	100	
	蛋黄粉	1 500	100	
	蛋白粉	750	500	
鸿轩生态农业	全蛋液	3 000	930	33.2
	蛋黄液	250	110	
	蛋白液	500	204	
苏州欧福	液蛋	48 000	24 000	50
	蛋粉	6 000	3 000	
	食品预制品	6 000	3 000	
合计		131 150	51 146.66	39

2.4 原材料供应特点

本次调研7家蛋品加工企业年加工鸡蛋8.75万吨。其中,自有养殖场供蛋量1.48万吨,占比16.9%;合作养殖场供蛋量6.17万吨,占比83.1%(表4-6)。

蛋源品种方面,由表4-7可知,深加工鸡蛋以褐壳蛋为主,占比约89.6%,粉壳蛋占比约为10.1%,白壳蛋占比为1.5%;饲养品种以海兰褐蛋鸡、京红1号、京粉2号和京粉6号等为主。

表4-5 江苏省规模以上鸡蛋深加工企业产品销售情况

公司名称	主要产品	销售量(吨)	销售额(万元)	销售渠道
江苏康德	液蛋	9 565.22	12 000	98.7%食品企业,1.1%出口,0.3%大型超市
	全蛋粉	312.5	1 500	
	蛋黄粉	1 315.79	5 000	
	蛋白粉	514.71	3 500	
	水煮蛋	588.24	1 000	
江苏天成	液蛋	1 500	2 250	68.1%食品企业,31.9%餐饮企业
	全蛋粉	200	1 000	
	蛋黄粉	600	2 400	
龙祥食品	卤鸡蛋	600	800	50%餐饮企业,50%食品企业
江苏婷婷食品	卤鸡蛋	237.7	523	80%大型超市,13%批发商,5%食品企业,2%餐饮企业
	鸡蛋干	161.68	485	
泰州苏鹏蛋业	液蛋	3 000	2 400	87.2%食品企业,12.8%批发商
	全蛋粉	100	400	
	蛋黄粉	100	350	
	蛋白粉	500	3 500	
鸿轩生态农业	全蛋液	930	1 200	68.6%大型超市,24.2%食品企业,6.5%其他,0.7%餐饮企业
	蛋黄液	110	270	
	蛋白液	204	214	
苏州欧福	液蛋	24 000	46 000	BTB模式
	蛋粉	3 000		
	食品预制品	3 000		
合计	—		84 792	—

表4-6 鸡蛋深加工企业鸡蛋来源

名称	年加工总量(吨)	自有养殖场供蛋量(吨)	比例(%)	合作养殖场供蛋量(吨)	比例(%)
江苏康德	26 000	11 000	42.3	15 000	57.7
江苏天成	6 000	6 000	100		
龙祥食品	600			600	100
江苏婷婷食品	900	570	60	330	40
泰州苏鹏蛋业	7 000	1 200	17.1	5 800	82.9
鸿轩生态农业	2 000	2 000	100		
苏州欧福	45 000	5 000	11.1	40 000	88.9
总计	87 500	14 770	16.9	61 730	83.1

表4-7 鸡蛋深加工企业所用鸡蛋的种类

名称	褐壳蛋(吨)	比例(%)	粉壳蛋(吨)	比例(%)	白壳蛋(吨)	比例(%)
江苏康德	20 800	80	5 200	20		
江苏天成	6 000	100				
龙祥食品	180	30	420	70		
江苏婷婷食品	450	50	180	20	270	30
泰州苏鹏蛋业	5 950	85	1 050		1 050	15
鸿轩生态农业			2 000	100		
苏州欧福	45 000	100				
合计	78 380	89.6	8 850	10.1	1 320	1.5

2.5 研发投入

年销售产值1亿元以上的蛋品加工企业每年研发经费投入占比为2%~3%,1亿元以下的蛋品加工企业研发经费投入占比不足1%,研发经费全部都是企业自有资金;加工企业自有研发人员占比约为10%，普遍与江南大学、扬州大学、南京农业大学等高校建立合作关系。其中，苏州欧福自有研发人员和研发经费投入最多，分别为20人和1 000万元。

2.6 其他方面

本次调研的15家蛋品企业，国家级农业产业化龙头企业1家、省级农业产业化龙头企业6家、市级农业产业化龙头企业2家。有5家蛋品深加工企业注册产品商标（表4-8）。投资规模方面，资产总额1亿元以上的5家、0.5亿~1亿元间的4家、5 000万元以下的1家，资产总额不明的5家。蛋品企业用地性质，租用土地的3家、自有土地8家、混合型1家。环境治理方面，为让污水等符合达标排放标准，蛋品加工企业自建污水处理厂或沉淀池，其中，苏州欧福每年污水处理费最高，为700万~800万元。

表4-8 蛋品加工企业商标获得情况

企业名称	获得商标	获得时间	产品定位
泰州苏鹏蛋业生物科技有限公司	绿尔康	2013年	所有消费者
江苏康德蛋业有限公司	康德蛋业	2016年	所有消费者
江苏天成蛋业有限公司	天晟牧园	2017年	高端消费者
江苏婷婷食品有限公司	佳丰	2007年	中端消费者
	江海溯源	2015年	高端消费者
苏州欧福蛋业股份有限公司	欧福	2015年	中高端消费者

注：根据课题组调研与国家知识产权局商标局中国商标网查询整理。

3 江苏省品牌鸡蛋生产和销售情况

3.1 企业分布

2017年江苏盐城、南通和泰州三市存栏蛋鸡占全省总量的69.2%。结合本次调研，发现江苏省品牌蛋企业主要集中于盐城、南通和泰州三市。本次调研企业中，涉及品牌蛋销售的企业6家，自有养殖场供蛋占比为37.8%。其中，江苏省宏广畜禽产销专业合作联社（以下简称“江苏宏广”）和东台市宗林禽蛋有限公司（以下简称“东台宗林”）直接从事鸡蛋批发，未做品牌蛋销售，鸡蛋来源以合作养殖场为主，占比90%以上（表4-9）。

3.2 销售情况

品牌蛋销售渠道呈现多样化趋势，以大型超市和批发商为主，占比约70%，食品企业次之，约为15%，餐饮企业、线上等销售方式所占比例较低。除大丰添寿外，其余品牌蛋企业均将鸡蛋分级、喷码后销售，主要采用SANOVO、MOBA、振野蛋品分级机和赛腾喷码机。目前，有7家销售品牌蛋的企业获得10个商标，有4家企业的鸡蛋为江苏名牌产品（表4-10）。

3.3 鸡蛋批发定价权

国内鸡蛋市场销售价格通常为流通企业（蛋贩）掌控。据了解，东台宗林对上海市场花凤鸡蛋价格具有定价权，江苏宏广对褐壳蛋定价具有话语权，主要根据长三角市场消费情况与盐城市生产情况来定价。

表4-9 鸡蛋销售企业鸡蛋销售情况

企业名称	总销售量(吨)	品牌蛋占比(%)	鸡蛋来源(比例%)		销售渠道	鸡蛋分级、喷码等所用设备
			自有养殖场	合作养殖场		
东台源耀	1 320	100	0	100	95%~98%批发商,2%~5%线上销售	振野洁蛋生产线
上海海丰禽业	6 300	43	100	0	55%蛋品加工企业,20%食品企业,16%批发商,8%大型超市,1%餐饮企业	SANOVO和振野蛋品分级机
大丰添寿	1 107	100	100	0	100%批发市场	不分级、不喷码
江苏宏广	15 000	0	10	90	30%大型超市、10%食品企业、60%农贸市场	分级比例很低
东台宗林	11 000	0	0	100	100%批发市场	不分级、不喷码
南通文圣	350	100	85.7	14.3	60%旅游景点销售,20%网上销售,20%当地零散销售	赛腾喷码机
婷婷食品	4 480	100	62.7	27.3	80%大型超市,13%批发商,5%食品企业,2%餐饮企业	MOBA蛋品分级机
泰州梅香	2 000	100	0	100	—	振野蛋品分级机

表4-10 品牌蛋企业注册商标获得时间与产品定位

企业名称	注册商标	获得时间	产品定位
南通文圣特种养殖有限公司	文圣	2013年	中高端消费者
东台源耀股份有限公司	谷香村	2009年	高端消费者
光明食品集团上海海丰大丰禽业有限公司	光明鲜鸡蛋	2015年	中高端消费者
大丰区添寿禽蛋专业合作社	添寿	2003年	所有消费者
泰州市梅香食品有限公司	梅香	1997年	高端消费者
	禽王	2017年	高端消费者
江苏鸿轩生态农业有限公司	徐鸿飞宝宝蛋	2019年	高端消费者
	徐鸿飞小鲜蛋	2016年	中高端消费者
江苏婷婷食品有限公司	佳丰	2007年	中端消费者
	江海溯源	2015年	高端消费者

注:根据课题组调研与国家知识产权局商标局中国商标网查询整理。

4 江苏省蛋品加工前景展望

4.1 蛋品深加工具有工业化特征

蛋品加工以蛋鸡产业链的终端产品——鸡蛋作为原料,采用先进的技术手段和科学管理等加工生产液蛋、蛋粉、溶菌酶、卵磷脂等。发达国家自20世纪六七十年代开始推广和普及自动化蛋品加工技术,而我国从21世纪初才开始液蛋和蛋粉的生产,蛋品加工的自动化、标准化程度与发达国家存在较大差距。目前发达国家蛋品加工比例较高,美国蛋品加工比例为35%,且基本实现了机械化、自动化和专业化的生产模式。江苏省蛋品加工比例约为5.3%,7家蛋品深加工企业中仅苏州欧福蛋业、江苏康德和鸿轩生态农业基本实现蛋品加工的自动化。从提高生产效率与产品质量安全角度,有必要运用工业化理念,引领江苏省蛋品加工的标准化、自动化,即运用工业化理念带动江苏省蛋品加工行业发展。

针对江苏省蛋品加工企业专业化技术人才匮乏等问题,蛋品加工企业一方面应主动增加与江南大学、华中农大、东北农大等国内高等院校的黏度,就鸡蛋深加工工艺、鸡蛋高附加值生物活性物质的研发等共同培养蛋品深加工专业人才;另一方面,要借助新的融资手段或政府项目,加大企业研发经费投入,引入先进蛋品加工技术,以此开发鸡蛋高附加值产品,并推进溶菌酶、免疫球蛋白等现有高附加值产品的产业化力度。

4.2 蛋品加工企业蛋源以外购为主，且主要为褐壳蛋

江苏省蛋品加工企业合作养殖场供蛋率为83.1%、自有养殖场供蛋率为16.9%，表明蛋品加工企业蛋源以外购为主。由自有养殖场供蛋，蛋品加工企业的蛋源质量易于管控，安全性得到保障，同时其生产成本也比从合作养殖场购买鸡蛋低些，目前仅江苏天成和鸿轩生态农业蛋源完全实现自给。

据了解，现代化蛋鸡养殖场每只鸡投资超过100元，加上土地资源约束趋紧，许多蛋品加工企业选择与已有的养殖场建立长期合作关系来保证蛋源稳定供给。与自有养殖场相比，合作养殖场鸡蛋质量管控难度大，存在产品质量安全风险，原材料采购成本也较高。

江苏省蛋品加工企业蛋源89.6%为褐壳蛋、白壳蛋占比为1.5%，饲养品种以海兰褐、京红1号、京粉2号和京粉6号为主。美国生产鸡蛋中白壳蛋占比约95%，加工蛋源以白壳蛋为主，白壳蛋出产率较高，配套自有养殖场的蛋品加工企业可尝试用白壳蛋作为蛋品加工原料。

4.3 蛋品加工企业普遍存在开工不足现象

据测算，目前江苏省蛋品加工企业的开工率约为40%。江苏省为我国蛋鸡养殖大省，鸡蛋产量位列全国第5位，作为鸡蛋主产区的部分养殖企业为降低因疫病导致流通不畅等风险，纷纷投资上线蛋品加工设备，鸡蛋行情好时，投入蛋品深加工的鸡蛋较少；同时，苏州欧福、江苏康德等均以蛋品加工作为主业，这些蛋品加工企业虽也配套自有蛋鸡场，但无法满足自身加工需求，仍需从合作蛋鸡场购买鸡蛋，苏州欧福和江苏康德的合作养殖场供蛋量占比分别为57.7%和88.9%，因而在蛋鸡养殖形势较好的年份，这些企业面临可供加工的鸡蛋匮乏的风险，进而导致企业蛋品生产线闲置。

另外，苏州欧福、江苏康德、泰州苏鹏蛋业、江苏天成4家企业鸡蛋深加工产品年销售额占总销售额的比重为95.9%，表明江苏省大中型蛋品加工企业经营状况不断好转，企业规模也在不断壮大。苏州欧福和江苏康德在广州建立新的蛋鸡养殖场并配套鸡蛋深加工，通过不断扩张抢占国内液蛋和蛋粉等蛋品深加工消费市场；同时，包括江苏苏鹏禽业发展有限公司等在内的蛋鸡规模养殖企业，投入资金与设备发展鸡蛋深加工，导致目前江苏省实际打蛋能力超过市场需求。

4.4 蛋品国际竞争优势不明显

根据FAO统计数据，2016年我国液蛋和蛋粉出口量为0.44万吨，占世界出口比重为1.2%。主要出口企业有苏州欧福蛋业股份有限公司、大连韩伟集团、湖北神地农业科贸有限公司、江苏康德蛋业有限公司等，其中，苏州欧福蛋业股份有限公司、大连韩伟集团和吉林金翼蛋品有限公司获得欧盟注册认证。江苏省目前有苏州欧福蛋业股份有限公司和江苏康德2家企业的鸡蛋深加工产品出口到国外，以日本、韩国等东亚国家和新加坡、菲律宾、泰国等东南亚国家为主。据了解，江苏康德2015、2016年蛋黄粉主要出口到泰国，出口量为200吨、

出口额为1 320万元，此后荷兰以5万元/吨的价格抢占泰国市场，2017年泰国已停止从康德进口蛋黄粉。鸡蛋深加工产品出口对企业要求高，不可控因素多，当前我国蛋鸡养殖的饲料成本高、劳动效率低，鸡蛋质量安全风险也高于发达国家，导致我国虽是鸡蛋生产大国，但鸡蛋价格和质量无竞争优势；另一方面江苏省乃至全国鸡蛋深加工关键设备尤其是鸡蛋打蛋分离机长期依赖进口，投资大，产品成本高，两者导致我国鸡蛋深加工产品在国际市场上无价格和质量优势。

未来，蛋品加工企业可自建蛋鸡场，在保障蛋源质量的同时，也可消化因饲料成本高而导致外购鸡蛋上涨等不利因素；同时，借助政府制订的优惠与鼓励政策，企业通过规范生产保证产品质量稳定，实现由“中国制造向中国创造转变、中国速度向中国质量转变、中国产品向中国品牌转变”，提升产品竞争力，借势“一带一路”扩大出口；再者，蛋品加工企业要消化和吸收发达国家蛋品加工设备技术精髓，结合我国蛋品加工企业个性化需求，利用养殖、食品、计算机和人工智能等行业人才，自主培育我国液蛋或蛋粉整套加工装备和工艺。

第二章
江苏省高产与特色蛋鸡养殖效益调研分析

1 江苏省蛋鸡养殖品种结构

江苏省是蛋鸡养殖大省，年存栏蛋鸡约1.9亿只。全省蛋鸡养殖主要集中于盐城、南通、徐州、泰州等4市，其存栏量占全省蛋鸡存栏总量的80%。基于课题组前期掌握的蛋鸡生产数据，江苏省高产蛋鸡品种以海兰、京红、罗曼等为主，而特色蛋鸡品种主要是花凤系列、农大系列、绿壳蛋鸡等。据课题组前期调研统计，2018年底海安市蛋鸡存栏约1 515万只，特色蛋鸡品种存栏占比约15%；东台市蛋鸡存栏约2 800万只，特色蛋鸡品种存栏占比约30%，其中饲养量最多的为花凤系列特色蛋鸡，约占东台市特色蛋鸡总量70%以上，新杨黑、农大7号（批准中试应用）、凤达1号蛋鸡等品种占比相对较小。课题组对江苏省2019年1.3万余个规模蛋鸡养殖场（户）养殖品种分析发现：高产蛋鸡约占88.5%，其中海兰为47.8%、京红为26.4%、罗曼为14.3%；特色蛋鸡约占11.5%，其中农大系列为4.7%、花凤系列为1.8%、绿壳蛋鸡为1.2%、大午金凤等其他品种为3.8%。

2 高产与特色蛋鸡养殖效益调研

2.1 调研对象、方法与内容

为全面掌握江苏省规模蛋鸡养殖场（户）不同饲养品种的养殖效益，2019年6月—2020年5月，课题组选择蛋鸡养殖数量较多、具有一定代表性的海安市和东台市作为主要调研对象，同时结合苏南、苏北等地区的大型和中小规模养殖场（户），开展养殖状况和饲养效益调查。

调研方法为现场调研，本次调研的养殖场均为2010年以后新建或改扩建的规模化蛋鸡养殖场，采用全自动养殖设施设备。共调研28个规模化蛋鸡养殖场（户）、52批次蛋鸡，其中，高产蛋鸡品种31批次、特色蛋鸡品种21批次，每个品种至少调研4个批次。

调研内容主要包括：养殖规模，养殖方式，不同蛋鸡品种生产性能指标，土地、生产设备等固定资产投入，苗鸡、饲料、人工、水电、兽药等成本支出，鸡蛋和淘汰鸡等产品销售价格及销售渠道等情况。

2.2 结果与分析

2.2.1 养殖品种

通过调查，发现江苏省海安市和东台市高产蛋鸡品种主要有京红1号、京粉2号、海兰褐、罗曼褐、罗曼粉等，特色蛋鸡品种主要有京粉8号（批准中试应用）、农大3号、农大5号、苏禽绿壳蛋鸡等。

2.2.2 生产性能

高产蛋鸡与特色蛋鸡主要生产性能指标见表4-11。由表4-11可知，育雏育成期高产蛋鸡平均成活率98.9%、特色蛋鸡平均成活率98.6%，略低于高产蛋鸡；产蛋期高产蛋鸡平均成活率95.2%、特色蛋鸡93.9%，特色蛋鸡成活率比高产蛋鸡低1.3个百分点；高产蛋鸡达到50%产蛋率日龄平均142天，特色蛋鸡为150天，比高产蛋鸡迟8天左右；高产蛋鸡高峰产蛋率平均为95.9%，特色蛋鸡为89.8%，比高产蛋鸡低6.1个百分点，产蛋高峰期高产蛋鸡可以持续29周（90%以上），而特色蛋鸡只能持续21周（80%以上），比高产蛋鸡少8周；高产蛋鸡平均蛋重61克，特色蛋鸡只有50克，比高产蛋鸡轻11克；高产蛋鸡淘汰日龄平均516天，特色蛋鸡412天，比高产蛋鸡早104天，淘汰时高产蛋鸡仍能保持82.2%的产蛋率，而特色蛋鸡仅有74.2%，比高产蛋鸡少8个百分点；高产蛋鸡鸡蛋平均破损率为1.9%，特色蛋鸡仅为1%，比高产蛋鸡低0.9个百分点；高产蛋鸡淘汰鸡体重平均为2.1千克，特色蛋鸡只有1.6千克，比高产蛋鸡轻0.5千克；高产蛋鸡只均耗料117.4克，特色蛋鸡94.2克，比高产蛋鸡只均少耗料23.2克。

综合来看，高产蛋鸡主要生产性能普遍高于特色蛋鸡。特色蛋鸡虽然总体生产性能不如高产蛋鸡，但体型较小，产蛋期耗料量和鸡蛋破损率都低于高产蛋鸡，平均蛋重在50克左右，更符合传统消费习惯，蛋价比高产蛋鸡鸡蛋更高。

另外，调研中发现高产蛋鸡人均可饲养12 451只、特色蛋鸡人均饲养13 792只，特色蛋鸡人均饲养数量比高产蛋鸡多1 341只左右，表明特色蛋鸡的饲养效率更高。由于特色蛋鸡选育程度不如高产蛋鸡，对饲养条件要求更为严格，在饲养管理不规范的情况下无法发挥其全部生产性能。

2.2.3 养殖效益

养殖效益以每个批次完整的养殖周期计算，高产蛋鸡品种平均养殖周期516天、特色蛋鸡品种平均养殖周期412天，投入成本与鸡蛋价格等因素均为整个周期的平均值。高产蛋鸡与特色蛋鸡不同品种养殖效益见表4-12。由表4-12可知，高产蛋鸡的鸡蛋产量远高于特色蛋鸡，使得尽管特色蛋鸡平均蛋价（10元/千克）高于高产蛋鸡（8.4元/千克），但最终高产蛋鸡鸡蛋收入（189.4元/只）远高于特色蛋鸡（121.4元/只）；高产蛋鸡平均支出为145.6元/只、特色蛋鸡平均91元/只，其中，产蛋期饲料成本占比较大，高产蛋鸡饲料成本占总成本的69.73%、特色蛋鸡占总成本的60.8%。综合来看，2019年高产蛋鸡只均利润44.15元、特色蛋鸡30.68元，高产蛋鸡只均利润比特色蛋鸡高13.5元。

表4-11　高产蛋鸡与特色蛋鸡生产性能

	育雏育成期成活率（%）	产蛋期成活率（%）	50%产蛋率日龄（天）	高峰产蛋率（%）	只均产蛋重（千克）	平均蛋重（克）	淘汰日龄（天）	淘汰时产蛋率（%）	高峰持续周数（周）	鸡蛋破损率（%）	淘汰鸡体重（千克）	产蛋期只均耗料量（克/天）
高产蛋鸡												
京红1号	98.8	95.4	140	95.8	22.1	62.1	553	80.0	29	1.8	2.1	118.3
京粉2号	99.2	94.3	139	96.8	18.3	63.0	495	79.0	26	2.1	2.1	108.8
海兰褐	99.2	95.3	143	96.0	21.3	61.0	526	82.7	31	2.0	2.1	117.2
罗曼褐	98.6	95.0	143	95.0	19.5	60.8	514	80.3	22	1.2	2.1	123.3
罗曼粉	98.4	95.4	139	96.9	19.0	59.4	502	85.0	39	2.5	1.9	113.0
平均值	98.9	95.2	142	95.9	20.2	61.0	516	82.2	29	1.9	2.1	117.4
特色蛋鸡												
京粉8号	98.8	95.2	139	89.0	10.7	49.5	400	70.0	13	1.3	1.8	102.5
农大3号	98.5	92.2	145	93.0	10.5	51.0	380	78.0	25	1.0	1.4	90.0
农大5号	98.4	94.4	157	90.0	10.8	52.4	400	77.5	30	0.9	1.6	90.0
苏禽绿壳蛋鸡	97.8	93.8	165	87.8	9.8	45.5	490	72.0	13	0.6	1.5	90.0
平均值	98.6	93.9	150	89.8	10.5	50.0	412	74.2	21	1.0	1.6	94.2

表4-12　高产蛋鸡与特色蛋鸡养殖效益

	鸡蛋产量（千克）	平均蛋价（元/千克）	鸡蛋收入（元/只）	鸡蛋支出（元/只）	只均利润（元）
高产蛋鸡					
京红1号	22.1	8.3	201.1	155.1	47.0
京粉2号	18.3	8.0	171.8	131.0	40.8
海兰褐	21.3	8.2	194.5	149.6	44.3
罗曼褐	19.5	8.4	184.0	143.1	40.8
罗曼粉	19.0	9.0	189.2	145.9	44.0
平均值	20.2	8.4	189.4	145.6	44.2
特色蛋鸡					
京粉8号	10.7	9.4	131.8	99.4	33.2
农大3号	8.2	9.0	117.1	87.7	29.3
农大5号	10.8	9.3	110.8	79.8	29.1
苏禽绿壳蛋鸡	11.8	10.5	126.1	99.7	26.5
平均值	10.5	10.0	121.4	91.0	30.7

注：1. 每只鸡鸡蛋收入为鸡蛋收入+鸡粪收入+淘汰鸡收入–后备鸡成本，其中：本次调查海安市的蛋鸡都是2018年购进、2019年淘汰的鸡群，2018年上半年平均蛋价7.04元/千克、下半年8.34元/千克，2019年上半年7.02元/千克，2019年下半年9.36元/千克；淘汰鸡2019年一季度平均为8.76元/千克，二季度为10.26元/千克，三季度14.31元/千克，四季度16.28元/千克，各场按照淘汰时实际售价计算；2. 每只鸡鸡蛋支出包括产蛋期饲料费、兽药消毒药费、水电费、固定资产折旧费、人工费、场地租赁费、借款贷款利息、保险费、燃料费、运输费、设备维修费和其他杂费等，其中：产蛋期饲料平均每吨自配料2 277元、饲料厂商品饲料2 350元，其余各项支出按照各场实际支出统计。

根据调查结果，高产蛋鸡成活率、高峰产蛋率、产蛋高峰持续时间、总产蛋量、蛋重等主要性能指标均高于特色蛋鸡，生产性能较为稳定，更易于饲养，在正常条件下基本能发挥出其遗传优势；相比之下，特色蛋鸡选育程度相对较低，种鸡质量参差不齐，产蛋量较低，产蛋高峰期维持时间短，对饲养管理水平要求更高才能充分发挥生产性能。

特色蛋鸡蛋品蛋白细腻，口感好，蛋壳粉里透红有光泽，蛋重适中，在长三角及大中城市等中高端消费市场颇受欢迎，正常情况下草鸡蛋价格比洋鸡蛋高0.5元/千克以上，才能弥补产蛋性能上的劣势，养殖效益才能持平。2019年是非常特殊的年份，受非洲猪瘟影响，鸡蛋和淘汰鸡体现一定的替代作用，鸡蛋和淘汰鸡价格创历史新高，下半年持续高位运行。本次调研绝大部分养殖时间在2019年，因此导致2019年高产蛋鸡只均利润(44.15元)高于特色蛋鸡(30.68元)。

3 江苏省蛋鸡产业发展建议

3.1 稳定鸡蛋“菜篮子”产品安全有效供给

鸡蛋是我国居民重要的“菜篮子”产品，关系国计民生。2018年我国鸡蛋产量2 600多万吨，占世界总产量的39%，连续34年位居世界第一，鸡蛋可提供的蛋白质总量占我国畜禽产品总蛋白质的21.9%，为居民提供了价廉质优的动物蛋白，为保障居民蛋白质需求、改善膳食结构方面发挥了重要作用。随着居民生活水平的不断提高，对肉、蛋、奶等畜禽产品的消费量将快速增加。江苏省作为蛋鸡养殖大省，蛋鸡饲养量和鸡蛋产量均在全国排名第五，鸡蛋产量约160万吨，基本能满足全省鸡蛋消费。目前全省蛋鸡饲养品种以海兰褐、京红和罗曼等高产蛋鸡品种为主，海兰褐仍占比较高，需要进一步优化品种结构，大力推广国产高产蛋鸡品种，提高市场份额，保障鸡蛋安全有效供给。

3.2 积极发展特色蛋鸡，满足市场多样化需求

随着消费水平的提高，消费者对于蛋产品往往更关注品质、食品安全和新鲜度等方面，而对于价格敏感度相对较弱。长远来看，发展特色蛋鸡生产是江苏省蛋鸡业供给侧结构性改革的重要抓手，可充分体现特色蛋鸡鸡蛋价格上的优势，提高综合养殖效益，满足消费者高品质鸡蛋需要。积极发展特色蛋鸡产业，一要找准市场定位，根据市场需求和生产实际从事特色蛋鸡生产。二要不断完善良种繁育推广体系，引进良种良法，进行规范化配套生产。三是要推进标准化规模生产，改善饲养环境和管理方法，提升配套的基础设施设备；根据其特性需求进行饲养以发挥其生产性能优势，提高饲养效率，扩大生产规模。四是要完善产业链，发挥品牌效应。充分利用特色蛋鸡品种资源，依托龙头企业形成生产和市场优势，探索完善市场定价机制，提升提高产业化水平，打造品牌优势，从而实现稳定的养殖收益。

第三章
江苏省不同规模蛋鸡场(户)成本收益分析报告

1 2021年全国蛋鸡行业总体形势

2021年全国在产的高产蛋鸡年均存栏为9.4亿只,比2020年增加约3%,蛋鸡产区依然集中在华东、华中。2021年高产蛋鸡鸡蛋产量约为2 078万吨,鸡蛋总产量约为3 136.11万吨。

虽然2021年饲料成本持续高位运行,但是由于非洲猪瘟和新冠疫情的影响趋于减弱,导致鲜蛋市场呈现恢复性增长,蛋鸡养殖效益趋好。2021全年平均蛋价为8.78元/千克,主要原因是市场得以恢复。

蛋鸡养殖效益较好的年份,一般是3月份蛋价低,9月份蛋价高。2021年最低价出现在3月份,但是最高价格出现在11月份。正常年份一般是春季蛋价低,秋季蛋价高,2021年同样如此,但是2021年冬季蛋价明显高于其他年份,下半年的蛋价明显高于其他年份,由于2021年10—11月蔬菜价格暴涨,明显拉升了2021年冬季的蛋价。

2 2021年江苏省蛋鸡养殖业概况

江苏省是全国蛋鸡养殖大省,养殖总量和规模化水平处于全国前列,南通、盐城蛋鸡养殖业具有代表性,而且产业集群特征明显。据江苏省统计部门监测:2021年全省蛋鸡存栏量为1.94亿只,比2020年增加0.1%;鸡蛋产量201.9万吨,比2020年减少0.9%。

近年来,随着蛋鸡养殖技术水平的持续进步和产业结构的不断调整优化,江苏省蛋鸡行业规模化养殖进程加快,在蛋鸡存栏总量变化不大的情况下,小规模养殖场(户)的数量明显减少,一部分竞争力偏弱的养殖群体逐渐退出市场,但是,饲养条件相对较差、养殖规模偏小的散户仍然存在,与规模化、现代化企业并存,而且不同规模养殖场(户)生产水平差异明显,不利于全面提升行业整体水平。

3 2021年江苏省蛋鸡养殖场(户)成本收益情况调研

2021年,受饲料价格高企和新冠肺炎疫情的影响,蛋鸡企业生产也遇到一些问题,为进一步了解全省蛋鸡企业生产情况,研究不同规模蛋鸡场2021年度生产成本、养殖收益情况,2022年2-4月,江苏现代农业(蛋鸡)产业技术体系产业经济创新团队对江苏省内118个规模养殖场(户)进行了调研,主要包括蛋鸡存栏10万只以上、1万~10万只、0.2万~1万只蛋鸡场(户)2021年度的成本收益情况,目的是摸清苗鸡、饲料、兽医防疫、水电、雇工、技术服务费等生产成本的比例构成,全面分析鸡蛋、淘汰鸡、鸡粪等销售收入和蛋鸡养殖总体收益情况。

3.1 调研对象规模化水平

本次共调研徐州、淮安、镇江、宿迁、南京、无锡、扬州、南通、泰州、常州10个市的118家蛋鸡养殖场(户),不同存栏规模的养殖户占比见图4-1,以2021年淘汰的一批蛋鸡为样本,计算总的生产成本和总收入,分析其养殖盈利状况。

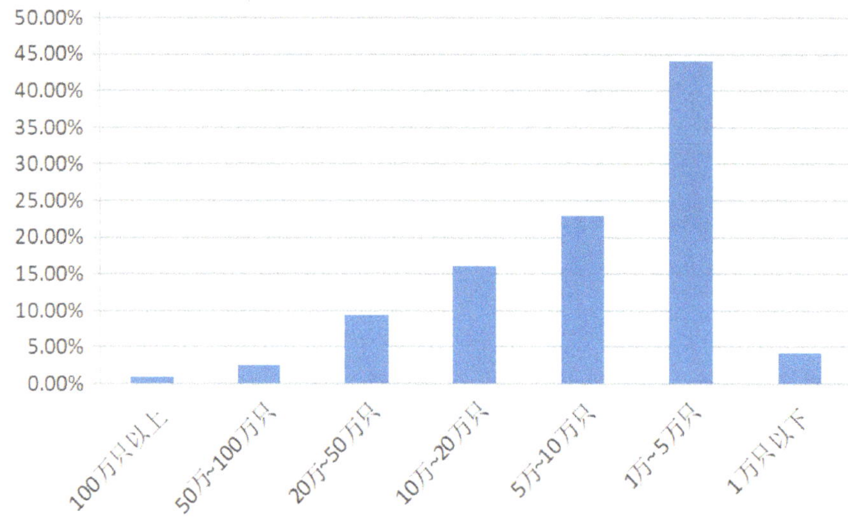

图4-1 不同规模养殖场(户)占比

3.2 养殖收益情况

本次调研的养殖场(户)蛋鸡存栏总量为1 272万只,淘汰蛋鸡31.1万只,从调研情况来看,2021年实现盈利的养殖场(户)达到103家,占比高达87.29%,其余12.71%的养殖场亏损。养殖场(户)平均盈利26.78万元,每只鸡盈利水平为10.16元。2021年淘汰鸡市场行情较好,达到了平均20.8元/只,淘汰鸡收入占养殖总收入的10.79%,鸡蛋收入占总收入的88.2%。共有51家场(户)鸡粪产生了收益,有8个养殖场(户)由于没有鸡粪处理设施,需要交由第三方处理,鸡粪收益为负。

3.3 养殖成本构成

养殖周期内蛋鸡的饲养成本平均为177.14元/只,由于2021年饲料原料价格一直在高位运行,调研养殖场(户)饲料投入成本占总饲养成本的89.57%,鸡苗成本只占2.87%,由于部分养殖户没有计算人工成本,人工成本总体占比为2.57%,兽药疫苗投入占比1.94%(图4-2)。

3.4 养殖成本收益比较

从调研情况看:2021年蛋鸡存栏量10万只以上的养殖场(户)共有33家,只有3个养殖场(户)上一批蛋鸡淘汰时亏损,90.9%的养殖场(户)实现了盈利(图4-3),平均盈利水平为

13.05元/只。存栏1万~10万只(不包含1万只)的场(户)共有81家,18个场(户)上一批蛋鸡淘汰时亏损,77.8%的养殖场(户)实现了盈利,平均盈利水平为6.78元/只;存栏0.2万~1万只的场(户)共4家,全部实现盈利,平均盈利水平为14.83元/只。

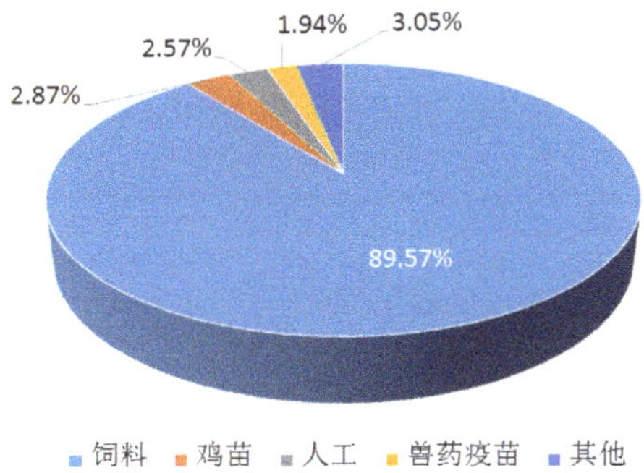

图4-2　蛋鸡养殖成本构成

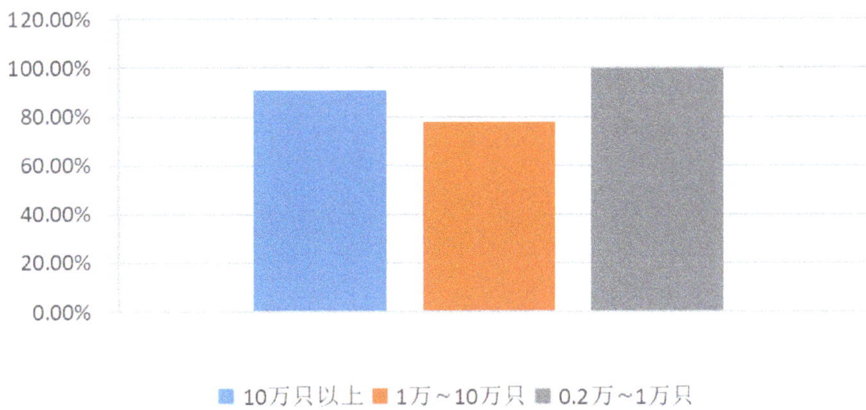

图4-3　不同规模场(户)实现盈利的比例

4 影响蛋鸡养殖效益的主要因素分析

4.1 饲料价格决定了蛋鸡养殖成本

本次调研的养殖场(户)饲料成本占总饲养成本的比例高达89.57%,与武玉环于2018年9月至2019年5月调研全国蛋鸡规模养殖户的养殖情况一致(饲料成本占蛋鸡养殖总成本的80%以上)。这种情况表明:随着蛋鸡养殖设施装备不断改进,以及养殖技术和管理水平不断提高,人工成本和兽药、疫苗、保健品的投入越来越少,饲料成本对蛋鸡养殖效益的影响越来越大。

从近年来蛋鸡行业发展趋势来看:导致鲜蛋生产成本波动有三个关键变量,分别是玉米、豆粕和淘汰鸡价格,玉米和豆粕是蛋鸡饲料的主要成分,其价格与饲料成本直接相关,进而影响鸡蛋生产成本,2021年情况尤为明显,2021年春季玉米、豆粕价格相对较高,虽然下半年价格相对降低,但是全年总体偏高,直接拉高了蛋鸡饲养成本。2021年12月以后的淘汰的蛋鸡,其育雏育成期饲料成本提高,养殖收益受到影响。

4.2 淘汰鸡价格与养殖效益直接相关

虽然2021年饲料成本拉高了鸡蛋生产成本和鸡蛋价格，但是淘汰鸡价格却直接关系到蛋鸡养殖的经济效益。在调研中，很多养殖户表示：如果没有疫情发生，市场价格波动不明显的年份，蛋鸡养殖成本与鸡蛋销售收入可以持平，淘汰蛋鸡的收入就相当于整批鸡的养殖收益。2021年夏季淘汰鸡价格偏高，这一时期淘汰蛋鸡的养殖户收益可观。

4.3 人工成本的影响力正在减弱

随着劳动力成本的增加，以家庭经营为主的中、小规模蛋鸡养殖场（户）为了降低成本，很少雇用工人，这部分群体在生产中往往不计算人工成本，这也是本次调研中小规模养殖户全部实现盈利的原因。随着行业的发展进步，近年来蛋鸡养殖场（户）数量呈下降趋势，市场集中度逐步上升，小规模养殖户与时俱进不断升级改造设备，商品蛋鸡养殖的标准化鸡舍逐渐普及，机械化、自动化程度提高；大规模养殖场更是采用智能化养殖设备，通过人工智能、大数据、区块链等现代科技为蛋鸡产业各环节赋能，大大释放了劳动力，使得规模蛋鸡场劳动力成本占比减少，劳动力成本对蛋鸡养殖效益的总体影响并不突出。

5 提高蛋鸡养殖场（户）收益的措施和建议

5.1 通过设备和技术改进提高效益

国内外经验表明，现代化养殖设备对蛋鸡生产性能和养殖效益的提高起到了重要作用，在同样的市场行情下，有的养殖场（户）赚钱、有的亏损，就是因为设施设备条件和管理因素所致。因此，要鼓励蛋鸡养殖场（户）进行设施设备升级，从而实现蛋鸡业安全生产、高效生产。

蛋鸡养殖企业要想提高效益，除了建设标准化养殖场、配套应用新型自动化设备外，还要借力新技术的推广应用来加快现代化进程。当前蛋鸡养殖场（户）的饲料大部分是自己生产，小部分根据市场行情外购以调节生产成本。近年来，随着全球贸易环境的日趋紧张和疫情防控的日趋严峻，玉米、大豆等大宗物资进口量减少，国内市场价格大幅上涨，以致蛋鸡养殖成本高位运行。从调研情况来看，许多养殖户的饲料配制往往根据经验，没有专门的配方师，在饲料科学化生产、精细化饲喂方面做得不够，从而影响了蛋鸡生产的总体效益。所以规模化蛋鸡养殖企业都是自建饲料厂，自给自足，以降低成本，源头控制产品质量。

5.2 努力拓宽渠道向经营要效益

由于蛋鸡产业链较长，大部分养殖户的产销模式比较单一，只有生产环节可以掌握主动权，在鸡蛋、淘汰鸡、鸡粪销售环节往往受制于人，这也是影响养殖户收益的主要因素。除了养殖环节外，鸡蛋运输、销售和淘汰鸡运输、屠宰等环节都是利润再分配的过程，而这些似乎与养殖户无关。采取品牌化运作的大规模养殖企业有些建立起鸡蛋和淘汰鸡的稳定销售渠道，他们的收益情况相对好一些。规模偏小的养殖户要走合作化发展道路，采取“公司+农户”或“公司+合作社+农户”等先进的产销售模式，其养殖收益会更有保障。

此外，鸡粪收入也可以作为蛋鸡企业的盈利渠道之一。本次调研的118家养殖场（户）中，只有51家实现了盈利，还有8家收益为负，说明很多养殖场（户）还没有重视这个问题，他们想增加创收渠道就要对鸡粪进行资源化利用，当然，投资购买鸡粪处理设备是前提。

第四章
江苏省蛋鸡养殖设施设备配套情况调研报告

蛋鸡养殖业是我国畜牧业的重要组成部分，从20世纪80年代开始，我国蛋鸡规模养殖业在改革开放和城市“菜篮子”工程的推动下逐渐发展起来。经过近四十年的不断进步，蛋鸡业已经实现了由数量增长向质量效益提升的转变，在带动农村经济发展、促进农业增效和农民增收、保障市民“菜篮子”供应等方面发挥了重要作用。蛋鸡养殖集约化程度的提高，除了得益于蛋鸡品种持续改良、养殖技术不断完善外，养殖设施设备化水平的提高同样发挥了重要作用，有效推动了蛋鸡产业整体进步。

1 江苏省蛋鸡养殖业步入规模化发展轨道

江苏是蛋鸡养殖大省，据江苏省统计部门数据，2021年全省蛋鸡存栏量为1.94亿只，比2020年增加0.1%；鸡蛋产量201.9万吨，比2020年减少0.9%。近年来，随着蛋鸡养殖技术水平的持续进步和产业结构的不断调整优化，江苏省蛋鸡业规模化养殖进程加快，在蛋鸡存栏总量变化不大的情况下，小规模养殖场(户)的数量明显减少，一部分竞争力偏弱的养殖群体逐渐退出市场，条件好一些的场(户)通过追加投资进行基础设施改造和技术升级把养殖规模扩大到1万~5万只，以家庭农场的形式进行生产经营，成为蛋鸡市场经营主体的一部分。统计资料显示：全省存栏万只以上的饲养场(户)个数由2008年的1 625个增加到2019年的3 871个，万只以上场(户)饲养量占总饲养量的比例由2008年的21.5%增加到2019年的60.9%。2021年，存栏5万只以下的场(户)数量同比均在减少，而存栏10万只以上的养殖场数量均在增加(表4-13)，蛋鸡规模化养殖趋势越发明显。

表4-13　2021年与2020年江苏省蛋鸡养殖不同规模场(户)数对比分析

存栏量	2021年场(户)数	2020年场(户)数	同比(%)
1~499只	93 729	117 185	-20.02
500~1 999只	2 447	3 071	-20.32
2 000~9 999只	8 209	10 130	-18.96
10 000~49 999只	3 733	3 957	-5.66
50 000~99 999只	230	230	0
100 000~499 999只	119	113	5.31
500 000只以上	7	5	40
合计	108 474	134 691	-19.46

2 提高设施设备水平有利于加速规模化进程

我国现代化蛋鸡养殖业是在引进国外蛋鸡品种、养殖设备、饲养技术以及管理理念的基础上，通过消化、吸收、提高、创新而发展起来的。在我国家禽业发展进程中，商品蛋鸡率先开始设施化养殖，蛋鸡养殖业快速发展与养殖模式和设施设备的进步相辅相成。从20世纪80年代开始，为了增加鸡蛋的市场供应量、解决城市菜篮子问题，我国开始着手引进机械化蛋鸡笼养技术和设备，到20世纪90年代，蛋鸡规模化笼养模式得到了迅速推广，蛋鸡养殖设备以及环境调控技术取得了明显进步，例如笼架设备、乳头饮水设备、自动喂料设备、湿帘蒸发降温设备、纵向通风设备的应用等。我国蛋鸡养殖模式从最初的简单多样发展到现在以笼养为主体、散养模式和福利养殖作为必要补充，再加上与不同养殖模式相配套的设施设备不断优化和完善，确保了蛋鸡行业集约化发展。蛋鸡不同养殖模式需要配套相应的设备设施，才能实现养殖效益最大化。配备自动化养殖设备的蛋鸡笼养模式因其在提高产蛋量、饲料转化效率、蛋鸡成活率等方面的优势，仍将是我国蛋鸡养殖的主要模式，虽然近年来也有企业尝试建设福利蛋鸡舍和非笼养蛋鸡舍，但是所占市场份额仍然有限。

3 江苏省蛋鸡养殖设施设备配套情况调研

为了摸清江苏省蛋鸡养殖业设施设备配套情况，系统分析其原因，有效引导蛋鸡行业集约化、规模化发展，2022年2—4月，江苏现代农业（蛋鸡）产业技术体系产业经济创新团队对江苏省内119个规模养殖场（户）鸡舍构造、鸡舍设施设备情况进行了实地调研，调研场（户）分布如下：泰州25个，南通22个，徐州20个，宿迁13个，南京11个，镇江10个，淮安7个，扬州6个，无锡4个，常州1个，苏州、盐城、连云港三市由于新冠疫情防控原因没有开展调研，具体调研情况见表4-14。

3.1 鸡舍构造

在参与调查的119家养殖场（户）中，采用密闭式鸡舍的占61.3%，采用半开放式鸡舍的占37%。鸡舍墙体采用砖混结构的占66.4%，采用钢结构、夹芯板的占26.1%，采用塑料大棚的占4.2%，除此以外，还有1个场（户）使用钢结构和无纺布覆膜，有3个场（户）使用砖混结构和塑料大棚。鸡舍顶棚采用彩钢瓦和夹心板的占75.6%，采用砖瓦、石棉瓦的占12.6%，还有个别场（户）使用塑料泡沫或无纺布覆膜。

3.2 舍外道路

在鸡舍外道路硬化方面，采用水泥硬化的占79.8%，采用砂石硬化的占10.9%。其余9.2%的场（户）没有进行道路硬化。

3.3 养殖笼具

在参与调查的119家养殖场（户）中，采用阶梯式笼养的占57.1%，采用层叠式笼养的占

42%，少数场（户）两种笼具都有，1个场（户）采取福利养殖模式。徐州地区场（户）使用阶梯式养的居多，阶梯笼一般为3~4层，层叠笼一般为4、5、6层。南通地区场（户）使用层叠笼的较多，最高可以达到8层。

表4-14　参与调研的场（户）鸡舍结构与设备配套情况

设施设备	类型Ⅰ及数量	类型Ⅱ及数量	类型Ⅲ及数量	其他类型数量
鸡舍结构	半开放式 44	密闭式 73		2
墙体材料	砖混结构 79	钢架+夹芯板 31	塑料大棚 5	4
顶棚材料	彩钢 90	砖瓦 14	石棉瓦 1	14
舍外道路	水泥硬化 95	砂石硬化 13		11
饲养笼具	阶梯笼 68	层叠笼 50	福利散养 1	
饮水设备	乳头式饮水器 119			
喂料设备	行车 88	链条 10	绞龙 6	15
通风设备	纵向通风设备 67	横向通风设备 26	自然通风 11	15
光照设备	LED灯 58	节能灯 42	白炽灯 7	12
降温设备	湿帘、风机 86	湿帘、风机、喷雾 15	湿帘、风机、水空调 9	9
加热设备	热风炉 51	新型锅炉 23	地暖 11	34
集蛋设备	人工捡蛋 60	舍内集蛋 31	中央集蛋库 23	5
清粪设备	A型刮粪板 41	A型传送带 20	H型传送带 45	13
鸡粪处理设备	第三方处理 53	堆肥发酵槽 15	发酵罐 14	37

3.4 饮水设备

参与调查的119家养殖场（户）全部使用乳头式饮水器，后备鸡舍的乳头饮水器配套有集水槽或集水杯，防止小鸡饮水时滴漏。

3.5 喂料设备

使用行车喂料设备的最多，占比74%，使用链条式喂料设备的占8.4%，使用螺旋绞龙喂料设备的占5%，其余12.6%的场（户）不单纯使用一种喂料设备，一般为两种设备组合，也有三种设备都使用的。

3.6 通风设备

在参与调查的119家养殖场（户）中，通风方式采用最多的是纵向负压通风，占56.3%，其次为横向机械通风占21.8%，采用自然通风的占9.2%，采用自然通风和纵向负压通风相结合方式的占8.4%，还有养殖场(户)采用自然通风加横向机械通风相结合的方式。

3.7 光照设备

在参与调查的119家养殖场(户)中，使用LED灯的占比达到48.7%，使用节能灯的占35.3%，仍有5.9%的养殖场(户)使用白炽灯，使用节能灯+LED灯、节能灯+自然光照、LED灯+自然光照的占10.1%，没有养殖场(户)使用自然光照。

3.8 降温设备

湿帘加风机组合占72.3%，湿帘、风机、喷雾降温设备相结合的占12.6%，湿帘、风机、水空调相结合的占7.6%，湿帘、风机、水空调、喷雾降温设备均使用的占3.4%，单独使用喷雾、水空调和冰块降温的各有1个场(户)。

3.9 加温设备

后备鸡舍加温设备种类很多，包括热风炉、新型锅炉、地暖、煤炉、电炉等，其中使用热风炉的占42.9%，使用新型锅炉的占19.3%，使用地暖的占9.2%，使用煤炉的占6.7%，使用组合式加温设备的占8.4%，2个场(户)使用水暖热风炉，1个使用电炉加温，10.9%的场(户)不使用任何加温设备(饲养育成鸡)。

3.10 集蛋设备

在参与调查的119家养殖场(户)中，约一半没有集蛋设备，采用人工捡蛋方式，占比50.4%，有自动集蛋设备的占45.5%(其中19.3%建有中央集蛋库)，4.2%的场(户)人工捡蛋和自动集蛋相结合。

3.11 清粪设备

由于使用的笼具不同清粪方式种类很多，其中使用传送带清粪的占59.7%，使用刮粪板的占34.5%，清粪带和刮粪板结合的方式占5.8%。

3.12 鸡粪处理设备

在参与调查的119家养殖场(户)中，44.5%没有鸡粪处理设备，交由第三方处理；建有简易堆肥发酵设施的占12.6%，使用发酵罐的占11.8%，只有1个场(户)建有商品有机肥加工设备，其余30.3%场(户)均采用组合处理方式。

4 江苏省蛋鸡养殖设施设备升级建议

4.1 大力推进密闭式节能型鸡舍建造

从调研情况来看，江苏省蛋鸡养殖场(户)的鸡舍构造还有很大的提升空间，还有37%养殖场(户)的鸡舍是半开放式的，与现代化集约化养殖的要求仍有一定的差距，而且鸡舍的建筑材料也不统一，仍有超过60%的场(户)使用砖混结构鸡舍，使用钢结构和夹芯板材料的节能型鸡舍只占26%，仍有部分场(户)使用塑料大棚和无纺布等材料，这与存栏5万只以下的场(户)占比高(表4-15)密切相关，这些养殖场(户)需要在今后养殖生产中提高设施化水平，使用新型材料改建新建密闭式节能型鸡舍，这样才能有效提高养殖效益。

表4-15　参与调研的场(户)规模化水平

存栏量	场(户)数	占比(%)
100万只以上	1	0.84
50万~100万只	3	2.52
20万~50万只	12	10.08
10万~20万只	19	15.97
5万~10万只	27	22.69
1万~5万只	52	43.70
1万只以下	5	4.20

4.2 多措并举提高蛋鸡养殖自动化水平

通过近年来养殖设备的不断升级改造，江苏省蛋鸡养殖设备自动化程度有了明显提高。参与调研的场(户)已经全部使用乳头式饮水器，这样鸡群的饮水卫生和舍内环境更加适宜。目前使用A型笼的场(户)占比高，与一些地区传统的养殖习惯有关，这些鸡场大部分是多年前建造的，新建鸡场已经很少使用A型鸡笼，有些鸡场之所以A型笼和H型笼并存，是后期在鸡舍改造时开始使用H型笼。如今行车喂料、纵向通风、湿帘风机降温、LED灯光照、传送带清粪已经成为主流，这符合蛋鸡行业的发展趋势。目前仍有50.4%的场(户)采用人工捡蛋，表明这些场(户)的投资能力还不强，在市场行情较好、养殖收益高时，养殖场(户)要把配套自动集蛋设备作为投资的重点。此外，各级主管部门在出台相关扶持政策时，项目资金可以向他们倾斜，支持其投资购买自动集蛋设备，减少工人的劳动强度和用工成本，减少鸡蛋的破损率，一定程度上助力其提高蛋鸡养殖效益。

第五章
江苏省蛋鸡粪便不同处理模式经济效益评价分析

江苏是全国蛋鸡主产区，2022年末全省蛋鸡存栏1.91亿只，全年鸡蛋产量206.2万吨，位居全国第五位，以占全国1.1%的国土面积生产了全国6.8%的禽蛋，不仅保障了江苏省内蛋品的有效供给，也为长三角地区居民“菜篮子”保供做出了积极贡献。

蛋鸡规模化养殖会产生大量粪污，随着经济社会发展，各地环保要求不断提高，粪污处理成了制约企业发展的瓶颈。目前蛋鸡企业普遍存在粪污处理水平不一、生产效率参差不齐等问题，而且粪污处理设施能耗偏高，处理过程中产生的臭气容易影响周边环境。为了深入研究不同粪污处理模式的优缺点和经济效益，江苏蛋鸡产业技术体系产业经济创新团队于2022年12月至2023年3月对部分蛋鸡场进行了抽样问卷调查，比较了筒仓式反应器堆肥、条垛式堆肥、槽式堆肥、简易堆沤四种处理模式的设施设备、水电、人工、转运等经济成本，以及便捷性、时效性等时间成本，粪肥销售的经济效益、粪污资源化利用带来的生态效益和社会效益，以指导蛋鸡规模养殖场采用适宜的处理模式，科学合理地处理粪污，实现蛋鸡业绿色发展。

1 调研企业基本情况

本次调研共选取江苏省内170家规模蛋鸡养殖场（户），收回有效问卷161份，其中南京、无锡、徐州各5份，常州、连云港各4份，南通40份，淮安9份，盐城39份，扬州13份，镇江8份，泰州15份，宿迁14份。这161家企业设计存栏量为2 087.75万只，实际存栏量为1 543.182 8万只，笼具利用率为73.9%，一部分产能没有得到利用。从笼具类型来看，A型笼和H型笼占比相差不大，分别为44.1%、42.2%，两种笼具同时使用的占13.7%（图4-4），这部分养殖场（户）新旧鸡舍并存。

江苏省蛋鸡品种以国外引进和国内培育的高产品种为主，特色蛋鸡品种也占有一定的比例。从调研结果来看，85.1%的调研对象饲养单一蛋鸡品种，其中饲养量最大的海兰系列蛋鸡占61.5%，北京峪口系列蛋鸡占16.1%，其余分别为：罗曼系列占2.5%，农大系列占1.9%，“花凤鸡”等其他特色品种占3.1%。饲养2个以上品种的占14.9%，具体养殖品种和场（户）数见表4-16，由此可见，江苏省内蛋鸡品种丰富，可以满足不同消费者对普通鸡蛋、特色鸡蛋和淘汰蛋鸡的需求。

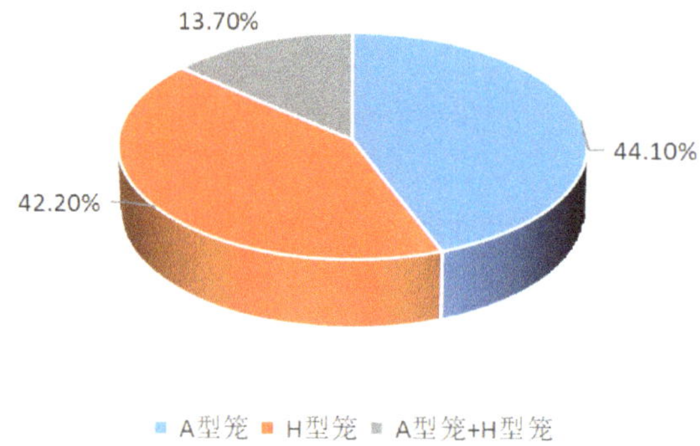

图 4-4 养殖场(户)笼具类型

表 4-16 饲养品种与场(户)数

饲养单一品种	场(户)数	饲养多个品种	场(户)数
海兰系列	99	海兰、峪口系列	11
峪口系列	26	海兰、大午系列	2
罗曼系列	4	海兰、峪口、农大、大午系列	1
农大系列	3	罗曼、峪口、大午系列	1
花凤鸡	1	海兰、峪口、大午系列	1
其他品种	4	海兰、罗曼、花凤系列	1
		海兰系列、农邦黑	1
		海兰系列、新杨黑	1
		峪口、农大系列,	1
		农大、大午系列	1
		海兰系列、欣华2号	1
		峪口系列、欣华2号	1
		海兰、农大系列	1

2 鸡粪处理情况调研

2.1 鸡舍清粪方式

与传统的刮粪板清粪方式相比,使用传送带清粪可以减少鸡舍内臭味的产生,而且清粪效果相对较好。此次调研中发现,使用传送带清粪的养殖场(户)占比达到了64.6%,说明部分采用A型笼具养殖的场(户)改造升级了传送带清粪设备,使用刮粪板的占比24.8%,两种清粪方式并存的占比8.1%,仍有2.5%的养殖场(户)采用人工清粪方式(图4-5)。

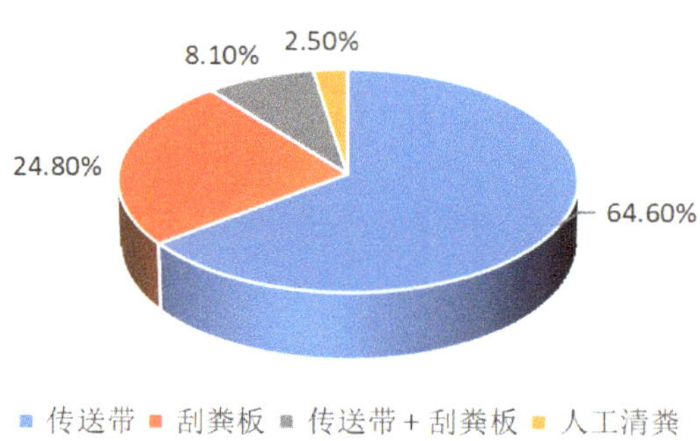

图 4-5 鸡舍清粪方式

2.2 鸡舍清粪频次

在清粪频次上，82.6%的调研对象做到了日清粪，表明这些场(户)对鸡舍环境管理工作日益重视，还有一些场(户)2、3、4、5、7天清粪1次，个别场(户)的清粪周期达到了10天甚至20天，会一定程度上影响鸡舍内环境，这种做法需要改进。

2.3 鸡粪处理动因

规模蛋鸡场鸡粪处理是制约生产的一大难题，在对鸡粪处理动因的调查中发现，养殖场(户)首先考虑到的是环保要求，其次是为了降低疫病风险，也有很多场(户)把它作为增加收益的一个渠道(图4-6)。有些场(户)之所以处理鸡粪，是因为没有农田来接纳大量的鸡粪。一些场(户)表示，如果养殖场周边有鸡粪集中处理中心，他们愿意把鸡粪送去集中处理，而不是自己投资购置设备来处理。

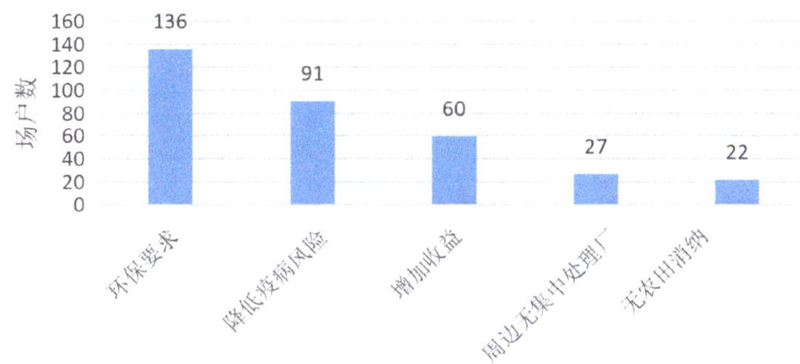

图4-6　鸡粪处理动因

2.4 鸡粪处理方式

从调查结果来看，由于各家的养殖条件和资金实力不同，采取的鸡粪处理模式也不同。在有处理设施的养殖场(户)中，使用筒仓式反应器堆肥的占比最高，其次为槽式堆肥，这两种处理方式对设备要求高，自动化程度和处理效果也相对好，选择这两种模式的养殖场(户)多，表明大家处理鸡粪的意愿在提高。堆沤、泡沤后卖鲜粪以及大棚或晒粪场晒粪是低成本的处理方式，在小规模、大群体的养殖模式没有完全改变的情况下，这类模式还有一定的市场空间。此外，还有一些养殖场(户)采用条垛式堆肥和简易堆肥方式，个别养殖场(户)建造沼气池处理或者委托第三方进行社会化处理(表4-17)。

2.5 产品类型

从调研结果来看，目前鸡粪处理主要是生产农家肥，占养殖场(户)总数的88.2%，生产生物有机肥的只占1.2%，因为生产有机肥门槛高、成本高，而且很多养殖场(户)缺少有机肥销售渠道，因此不敢轻易尝试(图4-7)。

2.6 产品去向

由于大部分场(户)的养殖场周边没有足够的配套农田，因此，处理后的鸡粪主要是对外出售给大田作物或经济作物种植户，从调研情况来看，60.9%的调研对象鸡粪全部出售，全部自用的只占6.2%（图4-8）。

表4-17　鸡粪不同处理方式

鸡粪处理方式	场户数
筒仓式反应器堆肥	34
槽式堆肥	24
堆沤、泡沤卖鲜粪	20
条垛式堆肥	14
简易堆肥	12
大棚或晒粪场晒粪	10
社会化服务、第三方处理	3
槽式堆肥+筒仓式反应器堆肥	3
条垛式堆肥+筒仓式反应器堆肥	2
沼气池	2
风干设备	2
槽式堆肥+条垛式堆肥	1
槽式堆肥+简易堆肥	1

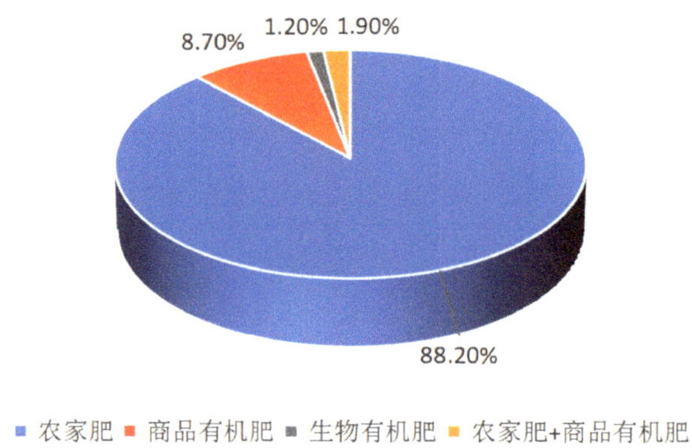

图4-7　鸡粪产品类型

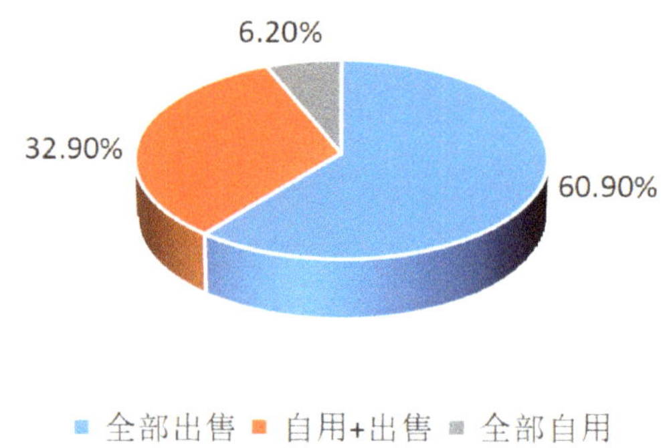

图4-8　鸡粪产品去向

2.7 销售对象

出于对运输成本的考虑，鸡粪处理后一般是就近消化。从调研情况来看，在对外出售鸡粪的养殖场（户）中，58.9%是销往周边大田作物或经济作物种植户。近年来不断出现的鸡粪处理第三方机构，一定程度上解决了鸡粪销售的难题，本次调研中21.1%的养殖场（户）把鸡粪出售给第三方处理机构，政府采购在所有外销渠道中占比最低（图4–9）。

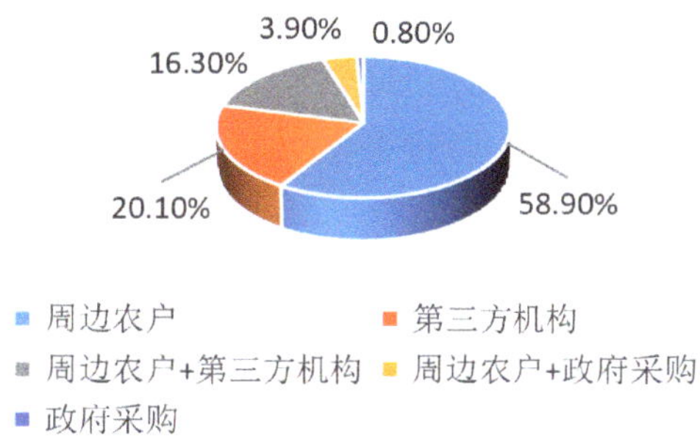

图4–9 产品销售对象

2.8 处理难点

调研中，养殖场（户）普遍反映当前鸡粪处理存在难点，其中反映最多的是成本高、场地受限、冬夏季节难处理等，此外还有辅料难买、尾气不好收集、鸡粪需求受季节影响导致销售渠道不畅等（图4–10），需要通过相应的配套技术和措施来解决。

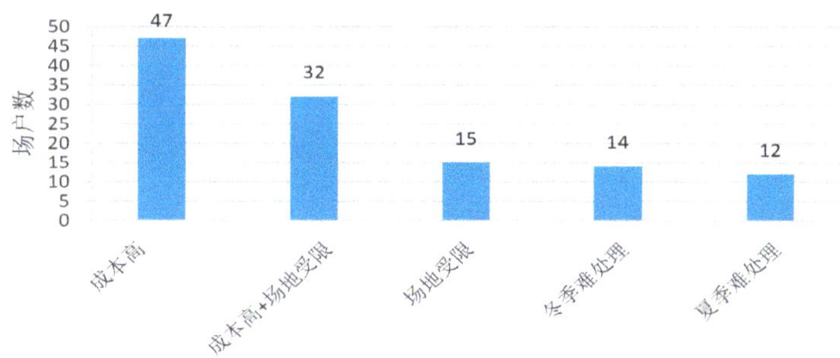

图4–10 鸡粪处理难点

3 鸡粪处理的主要模式

当前鸡粪处理模式很多，具体包括简易堆沤、反应器堆肥、条垛式堆肥、槽式堆肥、贮存发酵、厌养发酵等模式，蛋鸡养殖场应用较多的分别为反应器堆肥、槽式堆肥、条垛式堆肥、堆沤模式等。

3.1 反应器堆肥模式

反应器堆肥是近年来兴起的一种技术，将鸡粪和相关辅料混合后置于密闭容器中进行好氧发酵处理，可以实现鸡粪的快速无害化和肥料化。常见的反应器堆肥装置有箱式反应器、立式筒仓反应器和卧式滚筒反应器等，生产中先进行原料除杂、粉碎、混合等预处理，调节含水率为45%~65%，随后置入反应器内进行高温堆肥，鸡粪在反应器内堆肥发酵的温度55℃以上，时间不少于5天，然后对发酵物料进行二次腐熟后就可以还田利用。

3.2 槽式堆肥模式

槽式堆肥也被称为异位发酵模式，主要设施为发酵槽、翻耙机和曝气辅助系统。将粪便与秸秆等干物料混合均匀形成发酵物料后，放入1.5~2米高的长槽中进行堆肥发酵，槽壁上方安装有轨道式翻抛机，发酵过程中对槽中的发酵物料进行间歇性翻抛搅拌，有的在地面下装有曝气管进行曝气，实现高温好氧发酵、蒸发水分、保留养分，达到无害化处理的目标。

翻耙机宜采用小功率多层翻抛设备，菌种采用能快速分解粪浆中残留淀粉的高效降解菌株。

3.3 条垛式堆肥模式

条垛式堆肥目前在生产中应用较为广泛，通常是将物料堆制成长条形垛体，通过专用翻堆机或翻斗车进行机械供氧，从而完成好氧发酵过程。在条垛式堆肥过程中，可以在堆体表面覆盖一层专用分子膜，使其形成一个密闭环境，减少污染气体排放，在堆体底部通过曝气管道供给氧气，促进物料快速腐熟。条垛式堆肥翻堆频率为每周3~5次，整个发酵过程需要30~60天。

3.4 简易堆沤模式

一些养殖场（户）为了降低投资成本通常采用简易堆沤模式，将鸡粪和污水与秸秆等有机废弃物混合后集中堆放，在自然条件下通过生物降解作用，将混合物料转化为相对稳定且富含腐殖质的肥料。常见堆沤设施为半开放式堆沤池，将物料堆成条垛式，表面铺盖一层秸秆、腐熟料或塑料膜等遮盖物，物料含水率控制在45%~65%，堆沤时间一般不少于90天。堆沤设施一般设置在养殖场内，而且要具备防雨、防渗等功能。

4 不同处理模式经济效益分析

为了全面系统地分析筒仓式反应器堆肥、槽式堆肥、条垛式堆肥、简易堆沤模式处理鸡粪的经济效益，本次调研对鸡粪处理过程中转运、人工、水电、辅料及其他经济成本进行了详细统计，并结合不同处理模式的时间成本、不同鸡粪产品的市场售价，比较了4种处理模式的经济效益，详见表4-18。

表4-18 不同处理模式的经济效益比较

处理模式	平均时间成本（天/批）	平均经济成本（元/吨）						产品售价（元/吨）	产品收益（元/吨）
		转运	人工	水电	辅料	其他	合计		
筒仓式反应器堆肥	7.2	56.9	55.5	104.1	45.6	21.8	387.2	393.1	109.2
槽式堆肥	15.4	39.4	72.1	75.6	94.1	37.2	384.8	365.9	47.5
条垛式堆肥	45	34.4	127.2	39.3	54.2	36.3	374.6	320	28.7
简易堆沤	90	7.8	8.9	1.1	0	0.2	26.9	36.7	18.7

从表4-18可以看出，在不计算设备折旧成本的情况下，四种主要处理模式都产生了一定的经济效益，如果能够帮助养殖场（户）解决设备投资难题，完全可以实现鸡粪变废为宝。

本次调研中，应用最多的筒仓式反应器堆肥模式收益最高，达到109.2元/吨，由于这种模式自动化程度高，粪污处理效率也较高，可以实现批量处理，发酵周期短，只有一周时间左右，时间成本最低，设备利用率高，便于处理过程中对臭气的收集，减少臭气对周边环境的影响。但是，相比于其他处理模式，该模式投资成本大，鸡粪转运成本最高，达到56.9元/吨，水电成本也最高，达到104.1元/吨，总体投资和运营成本高是制约该模式大量推广的原因之一。如果能够解决一次性投资大的问题，通过技术手段降低生产运营能耗成本，这种模式因为可以大量节省时间成本将得到有效推广应用。

槽式堆肥模式经济效益次之，达到47.5元/吨，这种模式具有占地面积小、投资相对较少、运行成本较低、快速控制臭气的优点，能实现鸡粪发酵全部转化为有机肥原料，而且比条垛式堆肥和简易堆沤模式节省大量的时间成本，但是辅料成本最高，达到94.1元/吨，而且有些地区辅料供应不畅，在辅料充足、成本较低的地区可以推广使用这种模式。

条垛式堆肥模式平均经济效益为28.7元/吨，该模式工艺简单、操作方便、投资较少，但是占地面积大，而且发酵时间较长，在冬季气温较低时处理周期长达60天左右，发酵过程中产生的臭气不容易控制，存在一定的环境风险，由于其自动化程度不高，导致人工成本最高，达到127.2元/吨。这种处理模式在蛋鸡产业发展前期很常见，随着社会用工成本越来越高，其劣势将进一步显现。

在四种模式中，简易堆沤模式的建设成本最低，生产中不需要添加辅料，运行成本也低，而且对技术要求不高，操作过程简单，但是发酵周期长达90天左右，时间成本太高，鸡粪处理场地周转率低，堆沤过程中产生的臭气对环境影响较大，容易滋生蚊蝇。随着环保压力的增大和产业升级发展，这种模式将逐步被取代。

5 蛋鸡场鸡粪处理前景探讨

5.1 技术难题亟待解决

在处理鸡粪时，养殖场(户)考虑最多的因素就是设备投资和运营成本问题，除此之外，还有一些技术难题需要解决，例如，夏天鸡粪含水量高，增加了处理难度，冬天气温低时堆肥发酵效果不理想，还需要改进技术。此外，在清粪和鸡粪收集、转运、处理过程中都会有臭气产生，这也是养殖场(户)在养殖和鸡粪处理过程中的难题，生产中可以采取快速清理鸡粪、全量密封存贮的方法让鸡粪快速进入好氧堆肥状态，实现腐熟堆肥，减少臭气产生和外溢，还可以喷洒抑臭微生物菌剂来降低舍内环境臭气浓度，液体粪污经过深度厌氧发酵过程形成腐熟粪水，减少臭气排放。

5.2 经济效益是重要保障

从目前国内外的技术和工艺来看，鸡粪通过发酵生产有机肥可以实现无害化处理，解决制约企业发展的环保问题，并产生社会效益和生态效益。但是，从经济效益来考虑，这样做并不划算。以前为了鼓励企业生产有机肥，各级政府会有标准不等的补贴，补贴取消后有机肥生产成本就显得偏高，所以很多企业宁愿对鸡粪进行简单加工处理而不去生产有机肥，本次调研中只有1.2%的调研对象选择了有机肥项目就说明了这一点。此外，有机肥的推广应用并不普及，目前用量相对较多的是经济作物和有机蔬菜种植，用于水稻和小麦等大田作物的并不多，其原因一是有机肥施用的技术标准缺乏，二是种植业与养殖业严重脱节。只有真正解决有机肥的销路问题，才能实现鸡粪的资源化利用，变环保压力为动力。

5.3 加大政策支持力度

为了解决鸡粪处理投资成本高的难题，近年来国家把粪污处理设备纳入了农机补贴范畴，但是本次调研中39.8%的调研对象没有拿到补贴，其中很多养殖场(户)是采用简单堆肥和堆沤模式，不符合设备补贴要求，但是也有少数采用筒仓式反应器堆肥模式的养殖场(户)没有享受到补贴。建议地方主管部门加大对粪污处理和粪便还田的政策支持，增加设备补贴的种类范围和资金，有效调配社会资源，降低鸡粪处理与销售成本，切实增加养殖户的经济收入。此外，还可以对鸡粪处理主体进行成本补贴，增强养殖场(户)的处理意愿，形成鸡粪有效处理设施设备全覆盖的格局。

5.4 打通产品产销链条

本次调研中，很多养殖场(户)建议地方主管部门推动建立区域性鸡粪集中处理中心，具体做法是土地由政府协调，由第三方机构出资建设并运营管理，政府给予相应的补贴，通过这种方式打通鸡粪产品产销链条。鸡粪加工国内外都有大量研究，技术上不成问题，但是肥料销售却是难题，因为肥料登记证办理难度大，无证产品销售利润低，建议相关部门能降低肥料登记证办理门槛，支持更多符合条件的企业办证，鼓励更多收购肥料的经纪人参与进来，有效解决肥料生产和销售难题。此外，干鸡粪销售有淡旺季，淡季时需要一个大型仓库储存，希望有关部门能简化储存仓库的审批手续，解决产品滞销时的储存难题。

第六章
江苏城镇居民鸡蛋消费行为分析

江苏经济发达，居民购买能力强，对不同种类和市场价位的鸡蛋产品均有一定的消费能力。为深入了解城镇居民鸡蛋购买行为和消费习惯，及其对蛋鸡产业和鸡蛋产品的认知水平，全面分析影响鸡蛋消费的因素，科学有效地引导和促进鸡蛋消费，江苏省蛋鸡产业技术体系产业经济创新团队于2023年12月至2024年2月对省内部分城镇消费者进行了线下问卷调研，共回收867份有效问卷。通过对问卷的整理和统计分析，旨在为蛋鸡养殖企业生产经营、蛋品加工企业产品开发、市场推广及营销策略制定提供科学的依据，从而实现鸡蛋产品优质优价和蛋鸡产业提质增效。

1 调研样本特征分析

1.1 样本采集渠道

为了使调研数据来源更加广泛，样本更具代表性，本次调研选取农贸市场、商超、居民小区、工作单位等地点，并进行了入户调研和随机街访，调研数据不同采集渠道所占比例见图4-11。

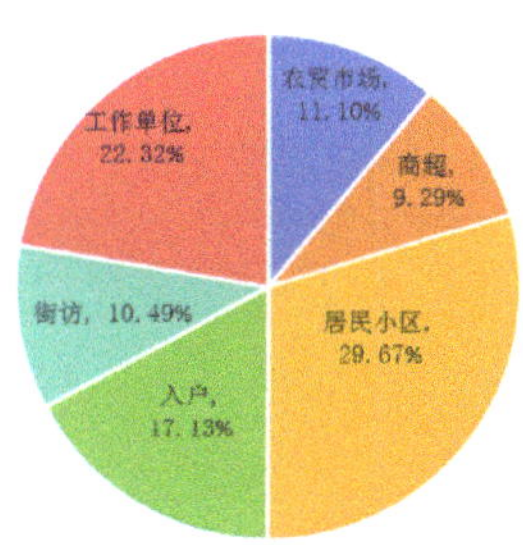

图4-11 调研样本采集渠道

1.2 样本变量属性

调研对象来自江苏省13个地级市，基本情况包括性别、年龄、文化程度、从事职业、家庭日常用餐人数、家中14岁以下儿童数量、家庭人均月收入，详见表4-19。

从表4-19可以看出：样本中男女比例基本一致，以30岁以上消费者为主，占比达到88.47%；大专及本科学历的消费者占比52.48%，这部分消费群体在蛋鸡产业认知、鸡蛋购买行为和消费习惯方面更具有代表性；消费者的职业分为企业人员、事业单位员工、公务员、个体户或自由职业者、打零工者、无业人员、学生、退休人员以及其他，其中企业人员、事业单位员工、个体户或自由职业者占比73.70%；日常就餐人数2~5人的家庭占比90.43%，其中56.98%的家庭有14岁以下儿童，家庭月收入5 000~20 000元的占比最高，达到72.09%，这一群体对不同价位的鸡蛋产品均有一定的消费能力。

表4-19　**样本基本情况**

样本特征	变量属性	样本数(个)	占比(%)
性别	男	430	49.6
	女	437	50.4
年龄	18岁以下	2	0.23
	18~29岁	98	11.3
	30~39岁	237	27.34
	40~49岁	215	24.8
	50~59岁	215	24.8
	60岁以上	100	11.53
文化程度	初中及以下	120	13.84
	高中及中专	189	21.8
	大专及本科	455	52.48
	硕士研究生及以上	103	11.88
从事职业	企业人员	173	19.95
	事业单位人员	296	34.14
	公务员	39	4.5
	个体户或自由职业者	170	19.61
	打零工	37	4.27
	无业	38	4.38
	学生	12	1.39
	退休人员	83	9.57
	其他	19	2.19
日常用餐人数	1人	26	3
	2人	183	21.11
	3人	324	37.37
	4~5人	277	31.95
	5人以上	57	6.57
日常用餐人员中14岁以下儿童	1个	343	39.56
	2个	124	14.3
	2个以上	27	3.12
	无	373	43.02
家庭总计月收入	2 500元以下	43	4.95
	2 500~5 000元	104	12
	5 000~7 500元	200	23.07
	7 500~10 000元	199	22.95
	10 000~20 000元	226	26.07
	20 000~40 000元	71	8.19
	40 000元以上	24	2.77

2 消费者对蛋鸡产业和产品认知情况

2.1 对规模化蛋鸡产业的认知水平

蛋鸡业从家庭散养到规模化转变历经40余年，无论是在生活物资短缺的计划经济时代，还是在高度发达的市场经济时期，蛋鸡产业为满足居民动物蛋白产品需求均做出了突出贡献，目前已经成为规模化水平、市场化程度很高的农业产业。本次调研发现：83.16%的受访者对蛋鸡产业有所了解，18.8%的受访者参观过现代化蛋鸡养殖场，7.38%的受访者对蛋鸡产业非常了解，仍有16.84%的受访者并不了解（图4-12），需要加强行业宣传和市场推广。

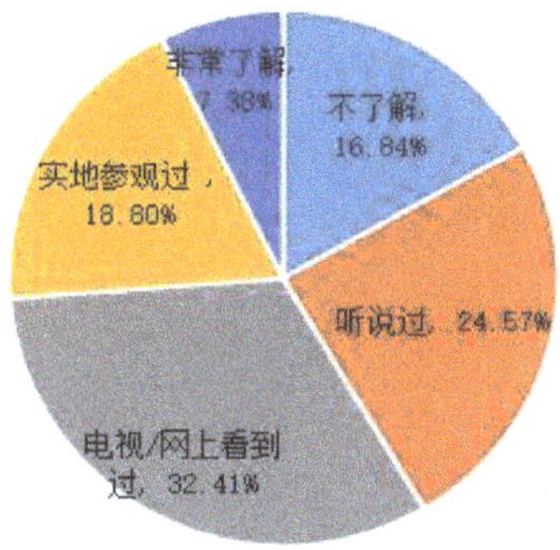

图4-12　对蛋鸡产业认知情况

2.2 对鸡蛋营养、种类、品牌的认知水平

随着全社会收入水平的提高，居民食品消费结构发生变化，鸡蛋消费水平整体提升，与此同时，市场上鸡蛋产品种类也逐渐丰富，品牌鸡蛋与普通鸡蛋的竞争日益激烈。与其他畜禽产品相比，鸡蛋是相对优质廉价的动物蛋白产品，89%的受访者了解这一常识；对于鸡蛋营养、烹饪方式、日常食用数量的相关知识，94.35%的消费者了解；在面对市场上种类繁多的鸡蛋产品时，超过80%的受访者对普通鸡蛋和土鸡（笨鸡）蛋比较了解，对于清洁/保洁蛋、品牌鸡蛋、功能蛋（富硒/高锌/DHA/ω-3）、可生食鸡蛋了解并不多（图4-13）；对于鸡蛋液、鸡蛋粉、鸡蛋干等深加工产品，56.75%的消费者了解，表明蛋品深加工产品的市场普及率并不高；对于鸡蛋品牌，32.87%的消费者表示并不了解（图4-14），认知程度较高的有正大、光明、圣迪乐村品牌，表明蛋鸡养殖、蛋品加工企业要加强宣传鸡蛋产品和品牌，进一步提高消费者对高端产品的接受程度。

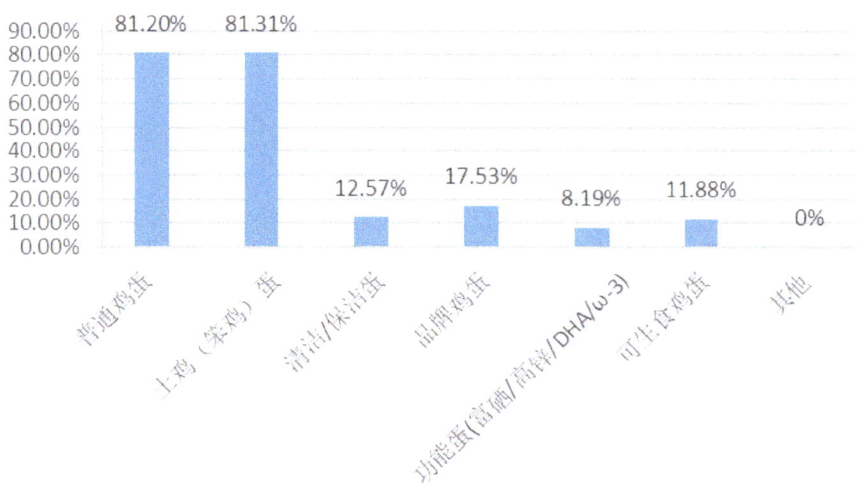

图4-13　对鸡蛋品种的认知情况

3 消费者的鸡蛋购买行为

为深入了解消费者对鸡蛋及其深加工产品的购买行为，本次调研共设置了鸡蛋购买渠道、购买周期、购买数量、价格区间、鸡蛋大小、蛋壳颜色等选项，并对其购买原因进行了调查。

图 4-14　对鸡蛋品牌的认知情况

3.1 购买渠道的选择

在传统模式中，鸡蛋主要有两种销售渠道：土鸡蛋通常在街头巷尾摆摊出售，普通鸡蛋是在批发市场批量销售。随着经济社会发展和商品流通渠道、产品消费方式的改变，鸡蛋购买渠道变得更加广泛、购买方式更加便利。从本次调研结果来看：选择在农贸市场、大型超市、社区便利店、平价菜店购买鸡蛋的消费者居多(图 4-15)，他们选择在上述渠道购买的原因是鸡蛋品种多、购买方便、鸡蛋新鲜；一部分消费者为了彰显个性化消费，选择到农户家、养鸡场或者路边摊购买，原因是他们对土鸡蛋、草鸡蛋、农家蛋等比较钟情；7.96%的消费者选择在电商平台购买鸡蛋，随着电商的普及程度不断提高，这种渠道具有很大的成长空间。

作为蛋品市场的重要组成部分，鸡蛋深加工产品可以提高鸡蛋的附加价值，在欧洲、美国、日本等国家深受消费者欢迎，在我国市场的接受程度也在提高。本次调研显示：购买过鸡蛋深加工产品的消费者达到32.07%，4.85%的消费者表示会经常购买，这是一项可喜的变化，表明鸡蛋深加工产品已经慢慢深入消费者心中。

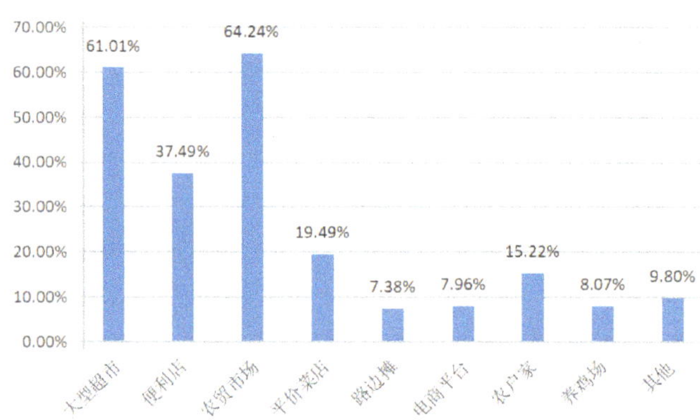

图 4-15　鸡蛋购买渠道选择

3.2 购买因素的考虑

与其他动物蛋白产品相比鸡蛋价格并不高，在琳琅满目的鸡蛋产品面前，消费者有自己的考量，在鸡蛋价格、大小、蛋壳颜色、产地及生产企业、是否新鲜（生产时间和保质期）、是否干净卫生、是否有包装和品牌、是否具有特殊营养等多种因素中，消费者首先考虑的是鸡蛋是否新鲜（图 4-16），其次是鸡蛋价格、是否干净卫生，蛋壳颜色和鸡蛋大小紧随其后。因为在消费者普遍认知中，鸡蛋是常见的鲜活农产品，营养全面，便于食用，其他动物蛋白产品无法替代，因此新鲜程度和干净卫生程度很重要。价格是消费者购买产品时考虑的重要因素，鸡蛋也是如此。

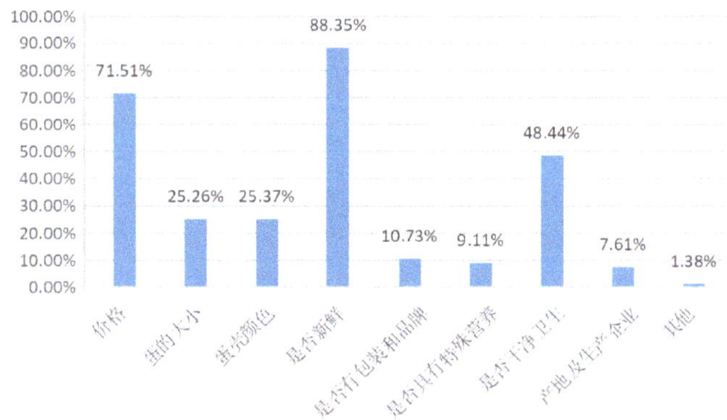

图 4-16　消费者购买鸡蛋时考虑的因素

鸡蛋的外观特征包括蛋壳颜色、鸡蛋大小及包装形式等。我国鸡蛋的蛋壳颜色分为褐壳、粉壳、绿壳、白壳 4 种，在一部分消费者看来，蛋壳颜色不仅体现了鸡蛋的外观特征，一定程度上也代表了鸡蛋的质量。与国外不同的是，我国居民的消费方式和消费习惯更加多元化，不同地区、不同年龄层次、不同收入群体的消费习惯有别，消费者在购买鸡蛋时会把蛋壳颜色和鸡蛋大小作为重要考虑因素。本次调研发现：消费者更偏爱粉壳蛋，其次是褐壳蛋，绿壳蛋也有一定的市场空间。消费者对蛋壳颜色的不同偏好也给蛋鸡企业差异化生产提供了市场机遇，彰显了我国蛋鸡产业的独特之处。消费者对于鸡蛋大小的关注度并不高，58.94% 的受访者表示并不关注，觉得差不多就买了，在关注的人群中，喜欢小鸡蛋的人数居多。除此之外，一部分消费者开始关注鸡蛋的包装和品牌、鸡蛋的产地和生产企业、鸡蛋是否具有特殊营养、蛋黄颜色，这就为蛋鸡企业生产提出了更高的要求。本次调研也有个别消费者关心鸡蛋是否来自农家散养的鸡、是否喂商品饲料等，可见他们对现代蛋鸡养殖业缺乏了解。

3.3 购买频次和价格取向

在鸡蛋的购买频次中，48.33% 的消费者每半个月购买 1 次，每月和每周购买 1 次的人数基本相当，主要原因可能是鸡蛋保鲜条件苛刻，一般在 -3.5~7℃环境条件下可以储存 6 个月、25℃常温条件下保质期更短，且鸡蛋品质也会随着储存时间的延长而改变。在购买散装鸡蛋时，86.16% 的消费者 1 次购买 0.5~2.5 千克，7.61% 的消费者 1 次购买 2.5 千克以上，1 次购买 0.5 千克以内的只占 6.23%；在购买包装鸡蛋时，1 次购买 10~30 个的达到 74.74%，1 次购买

50个以上的只占6.23%。

此前有研究表明，我国鸡蛋消费量并未随着价格的升降出现明显的涨落，居民对鸡蛋的消费行为受价格波动的影响并不大，鸡蛋价格变动与鸡蛋消费量没有明显的正相关，因为在消费者的认知中，鸡蛋是生活的必需品，而且价格相对较低，很容易接受。综合来看品牌鸡蛋的品质要优于普通鸡蛋，但是由于普通鸡蛋具有价格优势，在日常消费中仍占主导地位。本次调研显示：虽然市场上鸡蛋价格区间很广，不同档次和品牌的产品价差大，但是消费者更倾向于购买价格相对较低的。在购买散装鸡蛋时，33.68%的消费者选择8~12元/千克的，26.76%的消费者选择12~16元/千克的，17.3%的消费者并不关注价格（图4-17）；在购买包装鸡蛋时，30.57%的消费者选择1~1.5元/个的，24.91%的消费者选择1元/个以内的，21.22%的消费者并不关注价格。从这两组选项来看，超过半数的消费者选择价格相对较低的鸡蛋，与市场上价格低的鸡蛋所占比例高这一事实相符。

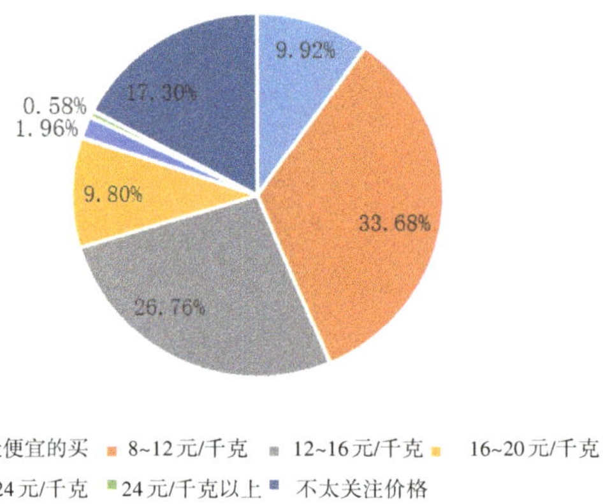

图4-17 消费者购买散装鸡蛋的价格选择

4 消费者的鸡蛋消费习惯

4.1 鸡蛋受欢迎程度

鸡蛋是百姓餐桌上常见的食品，一直以来深受消费者喜爱。调研结果显示：91.12%的受访者表示家里人喜欢吃鸡蛋（图4-18），22.72%的受访者表示家里人非常喜欢吃鸡蛋，只有8.88%的受访者表示喜欢程度稍差一些，并没有受访者表示不喜欢，由此可见，鸡蛋在江苏市场广受欢迎。

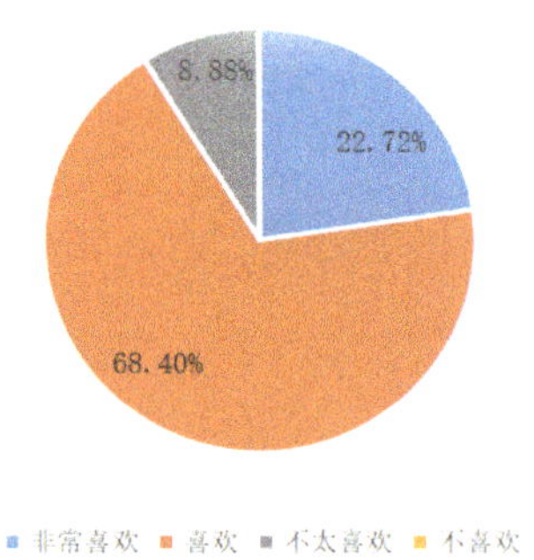

图4-18 消费者对鸡蛋的接受程度

4.2 鸡蛋食用数量

虽然鸡蛋在家庭消费、单位食堂、外卖点餐中都很常见，但是其主要消费渠道还是家庭消费，本次调研中83.28%的消费者表示自己在家吃鸡蛋多，充分印证了这一点。在家庭消费中，很多消费者习惯每天吃1个鸡蛋，因为《中国居民膳食指南(2016版)》建议居民每周摄入280~350克蛋类产品，一个健康成年人(60~70千克)每天需要蛋白质50~70克，如果每天吃1个鸡蛋再适当补充其他蛋白产品，就可以满足蛋白质摄入要求。调研结果显示：43.6%的受访者每周在家吃7~10个鸡蛋，39.1%的受访者每周在家吃4~6个鸡蛋，平均每天吃1个鸡蛋的占绝大多数，每天吃鸡蛋不足1个的只占14.3%(图4-19)。

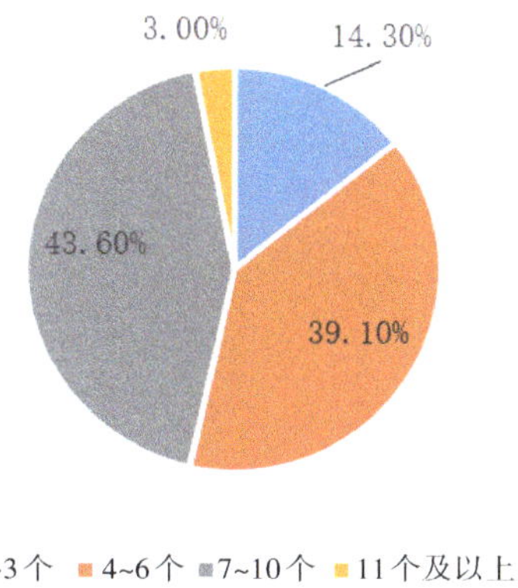

图4-19 消费者每周食用鸡蛋数量

4.3 鸡蛋食用方式

鸡蛋是一种便于烹饪的常见食材，可以用来制作多种可口的美食。本次调研中，超过90%的消费者对鸡蛋的烹饪方式有所了解，在白煮蛋、卤煮蛋(包括茶叶蛋)、煎鸡蛋、炒鸡蛋、蒸鸡蛋、炒菜搭配、烧汤、蛋炒饭、制作糕点和饮品等众多烹饪方式中，选择白煮蛋的占比最高，达到70.36%，其次分别是煎鸡蛋占比53.86%、炒菜搭配占比44.41%，紧随其后的是蒸鸡蛋占比29.76%、蛋炒饭占比24.91%、卤煮蛋占比19.15%，自己在家用鸡蛋制作糕点和饮品的并不多(图4-20)，可见鸡蛋家庭消费还是以整蛋为主。

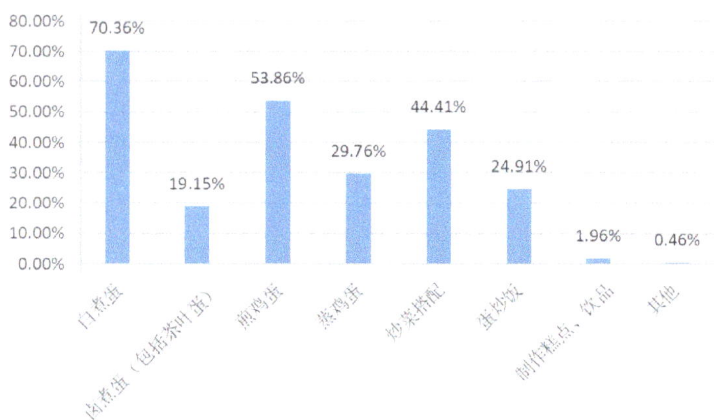

图4-20 消费者在家食用鸡蛋的方式

4.4 食品安全事件的影响

近年来禽流感疫情、药物残留、橡皮蛋等与鸡蛋相关的食品安全事件影响广泛，消费者对食品安全的重视程度增加，越来越多的消费者愿意通过一定的溢价换取食品安全。从本次调研情况来看，49.48%的受访者表示不会受以上因素影响，29.87%的消费者表示一定程度上会受到影响，表明食品安全事件对鸡蛋消费的影响不大，消费者可以接受市场上鸡蛋产品的食品安全水平。

5 促进鸡蛋产品消费的举措建议

5.1 提高消费者对蛋鸡产业的认知水平

江苏省蛋鸡养殖业历史悠久，20世纪90年代以后，江苏省蛋鸡养殖规模快速增加，涌现出一批饲养量超过千万只的养殖大县，如海安县作为当时全国闻名的蛋鸡养殖大县，1998年被中国农学会命名为全国唯一的“禽蛋之乡”。进入21世纪以后，全省蛋鸡产业规模化、标准化、设施化和产业化发展水平稳步提升，蛋鸡养殖聚集区东台市近年来也发展成为全国闻名的“蛋鸡养殖第一县”。随着产业转型升级，全省规模养殖比重持续上升，一大批有资金实力、技术研发能力、人员储备的大型企业集团展现出强劲的发展势头，目前已经涌现出蛋鸡存栏量超过200万只的企业，蛋品加工企业国内领先，蛋品加工比例持续增长，鸡蛋产品种类日渐丰富，在促进农村经济发展和保障百姓优质蛋白需求方面贡献突出。

尽管如此，本次调研中仍发现：一定比例的消费者对蛋鸡产业缺乏认知，32.41%的消费者是通过电视或网络了解到蛋鸡产业，只有18.8%的受访者参观过现代化蛋鸡养殖场，对蛋鸡养殖环境和鸡蛋生产流程有直观的了解，如果能大幅提高这一比例，会使更多消费者增加对蛋鸡产业的感性认识，从而消除他们对鸡蛋消费的顾虑，有利于全面提高鸡蛋消费水平。

5.2 大力普及鸡蛋产加销相关知识

蛋鸡规模化养殖之前，鸡蛋相对短缺，产品种类单一。随着饲料工业发展和蛋鸡养殖业快速进步，市场上鸡蛋产品大量供应，消费者通常把规模化养殖场生产的鸡蛋称为洋鸡蛋，与此相对应的土鸡蛋、笨鸡蛋也相继出现，此后又出现了经过包装的品牌鸡蛋、无公害鸡蛋、绿壳鸡蛋、可生食鸡蛋等。从本次调研情况来看，尽管消费者对鸡蛋质量有较高的要求，但是并不十分清楚如何区分鸡蛋质量的高低，例如，大多数消费者对绿壳鸡蛋、可生食鸡蛋的营养价值了解不多，使其不愿意花高价购买高品质鸡蛋。

针对以上情况，需要加强鸡蛋生产和流通环节相关知识的普及力度，以实现蛋鸡产业发展和产品优质优价。行业主管部门、各级行业协会、生产经营企业可借助传统媒体和新媒体渠道，全方位、多层次宣传鸡蛋的外观品质和内在质量、营养价值和食用方法等，提高不同群体对鸡蛋营养、安全、品牌和品种等的认知度，了解不同来源、不同功能鸡蛋的异同。另外，鲜鸡蛋具有易损耗、难保鲜等特点，对流通环节要求高，需要通过清洗、涂膜等工艺保证鸡蛋的品质与新鲜度，从而增加了流通成本，一定程度上提高了品牌鸡蛋的销售价格。除了向消费者普及以上常识外，还要让他们了解鸡蛋深加工产品如液蛋、蛋粉的营养价值，以及食用便利和安全性高等优点，增强消费者对鸡蛋深加工产品的接受程度，便于购买和食用，培育壮大消费市场。

5.3 通过品牌经营做好客户定位

近年来，很多农业企业都在向规模化转型，虽然市场集中度提高了，但是品牌化程度依旧非常低。目前市场上已有相当一部分鸡蛋品牌，产品定价区间也很广，但是从调研情况来看，有32.87%的消费者对鸡蛋品牌毫不了解，这意味着鸡蛋产品的品牌经营之路还很漫长。事实上，品牌建设对食品供需双方都能产生激励作用，对于鸡蛋生产企业而言，选择品牌发展道路将为其带来更加广阔的发展空间。不同文化程度、年龄层次、收入水平的消费者对品牌鸡蛋接受度不同，企业在进行品牌鸡蛋推广与销售中应进行具有针对性的目标定位，更加关注文化程度高、收入高、购买力强的城镇消费者，因为这些消费者知识面相对较广，对品牌产品理解更加透彻，接受新鲜事物能力更强，对品牌鸡蛋接受度更高。

5.4 有效拓展消费者购买渠道

农贸市场是传统的鸡蛋销售渠道，其优势在于便利性和供应量大。超市具有规模进货的优势，在降低消费者购买成本方面有一定的调节空间。社区便利店由于更贴近百姓生活，可以有效解决鲜活农产品销售最后一公里难题，近年来深受消费者欢迎。从本次调研情况来看，农贸市场、大型超市、社区便利店是消费者优先选择的鸡蛋购买渠道，随着消费者生活方式的改变，以及新冠疫情等公共卫生事件的影响，社区团购、生鲜电商等新型消费业态陆续出现，有望进一步改变品牌鸡蛋的市场流通格局。今后在充分利用传统销售渠道的基础上，在条件成熟地区可以建立鸡蛋直销网点，通过网络销售等新型模式降低直销成本，让消费者获得更多的实惠。

5.5 合理定价科学引导消费

价格因素在一定程度上影响居民对鸡蛋的消费，经济发展与收入水平提高可以带动品牌鸡蛋的消费。尽管部分消费者愿意接受一定的溢价，但大部分消费者对鸡蛋的价格还是比较看重，本次调研中超过60%的消费者购买的鸡蛋价格区间为8~16元/千克，超过50%的消费者选择购买不超过1.5元/个的包装鸡蛋。此前相关研究显示：消费者能接受的品牌鸡蛋价格主要集中在1~3元/个，这就要求鸡蛋生产者在努力保证鸡蛋质量的同时必须做好成本控制。蛋品分销包装企业和流通企业在产品定价时，要权衡消费者对鸡蛋价格的接受程度，在保证适当利润空间的基础上合理定价。建议品牌鸡蛋生产企业在品牌开拓初期适当降低品牌鸡蛋价格，通过举办促销活动、专业导购等方式加大宣传力度，促进消费量增长，提高市场占有率。

5.6 产品创新促进新型消费

目前江苏省鸡蛋消费仍以家庭消费为主，产品形式主要是带壳鲜蛋，加工产品为卤蛋、皮蛋、咸蛋、糟蛋等传统蛋制品。如今，年轻人对鸡蛋的认知有了很大变化，已经开始引领一种新的消费趋势，快餐、休闲食品所占比重越来越高，鸡蛋食用场景更加多元化，各种即拆即食的便捷蛋制品和具备创新性的休闲蛋制品逐渐受到消费者喜爱。西式餐饮、烘焙等行业的快速发展，使液蛋、蛋粉等加工产品的用途更加广泛，在消费群体年轻化和消费持续升级的形势下，提高鸡蛋加工比例，大力开发能够满足餐饮、烘焙、家庭消费、生物医药、美容保健等行业需求的深加工蛋制品，有望进一步扩大鸡蛋消费市场空间，促进蛋鸡养殖效益提升。

5.7 质量控制确保安全消费

由于鸡蛋生产的标准化程度不够普及，能够实现质量安全全程可追溯的企业并不多。虽然清洁蛋（保洁蛋）相关标准已经实施多年，但是除了一部分品牌鸡蛋外，市场上大量鸡蛋未经严格的清洗、烘干、杀菌消毒、分级包装，直接上市销售，未标注生产厂家、生产日期、产品执行标准等。由于没有统一的标准和规范可遵循，本次调研中20.65%的消费者表示消费鸡蛋时会受到食品安全事件影响。为了确保鸡蛋质量的全程可追溯，可以借鉴人均鸡蛋消费量较高国家的做法，养殖企业在生产过程中加强饲料、疫苗、环境等管控，流通环节建立统一的鸡蛋分级包装中心，所有鸡蛋必须经过清洗、分级、包装后才能进入市场，提高蛋鸡产品的质量，满足消费者对安全鸡蛋的消费需求。鉴于消费者比较关注鸡蛋的新鲜、营养和安全性，品牌鸡蛋销售应以品质为主要着力点，同时管理部门加强监管的有效性，提高消费者对鸡蛋产品的信任度。

5.8 文化赋能助推消费升级

鸡蛋一直是备受推崇的重要食品，是烹饪多种菜肴的核心食材，而且在不同节日、不同风俗中常常被赋予吉祥团圆等象征意义，其文化内涵早已深入人心。从本次调研情况来看，文化程度高、收入水平高的消费者对高品质鸡蛋、品牌鸡蛋的认可度高，他们更愿意多花钱购买品牌鸡蛋，品牌鸡蛋也承载了深厚的文化内涵。因此，品牌鸡蛋生产企业要讲深讲透鸡蛋产品的内在故事，深入挖掘鸡蛋的文化内涵，让品牌故事贯穿鸡蛋生产、加工、流通、消费等每个环节，根据自己的目标客户赋予品牌鸡蛋独特个性，通过品牌文化来吸引消费者，提高其购买意愿，让每一个普通鸡蛋插上文化的翅膀，更多地走进寻常百姓家，通过品牌文化助推鸡蛋产品消费升级。

第五篇

长风破浪·向阳而生

典型企业案例

立足中高端市场，系统构建三产融合发展体系
——江苏天成科技集团有限公司

1 公司概况

江苏天成科技集团有限公司创立于1989年，是一家集饲料加工、种苗繁育、商品鸡示范养殖、鸡蛋深加工为一体的一二三产融合发展的农牧企业。是“国家级农业产业化重点龙头企业”“国家级蛋鸡全产业链标准化示范区”“国家蛋鸡标准化示范场”“中国蛋鸡产业十大头部企业”“中国首届蛋品产业杰出创新企业”“中国畜牧业协会禽业分会副会长单位”“江苏省饲料工业协会常务副会长单位”“江苏省家禽业协会会长单位”和“江苏省双创团队”。公司始终坚持发展不忘党恩，积极履行社会责任，坚守引领海安“百万雄鸡下江南”服务畜禽养殖的初心，将企业发展与全面建成小康社会有机融合。

公司以党的二十大精神为指针，积极投身到“实施乡村振兴战略”这一伟大工程中去，履行“农业产业化国家重点龙头企业”的引领责任，以“蛋鸡全产业链”规模养殖为发展引擎，以“天成+天晟牧园”品牌为核心，形成了“一头以饲料加工为龙头带动家庭农场、合作社和种植农户，一头以蛋品深加工为龙头带动家庭牧场、合作社和养殖农户”独特的“哑铃型”种养全

覆盖的“多层次联合联动”联农带农共同发展、助力乡村振兴的“天成模式”，获评江苏省农业龙头企业联农带农典型案例。

2 发展模式

2.1 适度规模发展

为了在激烈的市场竞争中更好地生存与发展，公司自2011年起陆续投资4.6亿元在海边滩涂建设起一座规模化、现代化养殖示范基地，饲养蛋鸡300万只。

2.2 打造全产业链

公司建立了种苗繁育、饲料加工、商品鸡示范养殖、鸡蛋深加工的蛋鸡全产业链，通过完整的产业链条化解鸡蛋价格波动带来的不良影响，以提升产业链综合效益。

2.3 坚持品牌化发展

公司定位中高端市场，采取差异化策略，避开与低端养殖户的市场竞争。

3 核心竞争力

3.1 较强的科技创新能力

公司与江苏省农科院、南京农业大学、扬州大学、江南大学等科研院所紧密合作，成立了天成家禽产业技术研究院、扬州大学刘秀梵院士工作站，专家技术团队定期到公司进行禽病诊治及相关技术指导，公司的生产效益得到显著提高。同时组建了一支从产品研发到产品售后服务的专业人才服务队务，为产业发展提供人才支撑。

3.2 标准化质量管理能力

公司以引进国际先进的SQF食品质量安全管理体系认证为契机，制定了一整套程序文件、作业指导书、内部管理制度汇编等体系文件，并结合实际不断修改完善，让各岗位员工都能按要求规范操作，成为行业内首家通过SQF食品质量安全认证的企业。管理水平的提升带动了企业高质量发展，公司先后通过了非笼养蛋鸡养殖认证、可生食鸡蛋认证、无抗认证。

3.3 稳定优质的产品质量

公司一直以来注重生态养殖，蛋鸡产蛋期不使用抗菌药，2018年成为国内首批兽用抗菌药减量化使用试点单位，建立了国内少有的“农产品（鸡蛋）全程质量安全控制可追溯体系”，真正实现了农产品从养殖场到餐桌的全程质量安全控制可追溯。公司引进自动化蛋品分级包装设备，从雏鸡验收入舍到最后的成品出库制定了完善的工艺流程。

4 发展成效

利用信息化、数字化和智能化手段提高蛋鸡养殖效率，通过精准环境调控和数字化精准饲喂管理系统降低蛋鸡养殖过程的死淘率和料蛋比，使蛋鸡养殖成为管理科学、资源节约、环境友好、效益显著的现代化数字农业产业。与江南大学合作引进巡舍机器人作为移动式传感系统，可以实现对鸡舍内所有鸡群的全方位监控。目前单栋鸡舍面积为1 500平方米，由于鸡舍的保温性能差异、鸡群的遮挡等会导致鸡舍内环境参数随空间分布不均匀，通过固定的（每个鸡舍三个传感系统）和移动的传感系统，可以随时监测鸡舍内每个位置的鸡群健康状况，巡舍机器人可以采集鸡舍内的温湿度数据、光照数据、声音数据和产蛋数据等，便于管理人员随时掌控。数字化养殖可以使人工效能提升30%左右，每年为公司提高经济效益1 000万元以上。

5 物流服务及品牌建设

公司建立了以自建物流车队为主、第三方服务为辅的物流体系，服务客户更加便捷灵活。在品牌建设方面，以高端定位为主，坚持发展自主品牌，现有的“天晟牧园”“天康”鸡蛋品牌在华东和华南市场具有30%以上市场占有率。“天晟牧园”品牌知名度和美誉度已居全国同业前列。

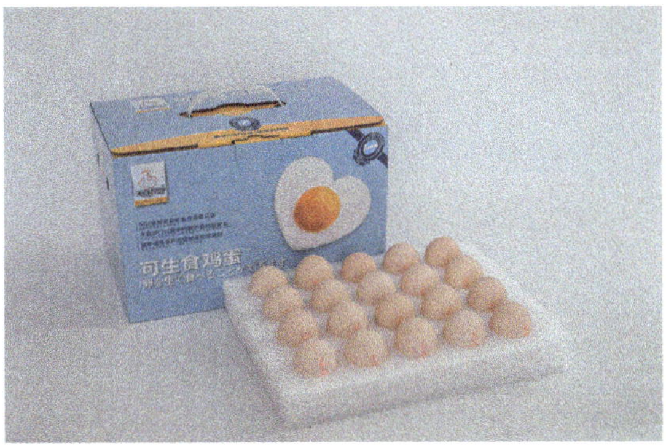

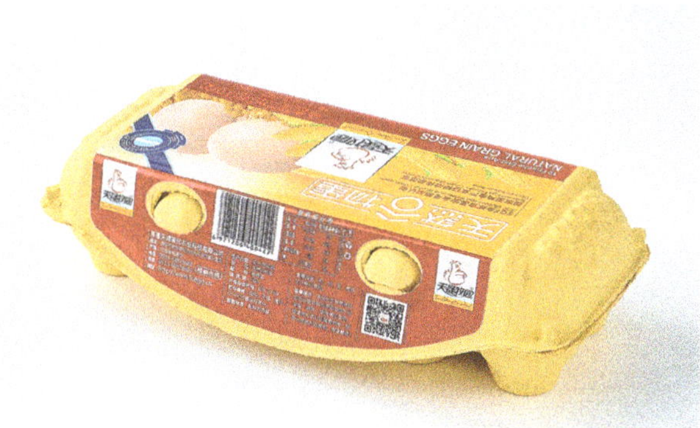

6 发展战略与市场定位

公司以打造华东地区规模最大的蛋鸡全产业链企业为未来发展战略目标，大力发展“天晟牧园”品牌蛋销售，狠抓蛋品销售高端市场业务，通过与开市客、奥乐齐、大润发等国内外大卖场、连锁超市进行深度合作，以华东地区为主，稳步构建了一个完善的营销体系。与京东商城和天猫商城等网络销售平台合作建立销售渠道，全面进入电商销售时代。通过建网络、打堆头、做快讯、派导购以及各种切合实际的营销手段建设市场、推广品牌。公司的“天晟牧园”牌鸡蛋荣获“长三角名优食品”荣誉称号，公司荣获“首届中国蛋品行业创新企业”称号。今后一段时间，公司市场发展方向以华东和华南为主。

7 产业发展的问题与建议

一是市场经济体系的建立，使得围绕资源要素的竞争更加激烈，养殖业迫切需要转型升级，小规模养殖户及散养户缺技术、缺市场、缺管理、缺资金、缺议价能力，这“五缺”导致一部分农民在市场竞争的海洋里丧失了竞争力，面对市场有心无力，只能望洋兴叹。

二是一些在改革开放初期开始从事养殖业的农户，得益于当时物质短缺的市场环境，通过养殖纷纷发家致富，产生了小富即安、守摊子、惧怕失败的畏难心理，不愿再发展，失去了带动身边农户在乡村振兴事业中再谋发展的原动力。

三是一些未能抓住发展机遇、经济条件不好、现在有志向从事养殖业的农户，苦于缺少启动资金、没有条件和能力进入养殖业，难圆他们依靠自身力量投身乡村振兴发展的梦想。

四是伴随着我国经济发展，人们追求高质量生活，从吃得饱、吃得好，转变为吃得安全、吃得健康，加之美丽中国建设，传统的小而散养殖模式已经受到严重制约，低质量、品质无保障的农贸市场式的蛋品市场萎缩，渐渐地失去了传统的主导地位。市场在变、市场要素在变、驾驭市场要素的人们思想也在变，养殖业如何爬坡过坎，怎样转变这个重要课题现实地摆在养殖人的面前。

天成公司义无反顾地承担起海安家禽养殖业转型升级转换发展方式的责任，肩负起引领海安蛋鸡产业发展的使命。在市委、市政府的支持下，公司邀请全国家禽养殖业、环境工程等领域的专家学者围绕"致力三农发展，关爱人类健康"的企业使命，对发展方向、方式进行论证决策，确立依托既有饲料、兽药产业基础，坚持高点定位、科学规划、超前布局，打造智能化"蛋鸡全产业链"种养模式，塑造以"天成+天晟牧园"双品牌为核心的品牌文化，系统构建一二三产业融合发展的完整产业体系，全力打造公司的核心竞争力。

公司蛋鸡标准化养殖模式和智慧农业的不断发展，将促进蛋禽养殖的数字化、产业化、现代化革新，为行业内相关企业树立蛋禽养殖的样板，引领蛋鸡产业升级换代，优化禽蛋产业结构，促进蛋禽产业可持续健康发展，有利于充分发挥海安市国家现代农业示范区先行先试和示范引领作用，对海安市、南通市乃至江苏省的农业现代化建设起到良性带动作用。

蛋制品行业专业与品质的践行者
——江苏康德蛋业有限公司

1 公司概况

江苏康德蛋业有限公司成立于1994年，是国内资深的民营蛋制品加工企业。历经30年风雨，如今已发展壮大为集蛋鸡养殖、蛋制品精深加工于一体的省级农业产业化重点龙头企业，2023年实现加工产值6.1亿元，养殖产值3.5亿元。

康德公司一直以品质为核心，以专业为基础，以客户为导向，扎根中国市场，致力于做好蛋制品行业先行者。公司主营产品蛋粉、蛋液广泛应用于食品、生物医药等行业，溶菌酶和蛋黄球蛋白粉高科技产品在医疗保健和饲料行业备受关注，白煮蛋、溏心蛋、溏心卤蛋等创新型即食类产品在开市客、全家、711等商超、餐饮连锁及预制食品新领域尽显优势。公司先后通过ISO 9001、FSSC 22000、HACCP、HALAL认证和出口食品生产企业备案，并荣获“首届中国蛋品产业杰出创新企业”“江苏省农业产业化省级重点龙头企业”“蛋品供沪AAAAA级企业”“上海蛋品行业模范企业”“江苏省5A级诚信企业”“长三角名优食品”等荣誉称号。

2 主营业务

2.1 蛋品加工

目前有江苏康德蛋业和广东康德蛋业2家蛋品加工厂，日处理鲜蛋能力300吨，年产蛋粉6 000吨、蛋液45 000吨，年产溶菌酶20吨、蛋黄球蛋白粉15吨，日加工各类即食蛋能力20万枚。公司蛋品加工最早追溯到2011年，因发展需要投资2亿元扩建“蛋制品自动化加工项目”，建成集蛋粉蛋液生产、溶菌酶和免疫球蛋白提取、白煮蛋和卤蛋加工的全自动一体化生产线，引进了欧美顶尖的生产加工设备，并通过技术改造与升级，整合加入自主开发的溶菌酶和蛋黄免疫球蛋白生产工艺。整条生产线在生产技术、工艺控制、质量管理等方面均符合蛋制品GMP和HACCP标准，是目前国内自动化程度较高的集蛋粉、蛋液与精深加工于一体的蛋制品工厂。为满足蛋液市场需求，江苏康德蛋业南通海安生产基地在2022年继续扩大投资，再次引进微波巴氏杀菌设备，海安生产基地扩产后，具备每小时打蛋23.4万枚的生产能力，硬件水平和产能全国领先。

2.2 蛋鸡养殖

目前公司共3家自有养殖基地，存栏蛋鸡240万只，2018年投资建设江苏康瑞生态农业有限公司，引进全套层叠式蛋鸡笼养设备，建成存栏160万只蛋鸡的数字化养殖基地。

3 运营管理

3.1 智能化养殖

蛋鸡舍使用全套层叠式笼养设备，通过三区环控，自动化改善环控效果，实现高性能养鸡目标，解决环境保护问题，不留环境污染隐患，可以实现自动光照、自动喂料、自动饮水、自动集蛋、自动清粪。

3.2 智慧管理系统

公司引进蛋鸡养殖ERP系统，完成养殖全程数字化控制，24小时实时电脑管理系统使自动化蛋鸡场的管理更加便捷，集蛋系统可以使鸡蛋收集最加高效，同时也可配备远离农场的异地登录远程监控系统。江苏康瑞生态农业在投产之时，引进养殖板块数字化管理系统、企业资源计划系统，使企业有能力做高度集成的决策以获得竞争力，推行数字经济与实体经济融合发展。

3.3 蛋鸡数字化管理平台

此系统分为采购管理、销售管理、仓库管理、生产管理、生物性资产管理、成本核算、财务管理等模块，适用于大中小型家禽养殖企业信息化管理。相关用药用料需求推送到饲料板块，蛋品相关数据推送到下游蛋品加工板块，实现全产业链衔接、食品安全溯源等管理。

蛋鸡养殖基地获得了蛋鸡体系众多专家的高度认可与赞誉：先后获得《蛋鸡标准化养殖技术集成示范场》《蛋禽绿色安全高效生产技术推广协同示范推广》专家工作室《江苏省现代农业产业发展项目示范推广家禽场》《江苏省畜牧生态养殖示范场》等荣誉称号。公司2022年通过国家级畜禽养殖标准化示范场验收，2023年先后通过《SQF食品安全和质量规范》《无抗生素产品》《可生食鸡蛋》三大体系认证。

4 科研合作

公司注重产学研合作，大力引进优质人才。养殖板块常年与扬州大学、江苏省家禽科学研究所合作，为优质蛋品生产提供技术支撑。与扬州大学共建“江苏康德蛋业兽医检测实验室”，开展分子生物学检测、血清学检测、微生物检测，达到疫病精准防控。加工板块与江南大学、南京农业大学开展全方位合作，形成强有力的技术支撑，通过合作提升产品开发效能，溶菌酶等产品科研成果转化人才梯队趋向完善。

5 发展规划

江苏公司计划新增120万只蛋鸡，存栏规模达360万只，广东公司适时新建蛋鸡养殖场，满足蛋品加工原料蛋需求，实现总存栏量突破500万只的目标。蛋粉蛋液产量稳步增长，二期工程后形成日加工60万枚即食蛋的生产能力，同时新增蛋粒、太阳蛋、蛋饼等项目，力争未来三年加工总产值突破10亿元。

“饲、育、产、加、运、销”一体化经营典范
——江苏金羽禽业有限公司

1 公司发展历程

江苏金羽禽业有限公司2021年由如东旭日生猪养殖场投资1.5亿元，接手原江苏徐鸿飞生态农业有限公司资产重新组建而成。

公司总部位于南通通州湾示范区，现有山东诸城50万只青年鸡养殖基地、江苏金羽禽业太仓分公司（蛋品包装及蛋液深加工基地）、南通外向型农业开发区100万只蛋鸡养殖基地、如东大豫60万只蛋鸡养殖基地、栟茶饲料加工厂、UFO阳光鸡舍等6处生产基地。基地养殖蛋鸡200万只，日产蛋约180万枚，年产值约5亿元。2023年1月公司蛋鸡养殖和鲜蛋分级包装获得国家质量管理体系认证，鲜蛋获得国家可生食产品认证。

公司饲养的蛋鸡品种有海兰褐、海兰灰、海兰白、农大3号、农大5号、大午金凤等，引进荷兰养殖技术和质量管理检测系统，销售到市场的每一枚鸡蛋都经过检测，蛋品指标优于欧盟标准，确保每一枚鸡蛋的新鲜、安全。

2 公司发展模式

2.1 养殖生产模式

采用5列8层的笼养模式，基本实现自动化喂料、饮水、集蛋、清粪以及环境控制等环节

的规模化与集约化目标，具有蛋鸡生产性能优异、饲料成本低、人工投入少、饲料转化率高、养殖管理便捷以及鸡只与粪便隔离等优势，经济效益显著提高。

2.2 组织运营模式

公司采取“饲、育、产、加、运、销”一体化经营模式，全程模块化管理控制，精细化管理，品牌化销售，近年蛋品销售覆盖区域稳步扩大。公司致力于构建饲料科学配制、青年鸡精细保育、蛋鸡高效养殖、标准化加工、多渠道销售、多方共享盈利的发展方向，销售终端客户主要为上海、浙江、江苏等大中城市的消费者。

3 公司内在特质

3.1 规模优势

公司常年存栏蛋鸡180万只，已全面实现规模化、标准化、自动化、智能化养殖，为蛋鸡提供良好的生产环境，充分挖掘每批次蛋鸡的生产潜力。养殖规模的壮大、自动化设施的普及，更有利于提高生产效率、降低生产成本、改善产品质量、抵抗市场风险，有力地推动了养殖企业可持续发展。

3.2 产品市场优势

公司秉持“健康绿色养殖，食品安全第一”的经营宗旨，注重食品安全性和养殖环保性。公司围绕标准化生态健康养殖，在生产优质、高效、绿色、安全蛋品上下功夫，研发出可生食鸡蛋、益生菌蛋、虫草蛋等，一经推出市场，深受广大消费者喜爱。

4 公司技术优势

公司养殖基地建有单栋饲养10万~11万只蛋鸡的鸡舍21栋，蛋鸡养殖设备全部是整套进口，配套有鸡蛋分级处理区、鸡粪处理区等。

鸡舍封闭化。采取全封闭饲养，避免了鸡群与外界接触，减少了疾病感染风险，使鸡群舒适健康，生产性能得到充分发挥，实现了现代化高产高效养殖。

设备自动化。养殖全程自动化控制，做到自动喂料、自动饮水、自动清粪、自动集蛋、自动调节光照、自动调节温湿度、自动调节通风量，可远程监控和调控相关技术参数以及全自动报警，全面满足鸡只生理需求和生产需要。

蛋品分级化。蛋品分级包装引进国际先进的设备，鸡蛋实行清洗、消毒、涂油、分级、喷码、包装，从鸡蛋产出到进入包装箱完全做到人手不接触鸡蛋。

养殖福利化。随着蛋鸡行业的整合发展，消费端对动物福利的认可度逐步提高，基于动物福利、消费者对食品质量和安全考虑、环境保护、生态和谐的考虑，非笼养将是必然趋势。公司投资建成非笼养基地一座，是亚洲唯一的蛋鸡UFO阳光鸡房，俯瞰似飞碟的形状，引进国际领先的整套福利养殖设备，由5个夜光区和5个阳光区组成。鸡群在夜光区采食，在阳光区活动飞行，在草坪上散步、刨沙、洗澡，还给蛋鸡本来的生活习性。公司动物福利养殖理念领跑市场，有利于品牌建设。

5 产品流通渠道与品牌建设

5.1 优化产品流通渠道

严格库存时间管理，确保流通品质。生鲜蛋品市场流通最重要的指标是新鲜和破损控制，公司实行“t+2”库存管理，鸡蛋生产出来3天内必须销售，从根本上确保鸡蛋品质。

深挖渠道需求，匹配生产品种。根据市场需求选择蛋鸡品种，迎合市场需求。鸡蛋按日龄、克重、品种全渠道开发，不同的产品匹配不同的销售渠道，最大限度满足客户要求，做到最大程度的产品溢价。

新品开发常态化、多元化。根据市场需求反馈，不间断地进行配方研发，开发多样化、特色化的产品，以满足不同消费者的需求，2024年公司将主力研发功能蛋和风味蛋，研发出更多差异化、受市场欢迎的产品。同时，公司还密切关注行业和市场的变化，不断开拓新的市场空间，非笼养的动物福利鸡蛋将是公司近两年走在行业认知前沿、新增业务量的主要方向之一。

加强线上线下融合。充分利用电商平台、社交媒体、行政推介等渠道，加大品牌宣传力度，提高产品知名度。同时，加强线下实体店的建设，提升消费者对产品的体验感，实现线上线下互动互补。公司自营的抖音店铺、微信公众号、会员商城等逐步稳定运营，社区社群销售也在稳定增量中。

5.2 加强品牌建设

塑造品牌形象。通过宣传、地推、铺货等方式，向消费者传达品牌理念，提高品牌知名度，同时强化品牌内涵，传递企业文化、产品特点和价值理念，使消费者产生认同感和信任感。

打造优质产品。始终坚持产品质量为核心，从源头把控饲料、生产、加工等环节，确保产品安全、健康、美味。通过获得有资质的认证和相关奖项，提升产品知名度，增加消费者信任。不断研发更多市场差异化、定制化的产品，给粉丝带去更好的产品和体验。

完善自有供应链。随着零售、电商、餐饮、团餐等消费业态的不断变化，公司不仅要在做好产品上下功夫，更要做好服务，全面提升供应能力。消费者对垂直供应链、基地直采、品牌供应的认可度越来越强，给规模化蛋鸡养殖企业带来更多的市场机会，同时也要求企业具备更完善的供应链服务能力，才能取得更大的市场份额。

深化市场营销。针对不同市场和消费者需求，制定了有针对性的市场营销策略。通过与各大商超、平台、餐饮企业等合作，拓展了市场份额，提高了产品市场占有率。

6 发展战略目标

6.1 发展战略

加强品质与创新。品质与创新是蛋鸡企业发展的关键。企业注重提高蛋鸡产品的品质和安全性，加强科技创新，推广绿色环保养殖模式等，以提高生产效率和产品质量。

加强品牌建设与市场营销。加强品牌宣传和推广，提高品牌知名度，采取多种市场营销手段，如线上销售、社区营销等，拓宽销售渠道，提高市场份额。

加强产业链整合与协同发展。注重产业链整合与协同发展，与上游供应商和下游销售渠道建立紧密的合作关系，形成利益共同体。通过资源共享、信息互通、风险共担，提高整个产业链的竞争力和稳定性。

加强人才引进与培养。人才是企业发展的核心动力，公司将注重引进高素质的专业人才，加强内部培训和人才梯队建设，提高员工的专业技能和管理水平。同时，建立良好的激励机制，激发员工的积极性和创造力。

6.2 质量目标

选用优质可追溯的饲料原料，科学配制饲料，不添加激素和抗生素，保证新鲜无污染。采取严格的生物安全措施，创造舒适的鸡舍环境，科学合理的免疫接种。使用先进的鸡蛋分选设备，严格地清洗、消毒，规范产品质量检验；提高快速反应机制和运输能力，产品检测合格后第一时间运达客户及消费者手中，确保每一枚鸡蛋的新鲜、安全。

6.3 产量目标

单产水平不断提高。通过改善养殖环境、选用优良品种、科学饲养管理等措施，有效提高单产水平。

鸡蛋品质逐步提升。提高鸡蛋品质是蛋鸡企业提高产量和质量的重要保障，通过加强饲料管理、无抗生素使用等措施，可以有效地提高鸡蛋品质。

7 产业发展的问题与建议

蛋鸡产业面临诸多问题，如产业结构需优化、产业链水平需提升、科技创新需加强等。政府应加大政策扶持力度，完善保险制度，加强市场监管和食品安全监管。养殖户需提高养殖技术，加强疫病防控和废弃物处理，提升环保养殖设备使用范围。同时，倡导绿色消费观念，推广蛋鸡产业绿色发展模式，实现产业与环境的和谐共生。通过多方面的努力，推动蛋鸡产业高质量发展。

以数智化设备提升生产效率
——盐城温氏群乐蛋鸡场

温氏蛋业公司成立于2018年3月22日，是温氏食品集团股份有限公司旗下从事蛋鸡业务的专业化公司。温氏蛋业公司下属的盐城温氏群乐蛋鸡场存栏产蛋鸡规模可达100万只，带动周边村民200余人就业，人均经济收入6万余元。盐城温氏群乐蛋鸡场秉承“温氏食品，自然好品质”的理念，以好环境、好设施、好品种、好营养和精管理，全力为消费者提供高品质的放心产品。

1 养殖设施与管理系统

1.1 养殖设施配套

生产区建有智能环控蛋鸡舍24栋，其中育雏育成一体化鸡舍6栋、产蛋鸡舍18栋，每栋存栏5万余只，均采用4层层叠式笼养设备，建有中央集蛋库，实现鸡蛋全自动收集、筛选、清洗、烘干、打蜡、喷码、包装；废弃物处理区安装有鸡粪发酵罐和污水处理池，完全能够满足全场废弃物处理需求，污水自行处理达标回用。

1.2 生产管理系统

鸡场建设初期依托温氏集团南牧机械设备公司，在标准化智能化养殖环节使用精准饲喂和自动化环境控制系统，引进带有智能化养殖控制、环境自动监测、集蛋数字显示的先进设备和全自动鸡蛋分级包装设备。

智能化养殖控制：智能养殖控制系统生产模块信息包含饲养舍鸡数、日龄、采食量、饮水量、集蛋数量等数据，通过此数据在蛋鸡各生长阶段自动调整饲喂时间和饲喂数量，做到精准饲喂。

环境自动监测控制：环境自动控制模块可通过获取各种传感器感知的信息来实现对各种参数的有效采集，其智能化管理模型能适应不同情况下的需要，由于安装有传感装置，温湿度、空气质量等数据能实时传输到控制模块，根据模块数据进行自动计算，自动开启排风系统，此系统可根据白昼温差自动调整舒适环境，保证了舍内整体环境随时满足蛋鸡生长需求。

污水、污粪处理系统：全场采用雨污分流设计，配备鸡舍尾气处理系统，建有完整的污水处理系统，鸡粪处理流程完备，鸡舍产生的污水、鸡粪等废弃物能够集中处理，全程通过机械化操作完成，可以提高工作效率，合理控制舍内环境。

生物安全消杀设施：场区在净道和污道分别配有环境消毒车辆，每天对场区各区域进行全覆盖消毒，进入场区的车辆使用自动喷雾消毒系统结合地面消毒池进行全面消毒处理，物

资进场在物资消杀通道进行紫外线、臭氧消毒处理后进入生产区，保证生产区的生物安全。

2 智能化生产提高效率

2.1 节约资源

采用H型层叠式笼养设备替代传统的A型笼养，可实现同等面积下养殖只数、土地利用率等倍数增长，节约了基建成本。

2.2 提高效率

自动化集蛋系统可以提高生产效率，降低劳动强度。公司采用空中集蛋链条，自动收集、筛选、包装设备，对每栋舍的鸡蛋数量进行自动计数和分级筛选包装，自动统计不同规格的蛋品数量，按等级批次出售，每天产能约39吨鸡蛋，仅需要18人完成，节省约70%的人力成本。

2.3 绿色发展

严控人流、物流，避免将外部风险因素带入场区，做好消毒防疫、免疫、检验检疫等工作，重点落实和加强现场管理，有效切断各种病原微生物的传播途径，确保鸡群健康，保障安全的蛋品供应。

3 良好的示范带动作用

3.1 示范带动方式

近年来，随着国家土地、环保政策变化以及城市化进程影响，我国畜禽养殖模式逐渐从小规模、零散型向大规模、集约型发展。

盐城温氏群乐蛋鸡场通过建设机械自动化、智能控制化现代蛋鸡养殖体系，提高了土地利用率、节约土地建设成本，蛋鸡发病率、合格蛋达标率明显提高，突破了传统蛋鸡养殖的观念，为传统养殖场改造升级提供了经验，加速了周边地区畜禽标准化生态健康养殖进程。

3.2 示范带动成效

盐城温氏群乐蛋鸡场采用全套进口高端生产设备，配备环控、饲喂、饮水、照明、清粪、集蛋等系统，全过程实现机械化、自动化和智能化控制生产。利用信息化网络管理系统，从育雏到产蛋、产品检测包装全程实时监控，在确保最佳生产环境的同时，最大限度提高饲料转化率和鸡群健康水平，严格执行卫生防疫、粪污处理、投入品使用等管理制度，强化生物安全管理等措施，稳步改善蛋鸡产蛋率和料蛋比。

目前温氏“天露”品牌鸡蛋在全国电商平台销量名列前茅，盐城温氏群乐蛋鸡场凭借严谨的食品安全态度使优质的蛋品畅销全国各地，获得社会各界的高度认可，企业效益显著提升。

以标准化、智能化技术管控养殖风险
——江苏农邦禽业有限公司

1 公司概况

江苏农邦禽业有限公司位于泗阳县国家级农业产业园，是地方特色蛋鸡育繁推一体化省级农业产业化重点龙头企业，与江苏省家禽科学研究所、扬州大学等建立了长期稳定的技术合作。

公司建有宿迁泗阳卢集、泗洪瑶沟两个种鸡基地，宿迁农业现代产业园孵化基地，设立育种场、祖代场、父母代场、饲料加工厂、孵化厂等5个版块，育种笼位3万个，祖代种鸡3万只，父母代种鸡50万套，年加工饲料3万吨，年孵化母雏4 000万余只。

2 历史沿革

公司创始人一直秉承诚信经营、客户至上的原则，在起起伏伏的行业周期中，摸索出了一条适合自身的发展道路。

第一阶段：起步于1992年

1992年开始涉足蛋种鸡父母代养殖与苗禽炕孵，当年首批父母代饲养规模仅3 000套。

经过几年发展，年饲养父母代蛋种鸡2万套，并成立了“盐城市盐南种禽场”，苗禽主要销往江苏盐城、泰州。

第二阶段：发展于2007年

为拓展市场、扩大销路，公司抓住各地大力招商引资的机会，于2007年在江苏泗阳投资建场，成立“泗阳成子湖禽业有限公司”，年饲养父母代蛋种鸡6万套。

第三阶段：成长于2010年

为规范企业管理、提升企业形象，公司于2010年更名为“江苏成子湖禽业有限公司”，年饲养父母代蛋鸡12万套，苗鸡销售覆盖江苏、安徽、山东等区域，并于2013年荣获“江苏省农业产业化省级重点龙头企业”称号。

第四阶段：飞跃于2014年

成子湖禽业经过几年的建设完善、自我提升、市场开拓，建成了设备设施齐全的标准化种鸡场和孵化厂，开发成熟且享有较好信誉的苗鸡销售市场，并拥有了蛋鸡育种技术人才队伍、新品种研发平台。为实现强强联合、合作共赢，公司于2014年与北京市华都峪口禽业有限责任公司联合投资成立“江苏峪口禽业有限公司”。

第五阶段：蝶变于2022年

2022年公司更名为“江苏农邦禽业有限公司”，全部匹配现代化养殖和孵化设备，固定资产投资约1亿元。为满足我国小粉蛋市场需求，公司专门培育了黑鸡产粉蛋的特色蛋鸡品种，该品种一经推出，便以优异的生产性能获得广大客户的青睐。从2016年的237万只到2021年的2 500万只，复合增长率高达94%，具有较高的客户满意度、品牌认可度，市场前景广阔。

3 内在特质

为全面推进乡村振兴，加快农业农村现代化进程，公司按照生态循环可持续发展理念，加大畜禽养殖生态治理，建有50万套母鸡饲养笼位，全部匹配现代化养殖和孵化设备，引入蛋种鸡H型4层层叠笼，采用“1+4”智能系统即“一个平台”+“四大系统”实现场区智能生产与科学管理。“一个平台”即集约化健康养殖物联网应用软件平台，该平台围绕设施化畜禽养殖场生产和管理环节，集成环境自动控制设备、饲料投喂控制设备、视频监控、粪污处理等系统，实时掌握养殖场环境信息，及时获取异常报警信息，并可以根据监测结果远程控制相应设备。“四大系统”即智能自动温控系统、智能精准投喂系统、全方位视频监控系统以及资源化粪污处理系统。在不增加占地面积的前提下大大提升了养殖效率，极好地解决了粪便的收集问题。

3.1 智能自动温控系统

通过舍内环境信息（包括二氧化碳、氨气、空气温度、空气湿度等内环境指标）自动监测、智能分析、预警等功能，及时调控圈舍内环境，实现通风、湿帘、光照等设备的手动控制、智能自动控制以及远程控制。

3.2 智能精准投喂系统

舍内安装自动饲喂系统，精确计算每栋鸡舍饲料需求量，定时定量进行自动投喂，提升整体生产水平。

3.3 全方位视频监控系统

在生产区、污水处理区等重点区域安装高清视频监控摄像头，管理人员可实时查看鸡舍内环境调控、生产设备、粪污处理设备运行等情况，及时掌握生产情况及粪污处理状态。

3.4 粪污资源化利用系统

具体包括雨污分离系统、干湿分离系统、固液分离系统和生态净化系统，可处理雨水、污水、粪便。公司配备鸡粪快速发酵仓，可以满足所有粪便的无害化处理需要，将粪污变为有机肥料。引进污水处理设备以及沼气处理系统，用于治理场区污水。对粪污无害化综合处理和利用，达到了治理污染、资源化利用的效果，有利于企业可持续发展。

公司的技术进步和规模扩大不仅为广大养殖户提供了优质的畜牧设备，还为保证食品安全提供物质基础；同时，还克服了制约畜牧业可持续发展的环保问题以及土地资源紧缺问题，为促进畜牧业的产业化和自动化发展，保证畜牧业的可持续发展做出应有贡献。

4 未来战略

未来，江苏农邦禽业将利用自身优势，将育、繁、推工作扎实落实到每一处，另外还会开辟蛋品和鸡品业务，完善产业链，上下游互补，形成内循环。

5 问题及建议

现代化农业是一个重资产产业，所有业务的开展、优化都需要大量资金的投入，而且投资见效慢，导致在整个发展过程中融资成为一大难题。企业靠自有资金发展，严重延缓了发展进度，建议国有企业可以适当参与优势企业的发展，在不影响企业决策的情况下，能够充分给民营企业作背书，形成在政府引导下的企业良性发展。金融机构通过创新信贷方式给予企业长期性的贷款支持，在对接高等院校及科研院所方面，如果有政府层面的支撑，会让企业更多地接触到最新研究成果，让科技推动企业快速发展。

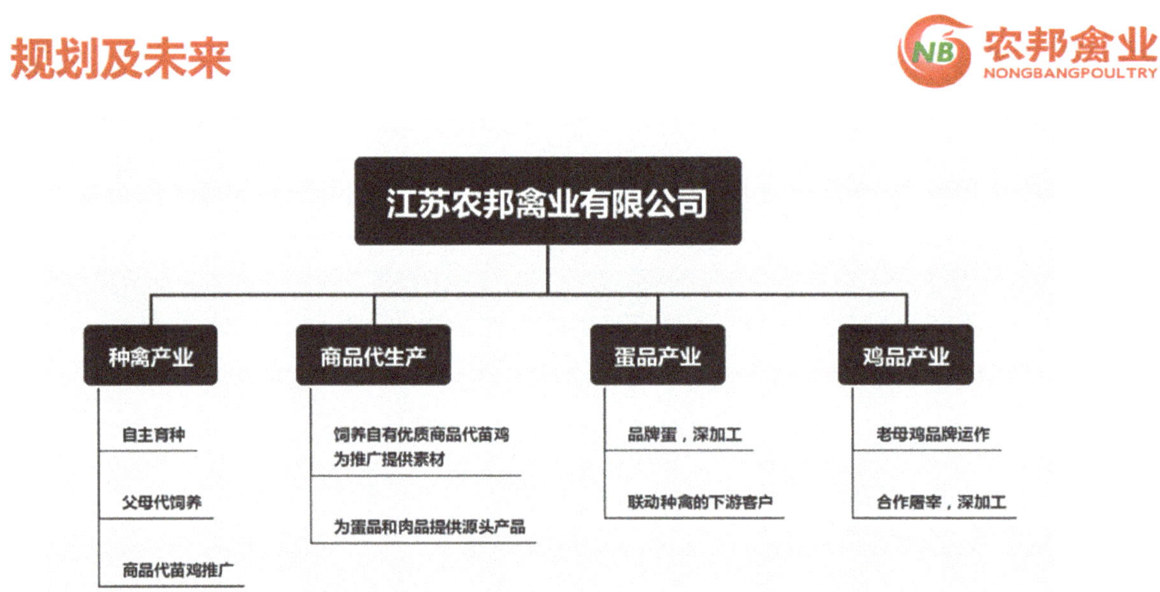

坚持蛋鸡品种自主培育和创新
——江苏北农大农牧科技有限公司

1 公司概况

江苏北农大农牧科技有限公司是北农大科技股份有限公司旗下位于华东地区的重要子公司，成立于2011年11月25日。北农大科技股份有限公司创建于1995年，至今已成为综合实力位居全国前列的蛋鸡产业龙头，是国家高新技术企业、中国畜牧业协会理事单位、国内5个国家蛋鸡核心育种场之一、国家高技术产业化示范工程单位、院士工作站、北京市农业产业化龙头企业协会副会长单位等。

江苏北农大农牧科技有限公司以种鸡繁育、孵化、蛋品和淘汰鸡销售业务为主，现存栏纯系鸡7 800只，祖代种鸡2万多只，父母代种鸡12万套，具备年生产商品代苗鸡1 000万只的能力，形成以节粮蛋鸡为核心的完整产业链条。公司成立至今共推广节粮型蛋鸡1.2亿只以上，并先后获得“国家标准化蛋鸡场”“江苏省特色优势种苗中心”“市级农业产业化龙头企业”“江苏省企业研究生工作站”“扬州大学动物科学与技术学院产学研合作基地”“江苏农牧科技职业学院产学研合作基地”等荣誉称号。公司主营的蛋鸡品种具有体型小、饲料消耗低、饲料转化率高和适应性强、抗病力强等优点。整个产蛋周期可节省饲料8~10千克，极大地提高了蛋鸡生产的综合经济效益。在当前饲料价格居高不下的行情下，节粮型蛋鸡的优势将更加突出。目前，国内节粮蛋鸡系列品种存栏量已超过8 000万只，占蛋鸡市场份额的8%左右，并呈现逐年上涨的趋势，生产的鸡蛋也深受我国高端品牌鸡蛋市场的青睐。

2 发展优势

公司以中国农业大学为技术依托单位，携手扬州大学、江苏省农科院、江苏农牧科技职业学院等联合开展节粮小型蛋鸡品种的选育、父母代种鸡的扩繁、商品代苗鸡的生产销售、蛋鸡饲料营养的平衡供给研究以及蛋鸡饲养先进管理技术的示范推广等工作。公司经过多年的生产、销售、服务，已摸索出适合自身发展的道路。生产过程中注重种苗健康、生物安全、免疫检测以及精准孵化等，保障客户鸡苗质量的安全、稳定、可靠。销售推广过程中坚持从客户的角度去分析禽蛋市场、淘汰鸡市场、高发疾病、饲料成本等因素，并根据客户的生产模式与规模，推荐适应市场行情的蛋鸡品种。技术服务过程中及时与客户沟通，准确掌握客户鸡群的健康状况、生长发育状况、免疫程序等数据，并及时给予相应的指导，以确保鸡群生产性能的发挥。

3 产品创新

近年，随着国内外蛋鸡品种综合性能的不断提升，市场竞争愈发激烈，公司技术研发团队经过不断探索提升，凭借品种节粮、疾病净化水平高和饲料转化率高的产品特点，市场份额逐年增长。公司推广的“农大3号”小型蛋鸡，温室气体减排量获得权威机构核查核证，2017年荣获中国国际农产品交易会金奖，2020年被列入《国家畜禽遗传资源目录》，2023年被列入农业农村部2023年农业主导品种。“农大5号”成功入选《2023年北京市农业主推技术主导品种推荐目录》。公司联合扬州大学培育的“农大6号”蛋鸡配套系于2024年1月通过国家畜禽遗传资源委员会审定，并获得农业农村部颁发的新品种证书。

4 流通渠道及品牌建设

品牌是企业的核心竞争力，企业的发展与壮大更离不开品牌建设。因此，公司在产品推广过程中，始终坚持把“产品与服务质量”放在首位，通过发布会推介、公众号宣传等途径扩大产品流通渠道，并通过市场反馈、客户群体反馈以及邀请国内知名专家现场分析、评价等措施不断提升产品优势，保持企业品牌在市场中的积极形象，凭借产品形象以及产品和服务吸引潜在客户群，增强品牌影响力，促进企业品牌建设。

5 发展战略及目标定位

近年来，随着我国蛋鸡产业规模化发展，企业规模扩大，市场竞争加剧，客户群体数量减少，但生产规模增加，大客户群体增多。针对这一市场变化趋势，公司更加注重对自身产品品质的提升，将针对客户需求和市场变化，坚持对品种的节粮特点进行持续选育，降低客户的养殖成本，减少养殖风险，增加品种的核心竞争力。公司也将密切关注国内祖代蛋种鸡的引种数量和父母代种鸡的存栏数量，根据市场上苗鸡的供求情况制定相应的引种计划与扩

繁规模。另一方面，为了更加全面地服务客户，解决客户禽产品销售难的问题，公司将大力发展禽蛋和淘汰鸡深加工业务，与江苏万业食品科技有限公司开展密切合作，致力于解决养殖客户在市场行情较差时禽蛋和淘汰鸡销售难的问题。

6 未来发展建议

作为江苏省蛋鸡品种自主研发企业，研发成本高是一个突出问题。随着公司自主培育的“农大6号”蛋鸡配套系通过国家审定，后续的持续选育以及疾病净化仍需大量的资金投入。此外，公司为加大对“农大6号”的推广和扩繁力度，构建“育繁推一体化”体系，计划在江苏省内建立20万套父母代鸡扩繁场和年孵化商品代苗鸡4 000万只的孵化基地，以此促进企业的稳定发展和蛋鸡新品种的持续推广，希望政府给予相应的补贴和项目资金支持。

科研成果转化落地的生动实践
——扬州翔龙禽业发展有限公司

1 公司概况

公司前身为江苏省家禽科学研究所实验禽场，该所为更有利于科研成果的转化，于2005年成立扬州翔龙禽业发展有限公司，根据江苏省相关政策，公司于2023年5月无偿划转至江苏省国金资本运营集团有限公司。

公司育成有新配套系“苏禽绿壳蛋鸡”“苏禽黄鸡2号”，正在选育的地方特色蛋鸡新品系有11个，常年存栏地方特色蛋种鸡等10万余套，以生产销售商品代绿壳蛋鸡、粉壳蛋鸡等产品为主。

公司先后承担部、省级课题10余项，现承担省科技成果转化专项资金、科技支撑子课题、科技部中小企业创新基金等项目；获得神农中华农业科技奖一等奖、江苏省科学技术二等奖、江苏省农业技术推广奖一等奖等省部级奖励7项。公司现为国家蛋鸡核心育种场、国家蛋鸡良种扩繁推广基地、江苏省农业科技型企业、国家肉鸡产业技术体系综合试验站。

2 发展历程

公司成立之初，主要向全国市场推广江苏省家禽科学研究所自主培育的肉鸡品种“苏禽

黄鸡2号”，该品种体型较大，呈方形，快羽、黄羽、单冠直立、黄皮肤、黄胫、抗逆性强，有一定的市场影响力。但黄羽肉鸡市场波动较大，公司规模较小，抗市场风险能力较弱，发展较为艰难。

此后，公司与江苏省家禽科学研究所开展紧密合作，设置了市场研发部门，以市场需求为导向，利用研究所和公司人才优势和种质资源优势（研究所拥有国家级地方鸡种基因库）开展育种工作。2013年8月，时任公司负责人、江苏省家禽科学研究所研究员王克华带领育种团队成功培育出“苏禽绿壳蛋鸡”，并获得农业部颁发的畜禽新品种（配套系）证书，该配套系是国内首个通过审定的黄羽绿壳蛋鸡。自此，公司正式由以肉鸡为主的育种企业转型为蛋鸡育种企业，并向全国推广商品代绿壳蛋鸡。该配套系以产蛋率高（高峰期88%以上）、绿壳蛋率高（可达100%）、体型适中、抗病力强为主要特点，品种优势明显，一经上市即受到广泛欢迎，在绿壳蛋鸡市场特别是湖北、湖南市场具有很高知名度。

公司在发展过程中注重品牌保护和苗鸡质量的提升。公司向市场全面推广绿壳蛋鸡后，获得市场积极回应，为保护公司产品在市场中不被冒用，同时秉持对客户负责的态度，公司通过杂志、网站和销售渠道广泛宣传“苏禽”“翔龙禽”等商标，尽力确保客户可以买到正宗的“苏禽”蛋鸡。在内部管理上，公司建立了一系列管理制度，在禽场防疫、饲养管理、孵化销售等环节都有严格的要求。如今养殖者早已不用过分担心禽流感、法氏囊等传染病了，主要

害怕苗鸡会患“两白”（即禽白血病、鸡白痢）疾病。“两白”因其同时具有垂直传播和水平传播的特点，极其难以预防、治疗和净化，种鸡带毒导致商品代苗鸡易发病，给养殖者带来较大经济损失。为确保苗鸡质量，公司每年投入大量资金开展“两白”净化工作。作为国家蛋鸡核心育种场，公司计划于三年内创建成功“白血病”净化示范场，并已向江苏省农业农村厅相关部门进行了申报。

作为省属国有企业，公司将强化“社会责任”担当，继续坚持“追求卓越、诚实守信”的企业精神，倡导“精诚合作、互利共赢”的经营理念，紧紧围绕品种创新，严格饲养管理与疫病防控，在确保国有资产保值增值的基础上，为客户提供优质种苗，为农民增收、农业增效、乡村振兴做出贡献。

3 未来规划

公司将根据自身特点确定未来发展方向，坚持优质地方特色蛋鸡的育种方向和市场开拓，继续深耕地方特色蛋鸡领域，强化该领域的市场优势地位。

目前，公司育种团队创新应用选育标准体系、蛋鸡品系选育方法、综合育种值选择方法及分子标记辅助选择方法等育种新技术，利用有关鸡种素材创新种质资源，育成5类11个蛋鸡新品系，为地方特色蛋鸡新品种培育奠定了坚实基础。未来育种规划上，将持续选育苏禽绿壳蛋鸡，逐步改善体型小、蛋重小、后期蛋壳偏白等问题，继续保持绿壳蛋鸡的市场领先地位。

蛋种鸡企业的公鸡苗一直作为副产品销售，一年四季中仅春季部分时间内销售价格较正常，可以比肉鸡苗价格稍低些出售，但在其他三个季节，公鸡苗仅能作为螃蟹、甲鱼等水产饲料以极低的价格出售。公司计划培育出新的绿壳蛋鸡配套系，瞄准目标市场，将公鸡苗售出肉鸡苗的价格，以大大增加商品代苗鸡的附加值。

4 产业发展建议

目前，国内蛋鸡产业发展与其他畜禽养殖业相比较为成熟，风险相对较小，2021—2023年连续三年全国蛋鸡企业基本实现盈利，在畜禽养殖业历史中较为少见，因此吸引了不少投资者，尤其是有实力的财团，如益海嘉里于近年在广西南宁投资近3亿元，计划存栏220多万只蛋鸡，其中90万只蛋鸡已于2023年9月投产，这是益海嘉里首次进军蛋鸡养殖行业；正大集团漯河公司300万只蛋鸡全产业链项目预计2024年3月投产；山西晋龙分别于2023年5月和9月开工建设两个300万只蛋鸡全产业链项目。据统计，2023年全国新上马蛋鸡规模养殖项目总存栏量达1亿只，新增蛋鸡存栏约占总存栏数的8%左右，预计将会对现有蛋鸡市场造成不小冲击。大财团经济实力强，抗风险能力较大，今后中小蛋鸡养殖场的发展可能相对较为艰难，未来几年，蛋鸡养殖企业的优胜劣汰特点可能更为明显。

建议政府与行业组织应加强产业引导与相关政策支持。

4.1 市场信息统计与共享

大量的蛋鸡项目投资及部分蛋鸡企业盲目扩产必将导致鸡蛋和淘汰鸡产能过剩，为避免蛋鸡行业因产能过剩引起市场大幅波动，国家或蛋鸡行业组织应及时调研、统计分析蛋鸡存栏及相关市场价格信息，并予以发布，为广大蛋鸡企业提供必要的决策信息。

4.2 推动蛋鸡养殖智能化升级

蛋鸡场最大的风险不是市场风险，而是生物安全风险。传统蛋鸡养殖业是劳动密集型产业，过多的人员流动是造成鸡场疫病发生的重要原因。同时，智能化在养殖各环节具有操作自动化、管理精细化和环控精准化等优点，因此，建议政府、行业组织引导蛋鸡养殖少用人力，多采用智能化的养殖方式。

4.3 加强养殖废弃物处理

对于蛋鸡养殖业，由病死鸡、鸡粪等养殖废弃物带来的环境保护问题，是行业健康可持续发展的重要影响因素。自行处理养殖废弃物给养殖企业特别是中小型蛋鸡场带来较高的成本，而且往往处理的不够彻底，给环境带来一定程度的污染。如果由政府主导，帮助建立地方性商业化废弃物集中处理场（中心），既可大大减轻企业环保压力，又可降低生产成本，同时也可保护当地生态环境，实现政府、社会和企业的三者共赢。

创新驱动发展，坚持“品类、品质、品牌”三品战略
——苏州欧福蛋业股份有限公司

20世纪末到21世纪初，伴随着我国经济的快速增长，食品工业也得到了快速发展，在发展过程中，也出现了许多食品安全事件，从地沟油到三聚氰胺奶粉，以及苏丹红鸭蛋等，都引发了消费者对于食品安全的担忧。

在此背景下，专门从事蛋制品加工的企业——苏州欧福蛋业股份有限公司于2004成立，是我国第一家专门生产巴氏杀菌蛋液的企业，主打安全蛋制品理念。欧福蛋业于2018年被评为“农业产业化国家重点龙头企业”，2023年在中国A股上市，成为我国蛋品行业第一股。欧福蛋业的发展，一定程度体现了我国蛋品行业的发展历程。

1 食品安全的精准定位，是企业立足之本

在生产经营过程中，欧福蛋业立足于食品安全的宗旨，致力于推广更加安全的巴氏杀菌蛋液，以解决食品企业用蛋时所面临的致病菌风险。巴氏杀菌工艺是热处理，但是经过热处理的蛋液功能性跟新鲜鸡蛋有所不同，为适应国内使用方法，欧福技术团队更加注重本土化发展，帮助客户建立起基于新技术的应用方案。

药物残留问题一直是养殖企业的安全红线，却时有发生，成为食品行业和蛋鸡行业的顽疾。药物残留的管理是个系统工程，不仅要求养殖场自身管理水平提高，还要求投入品生产企业做到严格管理，杜绝交叉污染带来的系统性风险。欧福蛋业通过药残前置管理，将养殖场、投入品生产企业进行了规范化整合，通过系统性的管理模式保障了食品安全。

2 创新驱动的产品研发策略，助力企业快速成长

欧福蛋业注重研究和分析市场，先后推出热稳定蛋液、蛋挞混合调味液、芝士蛋糕调味液等新产品，并且紧跟国际动物福利化发展理念，于2015年就提出了“蛋鸡动物福利”的概念，并于2021年获得中国第一张动物福利认证证书，满足了客户的多样化需求。欧福蛋业在国内率先推出的非笼养鸡蛋，受到国内动物福利友好人士的欢迎。除B端的发展之外，欧福蛋业也逐步发力零售领域，在2023年推出了基于鸡蛋白的蛋白质饮品，在零售市场受到健身、减脂爱好者的追捧。创新驱动的产品研发策略提升了企业的竞争力，也让企业在市场中占据了一定优势地位。

3 严格的质量管控，赢得客户充分信任

欧福蛋业成立之初，我国并没有关于蛋制品的生产标准，因此欧福蛋业的生产是遵循了欧盟GMP标准和HACCP标准，并以此设计了一系列严格的管理制度，较高的起步水平带动了蛋品行业良性发展。

2010年，欧福蛋业作为第一起草人，起草了“蛋液质量通则”“蛋粉质量通则”两项国家标准，并于2023年发布实施；2017年，欧福蛋业作为我国首批接受欧盟来华检查有关蛋制品官方安全管理体系的企业之一，顺利通过了欧盟官方检查。如今，欧福蛋业的三个蛋制品工厂均为对欧出口注册企业。此外，欧福蛋业还成为北京奥运会、上海世博会、广州亚运会等诸多知名赛事的食品供应商，也获得了诸多知名食品企业的优秀供应商奖项。

4 有效的品牌管理策略，树立良好品牌形象

品牌的建立是一个长期过程，需要良好的积累和始终如一的坚持。蛋品加工行业介于初级农产品加工和食品加工行业之间，农产品具有质量不稳定的特点，因此，除了安全之外，质量稳定性成为以基础农产品为原料的加工企业的重要追求目标，也成为树立企业品牌形象的重要影响因素。欧福蛋业在原材料上提出了一系列的严格标准，通过层级化、标准化的要求，配合生产的精细化管理，生产出稳定性好、产品均一度高的产品。始终如一的产品质

量，使得客户能够安心使用欧福产品，也提高了品牌认可度。

紧跟客户需求，创新引领行业发展，是欧福一以贯之的产品策略。在发展过程中，公司发现因为我国南北方温差大，会导致蛋黄酱出现南北品质不一、产品质量不稳定的情况，因此发明了“热稳定蛋液”；基于蛋挞生产过程中需要多次调配原料，出现浪费和品质不均一的情况，推出了“蛋挞调味液”产品，解决了客户的痛点；在健身领域，发现健身人士会大量摄入鸡蛋白，但传统蛋白存在口感差、摄入不方便等诸多缺点，公司针对性地推出了可直接饮用的蛋白质饮品，受到了健身、减脂人群的欢迎。

5 不忘初心，持续精进

坚守产业赛道。在过去的20年中，欧福蛋业布局了京津冀、华东和大湾区三个工厂，2024年欧福将开始建设位于四川重庆经济圈的第四个工厂，积极参与国家对第四极的经济规划。

积极挖掘产业潜力。未来公司将投资新建150吨溶菌酶生产线。该业务使得公司向蛋制品精深加工方向进一步延伸，拓展高附加值产品更大的发展空间，提升公司的竞争力和综合实力。

6 产业发展，仍需政策扶持

我国蛋制品加工行业经过20多年发展，虽然取得了一些成绩，但是相对于发达国家来说，整体还处于较低水平。

从产业规模来看，欧美蛋制品加工占禽蛋产量的35%左右，日本更达到50%左右，而我国不到5%，大多数企业对于普通壳蛋产品微生物安全的不够重视，是核心限制因素。近几年偶有发生的沙门氏菌群体中毒事件，也体现了使用巴氏杀菌蛋制品的重要性。因此，希望监管部门在用蛋安全上出台指导意见，以提高整体蛋品应用的安全性。

随着我国经济的进一步向好和产业结构的进一步完善，我国蛋制品加工产业取得了巨大发展，产业分工也越来越细化，这对蛋制品加工企业的定位和个性化提出了更高要求，激烈的市场竞争对企业的经营决策提出了更高要求，而坚持高水平发展，以一以贯之的产品、质量、服务赢得市场是企业的成功之道。

倡导绿色健康养殖，匠心打造无抗鸡蛋
——如东县亚山畜禽养殖场

1 发展历程

如东县亚山畜禽养殖场成立于2003年，目前存栏蛋鸡60万只，是一家集饲料加工、蛋鸡养殖、蛋品销售为一体的多元化企业。为扩大经营范围，带动周边养殖户共同致富，2011年成立如东县双港蛋鸡专业合作社，经营范围扩展到鸡蛋收购、销售、饲料加工经营、养殖设备代销、种苗引进销售、养殖技术培训等，迄今已为合作社成员提供了10多年优质服务。近年来不断投资智能化养殖，现已实现喂料、饮水、环控、集蛋、清粪、蛋品清洗包装等全自动化。

2 发展道路探索

2.1 全自动化生产模式

养殖场建成了全封闭标准化鸡舍，采用大规模自动化生产模式，在饲喂、环境控制、集蛋、清粪等方面都实现了自动控制。采用先进的全自动化H笼养殖设备，主要由五大系统组成：一是环境自动控制系统，可实现整栋鸡舍温度自动控制，也是整栋鸡舍最关键的控制系统；二是自动清粪系统，可实现每天定时自动清粪，减轻工作强度的同时极大地改善周边空气质量；三是自动饮水系统，多级过滤自来水，可自动检测水管内压力，自动记录饮水数量；四是自动喂料系统，可实现无人值班情况下自动喂料并记录喂料数量；五是自动捡蛋包装系统，可实现鸡蛋分级收集工作，在分拣过程中对鸡蛋进行光检，鸡蛋表面清洁除尘，紫外线杀菌消毒、自动称重、自动打码、自动装托等。该自动化设备可以在不间断的工作状态下持续生产，提高了生产效率、降低了生产成本。此外，自动化设备可以精确控制生产过程中的温度、湿度、时间等参数，通过控制系统对生产流程进行监测和控制，及时发现和排除隐患，从而增强生产过程的安全性和可靠性，增强了企业的市场竞争力。

2.2 多元化经营组织模式

公司采取多元化经营组织模式，经营范围不仅包括蛋鸡养殖、销售，还拓展到鸡蛋收购、销售，饲料、畜禽养殖器械零售等。公司依托自身的生产优势，实现各环节的高效协作，主要体现在以下五点：一是产业链拓展，在传统的蛋鸡养殖基础上，延伸产业链，涉及饲料和鸡蛋销售等领域；二是产品多样化，开发高营养价值的无抗鸡蛋等，以满足市场的多元化需求；三是服务多元化，提供从技术支持、咨询服务到物流配送等一站式服务；四是技术创新，利用现代科技，如智能化养殖设备、大数据分析等，提高生产效率和管理水平；五是绿色生态，注重环保和可持续发展，实施绿色生态养殖，提高企业的社会责任感和品牌形象。

3 企业内在特质

3.1 "科技先行，惠及百姓"的发展理念

养殖场积极倡导"科技先行，惠及百姓"的发展理念，与江苏农牧科技职业学院科技服务团队开展产学研（战略）合作，经常聘请专家及科研人员多层次、多方位进行面对面的讲解和咨询，不断提高科技文化知识水平、生产经营能力。在自身发展的同时，不忘投身公益事业，为周边地区剩余劳动力创造了长期的就业机会。近年来，多家蛋鸡养殖户前来参观学习、交流经验，对本地区及周边地区的蛋鸡养殖业发展起到了积极的推动作用。

3.2 "匠心造蛋，保障百姓餐桌安全"的初心

企业以生产和销售合格放心鸡蛋为发展方向，以倡导绿色养殖、打造无抗鸡蛋、用绿色发展模式保证企业的可持续发展为长期目标。

坚持源头把控，严把原料关，所采购的玉米、豆粕每批次均有检验报告，严格疫苗、兽药采购使用制度，从鸡场到餐桌建立"透明产业链"，出厂的每一枚鸡蛋都有"身份证"、一蛋一码、

可溯源,产品包装上都贴有二维码,让消费者通过扫描二维码可以查看到鸡蛋的出厂信息。

严格执行《GB2749食品安全国家标准蛋与蛋制品》《绿色食品蛋与鲜蛋》NY/T 754-2003标准,坚定"匠心造蛋,保障百姓餐桌安全"的初心,致力于打造区域性消费者认可的鲜蛋品牌,严格执行防疫及用药管控,确保出厂的鲜蛋产品无抗生素、无激素、无色素添加,做到真正的食品无抗,为消费者健康保驾护航。

4 生物安全与资源化利用

为科学有效地进行病死鸡无害化处理,养殖场投资100多万元建成了发酵罐,利用微生物降解技术分解病死鸡。将病死鸡投入到发酵罐体内,高温活性功能微生物产生蛋白酶、脂肪酶、纤维素酶等高活性的胞外酶,迅速将病死鸡高效降解。高温生物发酵技术可持续70~80℃的高温,最大限度地减少异味,最终达到杀灭有害病菌,实现无害化的目的。

病死鸡经微生物发酵处理后全部降解,分解成有机残渣,是很好的有机肥料,既生态环保,又促进了农牧业生产的良性循环,带来了良好的经济效益、社会效益、生态效益。此外,养殖场先后投入500多万元购买粪污清运车辆,建设了干粪堆积房、风干机、自动清粪系统等,可实现每天定时自动清粪制成有机肥,减轻工作强度的同时极大地优化周边空气质量,年产有机肥2 000多吨,产值100多万元。

5 产品流通渠道及品牌建设

5.1 实现流通渠道多样化

养殖场的产品覆盖了超市、菜市场等多个销售渠道,销往上海、苏州、无锡等地的大型商超,部分鸡蛋销售给蛋品加工企业,生产蛋液出口日本、韩国等国家。

5.2 打造"如双牌"鸡蛋

养殖场于2019年注册"如双牌"商标,通过持续提供高质量的产品与服务,已经建立起一定的声誉和可信度,产生了品牌效应,企业业绩实现持续地增长和发展。在打造品牌时,企业聚焦产品质量安全和品质保障,通过科学管理、药物残留控制、无害化处理、卫生防控、质量安全监管、产品严格检测等方式,保障产品质量安全。

6 发展战略及目标定位

6.1 未来发展战略

向产业链上下游延伸，实现从养殖、饲料到鸡蛋销售、蛋品深加工的全产业链发展。紧跟市场趋势发展，注重产品质量和安全，同时关注生产和流通环节的效率提升。通过不断地技术创新、市场拓展和品牌建设，在激烈的市场竞争中占据优势，实现可持续发展。

6.2 质量目标

养殖场将继续设定高标准的质量目标，追求高品质，生产安全、无药残、营养丰富的鸡蛋产品。通过建立完善的质量安全可追溯体系，增加消费者的信任度，提升品牌形象。

6.3 生产端目标

利用自动化、智能化设备和养殖技术提高生产效率，降低生产成本。注重环保，实现绿色生态养殖。

6.4 流通端目标

加强冷链物流体系建设，确保鸡蛋的新鲜度和安全性。开拓多种销售渠道，包括线上电商平台、线下超市、农贸市场等，形成全方位的销售网络。

6.5 消费端目标

根据不同消费群体的需求，提供多样化的鸡蛋产品。增强消费者的购买和消费体验，提供优质的售后服务。

7 蛋鸡产业问题与建议

7.1 产业引导

与其他行业相比，农业的技术研发通常投入较少，限制了产业的技术进步和创新能力。应进行技术创新和产品升级，引导蛋鸡产业向规模化、集约化、现代化方向发展。

7.2 提质增效

目前市场上存在一些质量不合格的鸡蛋产品，很多企业缺乏品牌意识，未能建立有影响力的品牌形象。要推动养殖、饲料、疫病防治等环节的标准化建设，提高养殖效率和产品质量；鼓励企业建立品牌，通过品牌效应提升产品的附加值。

7.3 生态环保

饲料生产、养殖过程中资源利用效率不高，导致资源浪费，绿色生产方式推广缓慢。要鼓励企业采用无公害、生态友好型养殖模式，减少对环境的污染，推动粪污资源化利用，实现循环经济，加大对违规排放的监管力度，保护生态环境。

秉持蛋鸡产业“绿色健康”发展理念
——如东兴洋畜禽养殖有限公司

如东兴洋畜禽养殖有限公司主要从事蛋鸡养殖和鸡蛋销售，坚持按照国家的蛋鸡饲养标准，生产“绿色健康”鸡蛋，获得“江苏省无公害畜禽产地”“省畜牧生态健康养殖示范场”“省级兽用抗菌药减量化行动试点达标养殖场”“省级畜禽养殖全程机械化标准基地”等称号。2017年被认定为“江苏省南通市级龙头企业”，2018年获得江苏“省级重点龙头企业”称号。

1 发展历程

如东兴洋畜禽养殖有限公司始建于1998年，原以蛋鸡养殖为主，后经数次扩建和产业升级，逐级形成饲料加工、蛋鸡养殖、蛋品销售为一体的蛋鸡产业体系。目前蛋鸡存栏30万只，其中产蛋鸡存栏20万只左右，年生产鸡蛋4 000多吨，销售收入达4 000多万元。近年来，公司大力推进智能化设施建设，创建绿色产品品牌，实施转型升级新举措，购置了国内一流的现代化养殖设备，实现喂料、环控、捡蛋、鸡粪无害化处理等全自动一体化作业，完成从养鸡大户到知名品牌公司的转变。

2 生产模式

2.1 养殖模式

公司经过20多年的发展，基本形成一套适合自身的养殖模式。目前所有鸡舍均采用国内先进的全自动养殖设备，达到整个生产过程智能化。技术人员随时可以通过物联网系统掌控养殖动态，提高管理效率，降低生产成本。养殖设备具备远程报警功能，发现问题及时处理，让生产更安全、更放心。公司以“绿色健康”为发展理念，各个环节严格执行生产标准和制度。定期开展抗体检测，使用中药、微生态制剂、生物制品等替抗产品进行保健，严控蛋品质量。全场严格规范台账资料登记，投入品使用、死淘鸡、消毒、用药、人员车辆进出、鸡粪处置、蛋品产出等记录齐全，实现档案资料全部存档备查可追溯。

2.2 组织运营模式

公司秉持养殖全过程“绿色健康”的理念，将人员管理与智能化生产有机结合，坚持按照国家蛋鸡饲养标准生产绿色健康鸡蛋，最终实现产能最大化。为了保证产品质量的一致性，公司选择优质的代理商，保证鸡蛋从产出到餐桌不超过72个小时。同时与当地畜牧兽医站建立了长期合作关系，以扬州大学动物科学与技术学院为技术依托单位，借助学校先进的养殖理念和技术支持，完善饲料配方、建立疫病防控机制，实现营养均衡、健康安全的养殖方式。公司产品主要销往江苏、浙江、上海等地大中型商超及学校，年销售额超4 000万元。

2.3 资源化利用模式

随着养殖规模的不断扩大以及农村人居环境的大力提升，公司以“绿色健康”为本，推行持续稳定可循环的发展模式，配置鸡粪干燥机、鸡粪灌装打包运输一体机、鸡粪自动运输系统，利用鸡舍尾端排出的热空气，通过高压风机，将含水量80%的新鲜鸡粪48小时内迅速干燥至含水量20%以下。经过标准化流程处理的烘干鸡粪可作为蔬菜、果树等经济作物的有机肥，年均向上海苗圃花卉基地销售2 000吨烘干鸡粪，大幅提高粪便利用率，清洗笼具产生的废水用于灌溉周边绿化植被。

3 管理理念

3.1 建立执行力强的经营理念

公司注重管理，无论是饲料原料来源，还是饲养管理，以及产品的产出等，都有严格规范的管理方式和完整的管理体系，从苗鸡入场到鸡蛋出场形成以安生为抓手的全产业链管理模式。围绕稳产、高效、绿色健康全方位落实安全生产措施，树立以防为主、防控结合、治疗为辅的综合防控理念，强化检查监督，细化鸡群管理，预防疾病感染。

3.2 树立正确合理的决策理念

一是不低价采购鸡苗，始终坚持从大品牌厂家引种，这样鸡苗质量相对稳定、体质较强、母源抗体水平高、蛋传疾病的发病率相对较低；二是科学合理地做好疫病防控，根据实际情况制定合理的免疫程序；三是借助专业人员的技术指导，按毒株血清类型正确选购疫苗，有效防控疫病发生。

3.3 强化科学精细的管理理念

5周龄前的雏鸡以防冷热应激、防呼吸道损伤等为主，给予适宜的温湿度、合理的通风管控，以减少呼吸道疾病感染。选用合理的消毒药物，配制能杀灭病原微生物的有效浓度，保持合理的药液温度和消毒时间，确保消毒效果，并对消毒效果进行监测，有效控制病源侵入。

4 流通渠道和品牌建设

4.1 优化产品流通渠道

一是拓展多元化销售渠道。公司组建销售服务团队进行市场开发和售后服务，充分利用线上线下资源，拓宽销售网络，提高市场覆盖率，产品销往江苏、上海、浙江等地，打造优质品牌。

二是建立稳定的供需关系。与下游企业建立长期战略合作关系，确保产品销售稳定。同时，通过合同养殖、订单农业等方式，与养殖户建立紧密的利益联结机制，降低市场风险。加强与各大超市、高等院校和农产品专业市场联系，广开销售门路。针对学校、工厂等消费群体，在每个月的固定时间开展促销活动，并邀请合作单位人员到公司参观，了解鸡蛋生产过程，让他们放心享用公司产品。

三是提高物流效率。优化物流配送体系，提高运输速度和效率，降低物流成本。加强冷链物流建设，确保产品新鲜度，提升消费者满意度。

4.2 加强品牌建设

一是明确品牌定位。抓住目标消费群体，突出产品绿色无公害的特点和优势，树立品牌形象，注册“亲亲草”鸡蛋品牌。

二是加大品牌宣传。积极申报国家和省级名牌产品，加大品牌宣传力度，利用线上线下媒体资源广泛宣传，提高品牌知名度和美誉度。

三是严格质量保障。严把产品质量关，建立完善的质量管理体系，严格按照《无公害鲜鸡蛋生产技术规程》进行生产，提高产蛋质量，确保产品符合国家食品安全标准，提升消费者信任度。

5 践行社会责任

5.1 以扶贫济困为己任

以公司为平台、员工为志愿者，组建振洋养殖公司助残志愿服务队，把扶贫助困、回报社会作为志愿服务的“天职”。2005年开始，十多名残疾人进厂当上了工人，2011年上半年，公司被省残联命名为“振洋畜禽残疾人扶贫基地”。

5.2 坚守服务社会的初心

扶贫基地建立后，公司把服务范围扩大到周边几个村，间接带动周边200多个养殖户真正富裕起来。公司志愿者们先后资助并帮助10多名残疾人从事养鸡、养猪事业。2015年公司被江苏省农业委员会授予“省青年农民创业示范基地”称号，2018年基地又被确定为“新时代文明实践点”。

6 未来发展战略

6.1 强化健康养殖

在鸡蛋生产环节坚持绿色、无公害的理念，严格遵守国家标准和行业规范。通过优良的鸡种选择、科学合理的饲料配方、严格的疫病防控和投入品管控等手段，保障鸡蛋的品质和安全。

6.2 创新营销策略

在产品流通环节上，致力于优化销售渠道，加强与各地经销商、超市等合作伙伴的协作，提升产品的市场占有率和知名度。通过畅通流通渠道，使公司生产的健康鸡蛋能更快地进入千家万户，满足广大消费者的需求。

6.3 加强市场开发

在未来几年内将鸡蛋年产量提升至5 000万吨，以满足市场需求。在质量方面，追求色香味俱佳的高品质鸡蛋，坚决抵制违禁药物的使用，确保产品绿色、无公害。

6.4 优化发展环境

持续加大投入，引进先进的技术和设备，提升员工的技能和素质，提高生产效率和产品质量。积极履行社会责任，强化环境保护，关注动物福利，为社会贡献力量。

7 产业发展的问题与建议

7.1 蛋鸡产业存在的问题

一是蛋鸡产业链亟待优化升级。蛋鸡产业目前深加工程度不高，加工链条短，企业规模小，特色产品和知名品牌少，缺乏市场竞争力。蛋鸡加工主要以卤蛋、咸蛋、松花蛋为主，品种单一，销售渠道有限，大大制约了产业发展。

二是环保压力不断加大。蛋鸡养殖业环保设施和技术相对落后，废弃物处理能力不足，随着环境保护要求提高，产业面临着越来越大的环保压力。

7.2 蛋鸡产业发展建议

一是通过蛋品精深加工业延伸产业链条。鸡蛋通过加工可以延长保存时间，提高稳定性和安全性，同时降低运输成本。经过清洗、消毒、喷码再包装上市既能提升价值，又便于产品质量追溯。推广以蛋种鸡生产、新品种培育、商品鸡养殖、蛋品精深加工、禽肉制品加工、有机肥生产等为一体的蛋鸡全产业链生产模式，推动产业内部的专业化分工合作，形成专业化的生产链条，有利于促进蛋鸡养殖业整体发展，提高蛋鸡养殖的经济效益。

二是加强养殖环境控制。推广环保养殖理念，加强废弃物处理设施建设，严格执行污染物排放标准，推广绿色养殖，鼓励采用无公害、生态友好型养殖模式减少对环境的污染，推动粪污资源化利用，发展循环经济。

“绿色、高技术、全链式”战略打造高质量蛋品
——南京禄口禽业发展有限公司

1 公司概况

南京禄口禽业发展有限公司成立于2003年,存栏蛋鸡39万只。作为江苏省现代化蛋鸡养殖及品牌蛋品销售企业的重要代表,公司先后获评“农业部蛋鸡标准化示范场”“全国农产品全程质量控制技术体系试点单位”“全国名特优新农产品示范基地”“江苏省农业产业化重点龙头企业”“江苏省现代农业全产业链标准化示范基地”“江苏省疫情防控重点保障物质生产企业”“江苏省畜牧生态健康养殖示范场”“江苏省减抗示范基地”“南京市菜篮子工程基地”。公司打造的“六口”牌蛋品被授予“江苏省著名商标”“江苏省名牌产品”“全国名特优新农产品”等称号,“六口”牌系列蛋品已经进驻江苏、上海、安徽等地的1 000多个销售终端,“六口”品牌知名度以及品牌蛋市场占有率均居南京蛋鸡产业首位。

公司自2003年创建以来,紧跟行业发展大趋势,不断迭代养殖模式、技术和设备,实现了养殖过程、蛋品包装过程的智能化和自动化。2019年,“六口”牌蛋品消费市场需求强劲,为进一步满足市场需要,2020年公司上马设计存栏蛋鸡48万只的曹村智能蛋鸡养殖项目,目前已完成存栏30.96万只的蛋鸡舍及配套设施建设,年产鸡蛋5 700多吨,项目三期建设正稳步推进。

禄口禽业是品牌蛋品销售开创者，以"打造一枚高品质的鸡蛋"为使命，开创性地引进了蛋品药残快检模式，坚持在蛋壳表面喷印质量管理码，引领蛋品销售的全程质量控制可追溯。公司高度重视功能性鸡蛋的技术开发和市场销售，打造差异化蛋品销售的增长极，先后与南京农业大学、江苏省农科院食品安全与营养所、南京晓庄学院食品学院联合开发富硒蛋、叶黄素鸡蛋、DHA鸡蛋，产品已经进入苏果、盒马等商超，受到广大消费者的一致好评。

2 发展策略

2.1 绿色化发展

为确保蛋鸡产业绿色、清洁、高效、可持续发展，公司坚持规划布局先行，以保护环境为出发点，高标准、高起点选址、规划设计；建立多维度生物安全体系、标准化生产管理体系、粪污资源化利用体系、全程质量控制管理体系，生态健康养殖以全面、高效、可持续、体系化运行，做到了疫病防控有保障、生产效益有提高、生态环境有改善、蛋品安全能把控。在设备选择上，以低能耗、清洁能源为导向，通过多年的生产实践认识到要践行绿色发展理念，就要整合分支系统功能，确保从小事做起。目前，公司实施了节粮配方、阶段性配方、微生态制剂使用、清粪频率调整、鸡舍消毒、尾端设施化降尘减臭、粪污异地发酵还田等综合措施，以打造绿色、生态蛋鸡养殖。

通过严格实施生物安全管控，按照养殖规范落实好生物安全隔离管控措施，专人专岗，做好场区物理隔离、绿化隔离、消毒隔离，优化美化场区及周边环境，打造远看像公园、近看是花园的现代化绿色蛋鸡场。

2.2 高技术发展

近年来，畜牧兽医政策在大力引导推动蛋鸡产业率先实现现代化、标准化、集约化转型发展，现代农业发展专项中也重点支持养殖主体开展畜禽标准化规模养殖，引导养殖主体提升养殖装备技术水平和生产管理水平。在各级畜牧主管部门关心指导下，公司不断迭代养殖硬件设施及配套设备。2015年进口日处理30万枚鸡蛋的全自动蛋品分选包装成套设备；

2017年新上存栏9万只的5列4层层叠笼养成套设备；2020—2023年新上存栏30.98万只的5列8层层叠式笼养设备及全自动饲料仓储加工输送成套系统；2023年新上多功能巡检机器人和智能养殖数字平台，实现养殖全过程的智慧化管理。

全自动8层层叠式蛋鸡笼系统，可实现喂料、给水、集蛋、清粪、环境控制全部自动化；饲料仓储、加工、输送全部自动化、程序化；引进蛋品全自动分选包装成套设备确保蛋品清洗消毒、涂油保鲜、喷印质量码、分级销售；引入蛋品抗生素残留快速检测手段，对每批上市销售的“六口”蛋品检测合格上市后；引入智能数字系统，所有鸡舍配套环境控制整套设备，包括变频高负压导流风机、导流窗、水帘、传感器等，利用物联网传感器、控制器、智能数据采集机器人等设备，监测鸡舍的环境信息，包括温度、湿度、光照强度和有害气体浓度等环境数据，以及活体鸡的精神状态、饮水量、采食量、生物学特征，形成预警信息和环境云图。通过持续实施全产业链标准化生产，以精细化管理为根基，确保生产安全，确保疫病防控安全，节本增效，切实提升蛋品产供销效益。

2.3 全产业链发展

公司全产业链发展理念的提出是在生产实践过程中顺势而为，早期的养鸡、中期的品牌蛋品销售、正在进行的资源整合，从鸡蛋生产、加工、流通、销售到消费环节以及种养结合、三产融合等，是一个完整的、有机的、相互依存的系统。在全产业链中，每个环节都有其独特的功能和价值，都是实现农业可持续发展的重要组成部分。全产业链是农业发展的重要支撑，也是实现农业可持续发展的必要条件。它可以促进农业生产的高效、稳定和安全，提高农产品的附加值和市场竞争力，满足人民日益增长的消费需求，推动农村经济发展，促进社会和谐稳定。

全产业链企业由于内部沟通效率高，能够快速解决问题，因此具有其独到的优势。一是效率提升：产业链的各个环节紧密相连，能够实现信息的快速传递和决策的即时执行，从而提高整体效率；二是风险规避：整合产业链可以回避风险，如“新冠疫情”给养殖业带来的打击，通过整合产业链可以更好地保护合作社和养殖户的利益；三是食品安全：全产业链模式可以实现食品安全可追溯，打造“安全、放心、健康”的食品产业链；四是聚合优势：产业链齐全的优势主要包含链条上的环节以较短的时间获取所需的资源，缩短生产周期；及时反馈产品信息，有助于改进产品质量，形成良性经济互动，实现产业链条的范围经济，降低产品生产成本。

2.4 品牌化发展

公司蛋品生产历史悠久，在筑牢养殖关的基础上，不断提升品质，紧盯市场变化，主动求变，以市场需求为导向引领企业不断调整，不断求变。公司生产销售“六口”蛋品始于2005年，品牌化初期以喷码赋能销售，主要销售渠道是小超市、农贸档口，主打安全、地产新鲜和快速响应。2011年开始，“六口”牌蛋品销售进入快车道，主要与大型商超（苏果、华联、联华等）战略合作销售。2015年随着品牌蛋品销售供应商的增多，销售渠道增加了食堂、酒店，产品结构调整为保洁蛋。2020年开始，公司销售渠道进一步拓展到高要求的食品加工企业和餐饮配送企业，并开始辐射南京周边市场。2023年开始，公司实施双品牌战略——“六口”和“贤农华品”，“贤农华品”品牌以高端产品为主，实施定制蛋、功能蛋销售。

公司实施品牌化发展，一是顺应时势，了解行业发展方向，了解消费者需求；二是做好规划布局，有的放矢，做好服务，在充分挖掘企业自身优势、了解自身短板的基础上，不断引导和迎合市场需求，并在生产端进行调整；三是树立以质量为根本、“打造一枚高品质的鸡蛋”的使命；四是确立服务为王的理念，让客户了解蛋鸡生产、加工、销售的实情，让客户体验舒适，满足客户的差异化需求。

3 未来规划

未来公司将持续推进蛋鸡全产业链标准化养殖进程，推行生态健康养殖技术，强化生产精细化管理，引进智能化蛋鸡养殖手段，筑牢高质量根基；夯实蛋品全程质量控制体系，践行“打造一枚高品质鸡蛋”的使命；拓展蛋品销售渠道、探索互联网时代蛋品销售新模式、新业态，开辟销售新赛道；加大差异化蛋品、功能性蛋品开发力度，实施“六口”“贤农华品”双品牌战略、一二三产融合发展战略，在瞬息万变的市场大潮中永立潮头。

4 发展诉求

推进蛋品生产高质量发展，需要行业引导、政策支持、产学研合作、企业创新。一是要加大政策扶持力度，包括国土、环保、金融、项目等领域，解决企业用地难、配套难、融资难问题；二是要加大产学研合作力度，借助科研院所的智力资源及技术能力，在新技术、新品种、新设备、新模式上助推企业进行迭代；三是加强行业引导、整合信息资源，蛋鸡产业具有生产周期长、投资强度大、养殖及市场风险高、盈利能力弱的特点，建议行业主管部门严格行业准入，从行业层面规范饲料原料、存栏数据、疫病流行、蛋品价格等信息，及时发布市场预警信息，引导蛋鸡产业平稳可持续高质量发展。

“立足主产、绿色发展”的新型农牧企业
——江苏春神农业科技发展有限公司

1 公司概况

江苏春神农业科技发展有限公司创立于2010年，秉持“绿色、循环、低碳”的现代农业理念，坚持和探索“科技赋能、工业内核”的新型农业企业经营发展模式。经过10余年的努力，公司创立了具备“养殖-农业废弃物资源化利用-种植”自主循环体系的现代绿色低碳循环农业产业园。园区核心区养殖基地存栏蛋鸡50万只，农业废弃物资源化利用中心年产能10万吨以上，园区内企业推出了鸡、蛋、有机水稻、小麦、蔬菜、有机肥料、水产类肥料、生物菌剂、中药材饲料添加剂等几十种产品。

2 发展策略

公司蛋鸡养殖基地是农业农村部标准化蛋鸡示范场，基地蛋鸡存栏50万只，年产鸡蛋1万吨左右。主要养殖品种为海兰褐、海兰灰、京粉等。养殖基地结合园林景观理念，进行场区合理化布局，打造“一场多品多特色”的智能化、可观赏的园林式蛋鸡养殖基地。养殖设备在现有全自动捡蛋、自动喂料喂水、自动温控光控、自动氨气监测、厂区智能监控的基础上进一步优化，使得生产管理智能化、生态环境景观化。

公司对产品种类进行细化，面向不同人群打造富硒、高锌、高钙、低胆固醇、富胡萝卜素等功能蛋品，为消费者提供高品质蛋品。产品质量控制上，公司重视投入品品质，以农村自

产的一级玉米为基础，加入豆粕、维生素等原料，按照国家无公害标准，自主研制复配绿色饲料。与此同时，公司还建立了蛋与蛋制品生产操作规程与全程质量控制、监测体系，利用现代技术对蛋禽饲料生产、养殖和管理过程进行规范，制定全面的操作规程与质量控制体系，建立相应的监测保障系统，确保鸡蛋生产和原料的品质安全。公司强化蛋品加工、包装、运输、销售等环节的规范管理，建立生产、技术、管理规程，研究和建立产品质量监控体系与追踪溯源制度，保证各类产品的质量与品质。

为更好地实现绿色可持续发展，公司高标准打造农业废弃物资源化利用中心。中心主要致力于生物有机肥、复合微生物肥、有机无机复混肥、微生物菌剂、水溶肥、水产肥等产品的研发、生产和销售，资源再生利用技术研发，以及土壤污染治理修复和植保服务等，有机肥年产能10万吨以上。养殖末端产生的粪污进入资源化处理中心，通过生物技术处理转换为有机肥料，作为投入品还田可有效培肥改土，提高作物品质，实现化肥减量增效，帮助农民节本增收。为了更充分地利用鸡粪，通过全新工艺对鸡粪及中药材剩余物进行酶解提取，生产饲料所需的各类蛋白和氨基酸产品，残渣用于加工高标准生物有机肥，对现有资源进一步提高利用率，同时进一步丰富高端肥料产品。作为江苏省绿岛项目试点单位，公司在解决自身畜禽粪污的同时，还吸纳南京周边的农业废弃物资源，解决周边农业企业尾端废弃物处理问题，有效保护了环境，进一步推动了农业资源化利用产业发展。

3 发展规划

立足主产、绿色发展：以蛋鸡主导产业培育为核心，引进适当品种、技术、设施设备，推动蛋鸡养殖走向适度规模化、自动化、智能化。强化投入品检验检疫，优化饲料配方，精准饲养，推进无抗养殖。逐步建立“种苗-设施-饲料-科技服务-品牌鸡蛋-淘汰鸡产业园”绿色生态生产模式，推进健康养殖示范基地建设。

科技合作、开发新品：通过技术、人才、项目引进，强化与高校、科研院所合作，建立“绿色低碳循环农业工程中心”，重点开发特色鸡蛋、富硒（锌）大米、富硒（锌）茶、各类专用有机类肥料、无抗养殖、土壤改良等新产品和新技术。

把握市场、拓展业态：坚持市场导向，以蛋鸡为媒，科技装备先行，向市民展示现代规模养殖标准化、自动化、智能化方式，带动二产、三产发展。搭建电商平台，探索“互联网+实体农场+电子商务”的发展模式，打造线上认养、线下代养的O2O养殖场景，推进“网上种茶”“网上种稻”等“互联网+”新业态。

整体规划、分步推进：紧紧把握镇（街）规划的调整变化，与政府扶持引导相结合，实施以业主投入为主体、基地积累为基础的投入机制，合理确定分期建设目标，循序推进，逐步向周边辐射，带动区域经济发展。

公司作为高新技术企业、全国首批农产品优质投入品试点单位、江苏省民营科技企业，江苏省农业生产全程机械化智能化示范基地、江苏省农业信息化示范基地，坚守科学循环发展理念，合理利用有限资源，坚持以蛋鸡主导产业培育为核心，综合利用现有条件，在各级政府的支持下，加强与高校、科研院所合作，通过技术、人才、项目引进，逐步将养殖业与现代信息产业融合，与现代工业融合，与健康产业融合，与技术、文化等服务业融合，提升企业资源的产出效率，带动农民增收致富。

“6+1战略”推进数智化转型
——南京英特生态农业有限公司

1 公司概况

南京英特生态农业有限公司成立于2012年，现存栏蛋鸡近40万只，是蛋鸡养殖、蛋品初加工、蛋品销售一体化布局的市级农业产业化重点龙头企业。2017年凭借现代化养殖、规范化管理、高标准生产被评为“农业部蛋鸡标准化示范场”，目前主营新鲜、营养、安全的高品质鸡蛋生产销售。

2 发展历程

公司2012年9月成立，2013年建成存栏10万只的蛋鸡场，引进国内先进的蛋鸡饲养自动化设备，2014年成为南京市溧水区农业产业化重点龙头企业，2016年扩建成存栏20万只的蛋鸡场，2017年被农业部授予“蛋鸡标准化示范场”称号，2020年扩建成存栏40万只的蛋鸡养殖基地，2023年组建蛋品成套分选包装处理中心，引进日处理20万~30万枚鸡蛋的蛋品分选包装生产线。

3 企业文化

使命:生产"安全、干净、营养、新鲜"的高品质鸡蛋。

愿景:推动蛋鸡养殖数智化、产业化,实现蛋鸡养殖和蛋品生产的高质量发展。

宗旨:为消费者提供高品质、高标准的蛋品。

价值观:生产安全新鲜、干净营养的鸡蛋;与客户真诚合作、贴心服务客户。

理念:产品安全——民以食为天,食以安为先;管理高效——高效率生产,高标准出品;经营诚信——诚心经营,信义为本;社会担当——勇担社会责任,当好消费者的服务员。

4 数智化转型升级

公司秉承"绿色、生态、低碳、循环"的现代化农业发展理念,坚持有效推进蛋鸡养殖产业高质量发展,并将通过"数字赋能"实现蛋鸡养殖产业的"数智化"升级和转型。为此,公司制定了"6+1"战略——"六大系统,一个品牌",六大系统分别是自动投料系统、自动养殖系统、自动集蛋系统、自动发酵系统、自动分选系统、可视化管理系统,一个品牌就是打造华东地区鸡蛋产品的地域农产品品牌。

经过十二年的努力,公司已建成自动化混料投料系统,实现了自动打料、混料、送料;建成国内先进的自动化蛋鸡养殖系统,实现了自动投料喂水、自动控温控光、自动监测氨气等;配备有自动化集蛋系统,实现了集中捡蛋、高效生产;拥有国内先进的粪污发酵罐处理系统(农业废弃物资源化利用中心),很好地解决了周边蓝莓、草莓等种植企业的有机肥需求;引进蛋品成套分选包装系统,可以日处理鸡蛋30万枚。

5 严格保障蛋品质量

公司自创立之初就始终坚持"民以食为天,食以安为先"的生产理念,严格把控育种、饲料、饮水、防疫、生产等各个环节,确保生产的蛋品无抗生素、无激素、无药残。

为全面提升蛋品生产现代化水平,推动企业高质量发展,2023年5月公司引进了蛋品成套分选包装生产线,通过人工筛选、清洗、烘干、UV杀菌、涂油保护、脏蛋检测、裂纹检测、血蛋检测、称量分级、喷码溯源、自动包装、出厂检测等12套严格的流程管理,生产出高标准、高品质的新鲜鸡蛋,确保从生产基地出去的每一枚鸡蛋都经过全程品控。

以生产"安全、干净、营养、新鲜、生态的高品质鸡蛋"作为企业的使命,以真诚贴心的服

务为担当，公司与众多大型企业建立了长期、良好的战略合作关系，为南京市中小学、机关企事业单位食堂、高级宾馆酒店等提供新鲜的蛋源，为广大消费者提供值得信赖的鸡蛋产品。

6 未来发展规划

2024年公司计划推出“山林印”保洁蛋品牌；2025年计划与高校（南京农业大学、金陵科技学院）合作建成“六大系统”之可视化管理系统，推动“数智化”转型，实现蛋鸡养殖、蛋品初加工、品牌蛋销售的可视化管理；2026年计划扩建成存栏65万只蛋鸡的规模鸡场；2027年计划建成智慧、生态的美丽农场，推动农旅融合发展，打造集牧场、农旅、科普于一身的农业科技基地。

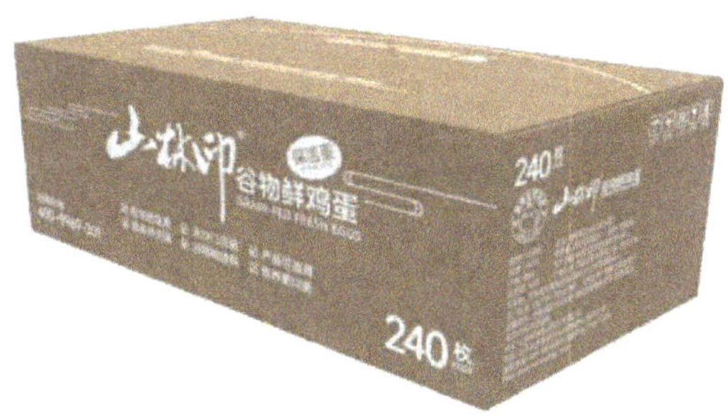

精细化管理筑牢养殖主体根基
——南京盘滁机械化养鸡场

1 公司概况

企业始建于2001年，经过23年发展，在政府及各界人士支持下，已发展成为存栏蛋鸡39万只、设施设备先进、实现环境友好发展的现代蛋鸡生产及蛋品加工企业。企业始终秉持“产品领先、安全第一、健康人生、美好生活”的经营理念，致力于为合作客户提供安全、高质、高效的产品及服务，得到社会各界的广泛认可，在行业中享有盛誉。

产品安全是蛋鸡企业发展的基础。随着社会发展和人民的物质生活及健康需要不断提高，高品质鸡蛋需求旺盛，企业通过全封闭环控设备改造、蛋鸡品种优化、高效无抗健康理念的推广应用、国际领先的保洁蛋清洗设备的引进和现代化系统管理方案的实施，最大限度地保障了优质蛋品的供应。近年来，企业顺势而为，寻求转变，成为南京农业大学研究生产学研重点实习单位，并承担部分市级科研项目。

2 发展策略

2.1 发展现代标准化养殖，紧跟政策导向

为促进畜牧养殖业高质量发展，近年来，江苏省畜牧兽医行业主管部门大力推广现代化、标准化、集约化养殖技术，设立现代农业发展专项资金重点支持养殖主体开展标准化规模养殖，引导养殖主体提升养殖能力和水平。企业紧盯行业技术发展，用好政策，不断完善养殖硬件设施配套，引进一批自动化设备和智能养殖监控系统，实现养殖全过程的智慧化

管理。

通过引入自动化层叠式蛋鸡笼系统，鸡蛋和鸡粪可以通过自动化设备收集和处理，保持鸡舍的干净卫生，减少环境污染。自动化的饲料加工及投喂系统，集成了饲料粉碎、混合、筛分等功能，利用计算机、控制器、传感器等实现饲料生产全过程的自动化控制和管理。智能化环控系统可实现鸡舍温度、湿度、光照强度和有害气体浓度等环境数据监测等。通过持续进行标准化养殖设施设备升级改造，以精细化生产管理为企业安身立命根基，确保生产安全，确保疫病防控安全，节本增效，切实提升了生产成绩以及养殖收益。

2.2 推进生态健康养殖，促进可持续发展

不断推进生态健康养殖，以完善、协调可持续体系运行，做到疫病防控有保障、生产效益有提高、生态环境有改善、畜产品安全有把控。企业在场区设计、建造中引入标准化生态健康理念，高标准、高起点建设，深度融合多维度生物安全体系、精细化生产管理体系、可循环粪污处理体系、可追溯投入品管理体系。各体系相互融合、相互促进，不同体系方案根据养殖场实际综合运用。以臭气减排、粪污处理为主要着力点，建设现代化粪污处理车间，通过有机肥发酵以及臭气集中收集处理打造绿色、生态养殖车间。

2.3 革新蛋品营销策略，适应市场需求变化

在夯实养殖技术、抓牢生产管理、确保疫病防控、安全生产基础上，紧盯市场变化，主动求变，以市场需求为导向引领企业自身变革。精细化蛋鸡养殖管理关系到蛋品生产企业长远发展，而品牌蛋创制及市场开发决定了企业能够行得远、赢在先。在拓宽产品销售通路以及创新蛋品生产技术两方面同时发力，让产品品质以及销售模式都能够顺应市场变化，满足用户需求。

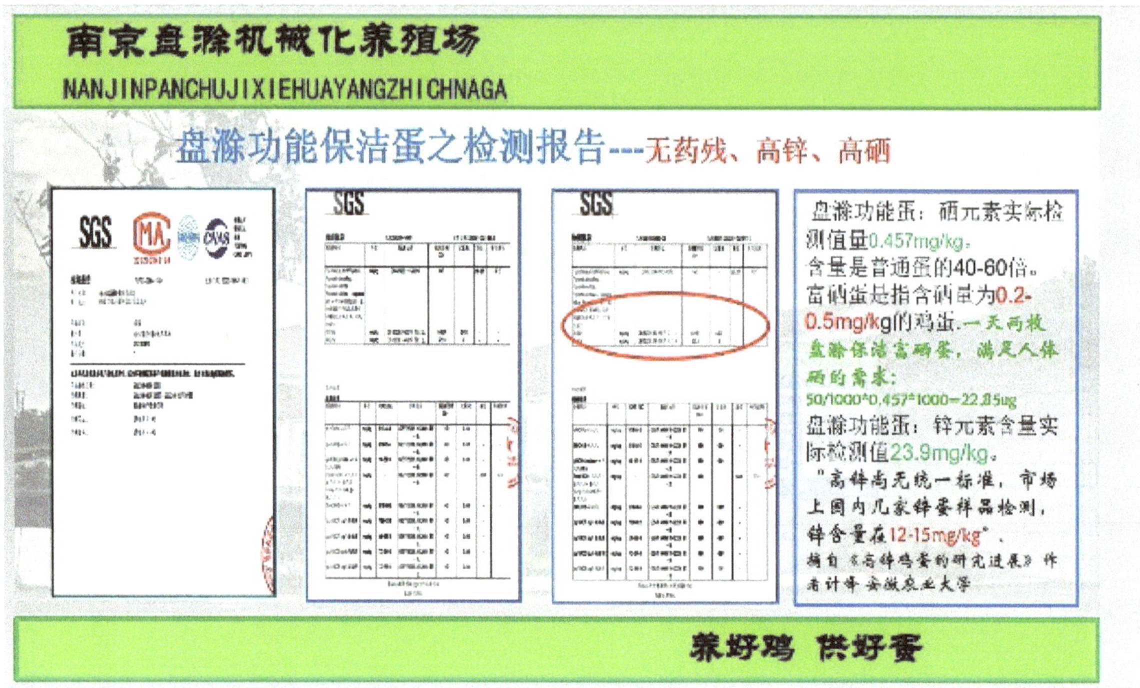

3 未来规划

持续推进标准化养殖升级改造，应用生态健康养殖技术，加强生产精细化管理，筑牢养殖主体可持续发展根基；加强蛋品生产质量把控，为用户提供放心蛋、安全蛋，赢得市场信赖；革新市场推广手段，拓宽销售通路，开发特色蛋品，以特色蛋、精品蛋、品牌蛋和品牌效应立足市场。

"产加销"一体化带动合作社发展
——泰州苏鹏蛋业生物科技有限公司

泰州苏鹏蛋业生物科技有限公司创建于2006年,是一家集蛋禽饲养、禽蛋购销、蛋品研发加工于一体的省级农业产业化重点龙头企业,下设姜堰市白米镇苏鹏禽蛋购销专业合作社、苏鹏绿尔康禽蛋经营部、姜堰区苏鹏养殖场,产品注册商标为"绿尔康"。2011年3月被认定为"江苏省农业产业化重点龙头企业"。

近年来公司发展迅速,效益显著,先后荣获"江苏省省级示范农民专业合作组织""江苏省农产品营销一百强""江苏省农产品质量安全追溯管理示范单位""首届泰州农民丰收节百姓最喜爱的农产品"等多项荣誉称号。

公司成立至今,始终坚持"以农为本,服务农民"的宗旨,利用本地蛋鸡养殖的传统优势,充分发挥龙头带动作用,加强与农户合作,产业化经营,在增加农户收入、开拓产品市场、品牌建设等方面探索出一条成功之路。

1 优化经营模式，促进农民增收

泰州市姜堰区及周边地区是著名的家禽养殖之地，蛋鸡产业具有良好的发展基础。在公司成立之前，本地家禽养殖呈现多元化，各家各户养鸡，农民经纪人各收各的货源，遇到市场、疾病、价格等风险，倒霉的是养鸡农户，这些因素严重制约本地蛋鸡业发展。

随着农业产业化进程的加快，在上级部门的关心、支持和指导下，公司牵头组建了“姜堰区白米镇苏鹏禽蛋购销专业合作社”，建立了公司自有的养殖示范基地，按照“公司+合作社+示范基地+农户”的运作形式，由公司牵头，对合作社社员及农户实行“五包承诺服务”：一包种苗供应、二包饲料组织、三包技术指导、四包保护价收购、五包养殖效益。到2018年底，公司已与1 300多户农户签订了紧密型合作协议，养殖户辐射姜堰、海安、东台、如皋、兴化等地。与农户实行常年保护价收购，2023年仅此一项合作社社员及紧密型养殖农户就增加收入300多万元。目前公司有养殖基地8个，会员农户1 100多户，合作经纪人16个，带动农户5 800户以上。

2 实行品牌经营，开拓销售市场

每年由公司合作社牵头对农户进行饲养管理、卫生防疫、疾病诊断的技术培训，邀请市、区有关专家进行技术培训和指导，在生产过程中要求养殖户严禁使用违禁药品和超标准使用药物，并通过公司的示范养殖基地引导农户按照无公害标准化模式饲养蛋鸡。2007年9月，公司蛋鸡养殖基地被江苏省农林厅认定为“江苏省无公害养殖基地”，产品被农业部认定为无公害农产品。2012年“绿尔康”商标被评定为“江苏省著名商标”。公司利用现有的注册商标“绿尔康”加大宣传力度、拓展市场空间，先后与农工商集团、苏州欧福蛋业、达利园集团等大型超市和食品加工企业签订了常年鲜蛋供应合同，产品经市场多次抽样检测均符合质量要求，市场反馈较好。公司生产的全蛋粉、蛋白粉、蛋黄粉等产品，已经成为蒙牛集团、伊利集团等国内大型食品企业的生产原料。

3 发挥带动作用，加快基地建设

2011年公司被认定为“农业产业化省级重点龙头企业”，为发挥龙头企业优势，扩大本地禽蛋产业规模，促进农业增效、农民增收，围绕“五个一”示范创建，公司着手制定中长期发展规划，经过两年的努力，目标已逐步实现。

一是扩大产业链条。近年来，投入资金新建年产1 000吨的蛋粉生产线和溶菌酶、免疫球蛋白生产线，主要对鲜蛋进行深加工，生产蛋白粉、蛋黄粉、全蛋粉和溶菌酶及其系列产品，目前正在积极申报自营出口权，争取蛋粉系列产品出口。

二是强化产品质量。公司成立了蛋粉制造技术研究所，已通过ISO 22000：2005食品质量安全管理体系认证、ISO 9001：2015质量管理体系认证。开发蛋粉系列产品，不仅提高了鲜蛋产品的附加值，增加经济效益，同时年可消化鲜鸡蛋3 000吨以上，降低了产品供大于求的市场风险，调动了农户养鸡的积极性，真正实现了产、加、销一条龙产业化经营。

三是加快基地发展。公司利用农业开发补助资金和自筹资金新建了15万只蛋鸡养殖示范基地，并通过“泰州市姜堰区农业标准化示范项目”验收，目前正积极制定“蛋鸡饲养管理技术规范”地方标准，基地鸡场配备了现代化自动上料机、喂料机、刮粪机、自动饮水器、自动照明系统、自动消毒水线、纵向通风等设施。通过科学严密的管理，建立一种高效、健康、安全、生态、工厂化的养殖模式，进一步提升规模蛋鸡养殖水平。目前公司基地拥有养殖农户1 127户，饲养蛋鸡350万只，年产鲜蛋22 000多吨，产品主要配供上海、江苏等一线城市大中型超市，销量在华东地区名列前茅。基地项目的实施，为农户向无公害养殖规模化、工厂化方向发展起到了示范作用，同时带动了农村劳动力转移以及饲料加工、蔬菜、花木、运输等行业发展，促进农业增效和农民增收。

2018年由公司牵头成立“泰州苏鹏优质禽蛋产业化联合体”，产业化联合体由一家龙头企业、4家农业企业、3家专业合作社、12家养殖场及家庭农场、120户养殖大户组成，联合体的建立有利于各经营主体间的紧密联结关系、降低交易风险、稳定原料供应、提高生产质量、对农业产业发展和农民增收致富都有极其重要的作用。经过努力，“泰州苏鹏优质禽蛋产业化联合体”入选江苏省农业农村厅第二批“农业产业化省级示范联合体名录”。

近几年，公司在与农户的合作过程中，充分履行合同，基地农户蛋禽养殖积极性不断提升，合作热情大幅提高，为扩大基地养殖规模、广泛联结农户、改变农村经济增长方式、促进农业产业结构调整、让更多农户致富发挥了积极作用。公司围绕在两年内实现销售3亿元的目标，拟在原有基础上增加养殖农户500户，扩大饲养量100万只，带动农户1 000户以上。同时加大投入，扩大蛋粉及其系列产品生产规模，积极申报国家绿色食品认证。2024年拟投资2 000万元新建液蛋类产品生产线，进一步延伸产业链条，切实解决养殖风险，开辟新市场，不断增加鲜蛋及其蛋制品的销量，为推动本地区农村经济发展和促进农民增收做出更大的贡献。

智能化设备与现代化管理相得益彰
——泰州市仙岛农业科技有限公司

泰州市仙岛农业科技有限公司成立于2003年，坐落在泰州市姜堰现代农业园区内(夹河村)，是“江苏省重点农业园区”“江苏省绿色产品生产基地”，先后投资8 000万元专门从事蛋鸡饲养及优质蛋品销售，配套标准化装配式鸡舍10栋，全资子公司泰州市仙岛皇农牧有限公司配套标准化装配式鸡舍4栋，共存栏商品蛋鸡40万只，年产鸡蛋1亿枚。

公司一直以来与南京农业大学、江苏省家禽科学研究所、扬州大学等科研院所建立了长期紧密协作关系，引进了国内先进的全自动化电脑控制层叠式蛋禽养殖设备，保证公司的生产技术和各项管理达到国内先进水平。公司的技术研究中心致力于现代规模养殖的安全生产标准化探索，研发出从育雏、育成、产蛋、饲料配方、环境控制与鸡粪处理等一整套安全生产技术方案。采用先进的生产理念、养殖模式和专业技术，促进蛋鸡养殖的现代化、规模化、标准化、智能化和经营管理的国际化、市场化、集约化。目前是泰州市科技领先的蛋鸡养殖基地，被泰州市农业农村局评为“泰州市农业产业化重点龙头企业”，荣获“江苏省农业科技型企业”称号，并在2021年获得“农业农村部畜禽养殖标准化示范场”称号。

1 采取先进的设施养殖技术与模式

目前，我国商品蛋鸡养殖基本为两阶段全程笼养模式。公司鸡舍类型为全密闭鸡舍，标准化鸡舍生产设施包括八大系统，即喂料系统、饮水系统、光照系统、集蛋系统、清粪系统、通风系统、降温系统和运行自动化系统。商品蛋鸡养殖的主要技术包括青年后备鸡培育技术、免疫接种技术、光照程序设计技术、全价饲料配置技术、疫病防控技术和环境控制技术等。

公司采用国内最先进的饲养设备，包括全自动喂料、饮水、光控、温控、通风、换气、清粪、消毒等智能化控制系统，同时拥有全自动监测设备。目前公司设计的单栋饲养量为3.5万只的鸡舍，机械化、自动化程度高，对饲养管理技术也要求较高，通过20多年的养殖生产实践，公司蛋鸡养殖模式和配套技术管理水平也在不断提高，并总结出了一套高产、稳产的饲养管理技术，从而实现了高产蛋鸡死淘少、产蛋多、耗料低、效益好的目标。

2 实现封闭式饲养，提升生物安全水平

公司为构建生物安全体系，从养殖场布局和硬件建设着手，选择远离村居及主干道的地址建设场区，减少非必要的外来人员、车辆等对场区的影响；通过优化场区布局，实现蛋鸡生产、粪污及病死鸡处理、办公生活等区域分离，避免将外部风险因素带入场区；采用养殖、集粪、集蛋等全程机械化的处理，实现人、物、鸡相分离；强化人员、车辆、物资的进出管理和清洗消毒等措施，严防外来病原进入场区。多措并举全面提升生物安全防护水平，降低蛋鸡发病率。做好防疫、免疫、检疫等工作，重在落实和加强现场管理。杜绝由于废弃物或淘汰鸡引起的后端感染风险，将淘汰鸡交易场地转移到鸡场外围。

3 引进自动集蛋系统，降低劳动力成本

购置大型中央集蛋系统，让鸡蛋从鸡笼直接到达传送带，输送到蛋品包装车间，最后由全自动中央集蛋线集中装托。这一套系统减少了人与蛋鸡之间的接触，避免交叉感染，也可以精确的计算每栋鸡舍的产蛋数，提高了饲养设备的自动化程度，同时节省劳动力。按照传统养殖模式，30万只蛋鸡需要人工50~100人，现在整场仅需要15人即可，较之前下降了60%，实现了蛋鸡饲养管理集约化及自动化。

4 生产中严把质量安全关

公司饲养管理全程使用工业化、标准化生产的饲料产品。目前公司与饲料厂采用代加工合作方式，根据蛋鸡生长发育的不同阶段，制定科学合理的饲料配方，及时调整配方中各种原料的比重，在能够满足生产要求的前提下尽量降低饲料成本。严格执行《兽用生物制品管理办法》和《兽药管理条例》的有关规定，从合法的采购渠道采购兽药，使用过程中严格执行公司制定的投入品使用管理制度。为确保蛋品质量符合国家标准，姜堰区农业农村局联

合第三方检测公司定期对公司鸡蛋进行药残、抗生素残留等检测，重点检查生产记录、投入品使用、追溯平台及企业赋码等情况，长期为公司的鸡蛋质量安全把关。此外，公司发出的鸡蛋到达苏州欧福公司后也会接受新鲜度、蛋体清洁度等相关指标检测。

5 配套建设粪污处理中心

集约化蛋鸡养殖模式方便鸡粪集中处理，降低了粪便收集难度，及时清除鸡粪可以为蛋鸡提供更好的生存环境，同时也避免对周围的生态环境产生不良影响。公司配套干鸡粪堆积仓库，同时引进鸡粪风干机设备，风干后的鸡粪可用于农田施肥、园林绿化，有效提高耕地肥力、改善土壤供肥环境，实现资源化利用。

6 未来发展趋势

科技的迅猛发展，物联网、人工智能、大数据分析等智能技术的融合应用，赋予了养殖业全新的发展模式，智能养殖正成为现代养殖业的引领力量。公司以创新为驱动，以现代设施农业为依托，通过引入先进的鸡舍设备、智能化管理系统以及科研成果，实时监控蛋鸡的活动状态、健康状况和生长数据，并通过生产中的数据分析不断优化饲料供给策略，精准进行养殖管理和调控，优化养殖环境和饲养过程，提高蛋鸡生产效率，降低养殖成本，不断通过技术创新和数字化手段推动蛋鸡养殖业智能、绿色、高效可持续发展。接下来公司将持续与上下游企业、科研机构、行业协会等建立合作关系，共享资源和经验，提高整个行业的竞争力。

打造高端可生食鲜鸡蛋品牌
——江苏大鹤蛋业有限公司

江苏大鹤蛋业有限公司成立于2019年，业务覆盖了蛋鸡养殖、鲜鸡蛋初加工、有机肥加工等领域，首期存栏40万只蛋鸡，配套智能蛋鸡养殖设备、饮水净化系统、暖通系统、蛋品清洗分级生产线，从养殖到生产全程严格遵守食品安全标准和质量规范。

公司养殖设备先进、技术领先，自主研发智慧农业管理平台，实现了养殖、加工、销售、管理全过程智能化、数字化。公司的主要技术支撑来源于日本合作方，相关核心技术来源于日方团队和研究机构。同时，公司与国内相关科研院所等研究机构保持着良好的沟通和互动。作为国内初级农产品生产商，江苏大鹤蛋业将秉承上海大鹤的传统，不断探索、创新，为提升国内鲜鸡蛋行业水平不断努力。

1 生物安全系统

1.1 人员洗消通道

鸡场出入口设置人员洗消通道，入场人员在门禁识别后才能进入，人员首先经过雾化消毒及紫外线消毒通道，通过更衣沐浴后入场。进入鸡舍需要3次更换鞋方可入内。

1.2 车辆洗消通道

车辆出入口设置了消毒池通道，所有入场车辆进行轮胎及车身消毒，驾驶人员需喷雾消毒并进行登记。

1.3 物资洗消通道

物资出入口设置了紫外线消杀通道，进入鸡场内的物资进行足时足量的紫外线消毒。

1.4 合理的免疫程序

合理制定免疫程序，定期检测免疫抗体水平，不断总结分析，保证鸡群健康。

2 智能化养殖系统

公司现存栏蛋鸡40万只，年产蛋6 000吨。单栋鸡舍有5列鸡笼，每列鸡笼4~8层H型结构，配套全自动喂料、饮水、集蛋、通风降温、清粪系统。每栋鸡舍只需要一名饲养人员进行卫生管理，最大程度减少人与鸡接触，减少有害病菌携带及交叉感染。

2.1 自动化喂料系统

通过中央料线控制系统，将饲料输送到不同鸡舍的料塔，再将饲料输送至室内前端的饲料柱，每层循环运行的链条系统将饲料带到每个采食位，整个系统全自动运行，通过料塔下的料塔秤自动记录饲料消耗量。

公司每次采购饲料原料都进行物理、化学验收，验收合格才能入库，每批次原料都进行留样保存，以便核查。对于大宗原料玉米每车次检测水分、容重、黄曲霉素 B_1、赤霉烯酮、呕吐毒素等指标检验，保证饲料的质量最佳。

2.2 自动化饮水系统

经过次溴酸杀菌处理后的水源，通过前端的调压器过滤装置等，将合适压力且洁净的饮水提供到鸡舍内的水线，次溴酸在水线中持续保持活性，对水线中的沙门氏菌及大肠杆菌等进行消杀。智能控制系统自动进行水线的水位监测，若发现断水、缺水等异常情况会自动报警，同时，系统具备了自动过滤、加药、自动反冲洗功能，并通过软件记录每日的饮水量。

公司采用的智能化次溴酸杀菌系统，溴树脂是一颗颗米粒大小、充满孔道的圆球，孔道内储存了巨量的杀菌因子。水经过装满溴树脂的净化系统时，通过数字化的控制系统，实时监测水线中的水流量和次溴酸的浓度，溴树脂和水流的碰撞瞬间释放溴元素，能高效杀灭源水中的有害菌，同时还能实时稳定释放出微量次溴酸，浓度约1毫克/千克，能持续杀灭下游管道中的沙门氏菌、大肠杆菌等有害菌，并抑制其二次滋生，从而确保鸡的饮水健康。

2.3 环控系统

智能环控系统能连接8个室内温度传感器及2个湿度传感器，可以自由选择手动控制、远程控制和自动控制三种环境控制模式，通过对鸡舍内的温度、二氧化碳浓度、氨气浓度等参数实时监测，由智能环境控制系统来分析，自动控制风机、水泵、进风窗等设备，在不同的季节给蛋鸡提供均匀舒适的温湿度环境。

冬天时新鲜空气通过鸡舍两侧的小窗进入，较冷的新风与鸡舍顶部的暖空气混合后下坠到鸡的生活区域，让它们感受到新鲜暖和的空气。小窗的开口大小可全自动调节，从而精准地调控进气量，使得室外气温变化时室内也处于恒温环境。

夏天时新鲜空气通过前端的湿帘降温系统与百叶窗进入鸡舍，通过尾端的风机组排出，在鸡舍内形成稳定隧道风速，降温系统与风速结合，让鸡感觉到凉快。同时，根据环控器设定的目标温度，系统自动调节风机的开启数量与前端降温系统的效率，让鸡的体感温度处于稳定水平。

2.4 鸡蛋收集系统

鸡蛋通过倾斜的底网滚动到鸡笼两侧的蛋带上，通过全自动鸡蛋收集系统被运输到中央集蛋线，最后输送到蛋品加工车间进行清洗、杀菌、分级包装。

2.5 视频监控系统

鸡场周边、道路及每一栋鸡舍前后都安装有高可靠型全彩网络摄像机，具备移动侦测（支持人形检测）与异常侦测能力。

3 环保清粪系统

每层笼下配有PP传粪带，鸡粪被统一传送到鸡舍末端，之后通过水平和垂直输送机输送到指定预混区域。鸡粪通过与辅料及菌剂的充分混合，达到最佳的水分标准，然后入仓进行好氧发酵，好氧发酵一定周期后，将充分腐熟的有机肥半成品转到陈化车间陈化，陈化后的有机肥成品进行资源化利用，其发酵产物能够达到国家有关畜禽粪便资源化利用的卫生学指标要求。

4 自动清洗分级系统

4.1 预淋、清洗、杀菌

蛋壳表面经过45~50℃温水预淋后，用次氯酸水进行清洗，有效杀灭沙门氏菌和大肠杆菌。

4.2 快速风干

蛋壳表面用自然风在1分钟内快速吹干，让蛋壳表面水渍快速挥发，减少停留时间。

4.3 人工光检剔疵

在灯光下，手工剔除裂纹蛋、脏蛋、畸形蛋等不合格蛋。

4.4 裂纹蛋检测

每一枚鸡蛋被柔性白色小球快速敲打16次，通过反馈的超声波信息来判断蛋壳是否有裂纹，把辨识出裂纹的鸡蛋信息存入主机大脑，以便和正常的鸡蛋隔离。

4.5 紫外线杀菌

紫外线照射可以把沙门氏菌、大肠杆菌等99.9%杀灭。

4.6 分级装托

每一枚鸡蛋都会在线称重，并存入电脑主机，根据预设的轨道重量范围，蛋爪会有条不紊地把鸡蛋放入每一条符合重量区间的轨道，然后装托输出。

5 智慧农业管理平台

通过公司研发的智慧农业管理平台，所有的设备均由该平台智能管理与运行，实现了生产过程的自动化、可视化、数据化。自动计算应领饲料数量、疫苗品种数量，根据饲养制度、免疫制度预测饲料、疫苗的需求计划，记录养殖过程中死淘数量、疫病报告处理情况、技术员巡查情况。同时，建立各种数字模型、作业标准、市场模型，通过即时生产指令下达，将传统的经验型养殖作业转变为标准化工序，在保证蛋鸡健康、鸡蛋产品质量安全的前提下提高商品化率。

6 循环农业发展模式

大鹤蛋业充分利用数字化技术进行鸡粪资源化综合利用。通过中央集粪系统将鸡粪输送到有机肥处理车间，和辅料及菌剂预混后输送到好氧发酵设备进行好氧发酵，最后产生的优质有机肥用于还田，提高土壤有机质含量，为公司的循环农业项目提供基础条件，同时带动了周边农户近3 000多亩的现代化农业种植规模，形成蛋鸡养殖、有机肥生产、蔬菜及水果种植的循环生态模式。

7 助推畜牧产业升级

智能化和规模化养殖已成为畜牧业发展的必然趋势，公司在饲料加工、蛋鸡养殖、有机肥加工等环节采用先进的自动化设备，实现整个产业链的高度自动化，提升了生产效率，为降低单位产品的生产成本、提高综合竞争力奠定了基础。公司的发展对加快当地养殖智能化、数字化进程具有十分重要和深远的意义，加速了阜宁地区畜牧产业结构的进一步优化与调整，有效推动了当地智能养殖业的发展。

8 保证食品质量安全，推进地方品牌建设

公司依照“质量第一、持续提升产品安全、客户满意”的质量方针，从养殖到加工全程严格遵守食品安全标准和质量规范，2022年公司通过了全球SQF食品安全及质量规范的最高等级3级认证（Code No.77652），2023年获得由国际领先的认证机构SGS颁发的可生食蛋及无抗生素产品认证证书。公司出品的“蘭皇”“赤玉”“裕贡逸膳”等高端可生食、DHA、虾青素、叶黄素、Omega-3功能性鸡蛋，主要供应国内高端消费市场，线下主要区域为江苏、浙江、上海、北京、广州、深圳等国内一二线城市的高端生鲜零售超市、高端餐饮渠道，线上主要在天猫、京东、东方甄选等平台销售，产品深受广大消费者的青睐，为推进地方品牌建设助力。

以养殖技术和模式创新提升市场竞争力
——泗洪金羽禽业有限公司

1 公司概况

泗洪金羽禽业有限公司成立于2010年4月，建有标准化蛋鸡舍2万平方米，存栏蛋鸡10万羽，每年可向社会提供商品蛋1 800余吨。公司用半年时间在江苏、山东、河南、浙江等省份走访养殖户，经市场调研分析后建了一个年可向社会提供100万羽的青年鸡育雏场。青年鸡场建成后，公司高薪聘请了一个有多年从事育雏管理经验的专业人员任育雏场场长。公司着力服务于养殖户，引领行业健康发展，公司与江苏省农业科学院兽医研究所建立长期合作关系，用其提供的技术指导养殖户生产经营，面对面为养殖户服务，大大降低养殖成本，科学预防疾病，降低了疾病带来的风险，提高了生产性能，增加了养殖效益。

2 经营状况

随着社会经济的发展，畜牧养殖产业也在迅速发展提升，从零星小型集约化养殖转型到中、大型规模化养殖，公司为适应行业的发展，提高经济效益，实现节能减排，于2017年5月开始利用一年半的时间，对两个养殖场进行提档升级改造。把原有的旧设备淘汰，装上性能好、自动化程度高的设备，做到舍内环境可控，舍外环境不污染，提高产能，节约成本。特别是育雏场的加温设备改造，把原来的烧煤炭加温改造成电地暖给温，从而带来的益处有：无须烧煤，不会因烧煤排烟而带来污染；鸡舍温度均匀，不会像烧煤那样温度忽高忽低；不用烧炉工,减少了人力劳动;节能降低育雏成本。

3 竞争优势

公司要在激烈的市场竞争中很好地生存发展,既不是资金实力,也不是规模优势。一是要秉承为客户不断创造价值;二是产品优质,公司多年来一直严格控制免疫和流程管理以确保产品质量的卓越性;三是企业的资源,公司取得发展是靠志同道合的伙伴的帮助和指点,通过积累广泛的人脉,保障了企业的资源优势;四是敬业,做好企业首先要有敬业精神,只有敬业才能把事情做到极致,做到完美。

4 创新模式

公司自建成至今,不断摸索改革创新、节能降本,提高市场竞争力。

一是饲料创新:饲料是家禽生长和生产的关键因素之一,公司与江苏丰县新中牧饲料有限公司合作,利用益生素、纤维降解酶等发酵技术生产出10%的蛋鸡浓缩料,提高饲料的吸收利用率,改善蛋鸡肠道、提高了鸡体免疫能力,同时也改善鸡舍环境。

二是饲养环境创新:饲养环境是影响家禽生长与健康的重要因素之一,传统的饲养模式无法有效控制环境对家禽的影响。公司通过鸡舍改造升级,对温度、湿度、通风、光照、有害气体等可以有效控制,给鸡群提供更舒适的生活环境,进而促进其健康生长,提高了蛋鸡养殖的生产效率。

三是绿色养殖创新:随着人们对环境保护和可持续发展的要求不断提高,传统的家禽养殖往往会产生大量的污水、废气,对环境造成很大的压力,公司在环保设施改造后,不再排污,粪污发酵后回田进行资源化利用。

5 销售渠道

目前消费者对鲜蛋的购买心理排序首先是安全,其次是价格。在一、二线城市有品牌蛋的需求,所以包装蛋逐渐成为消费者选择的主流。随着行业发展食品安全将变成行业的基本标准。目前,公司的蛋品销售渠道有单位食堂采购、新鲜蛋品批发和包装礼盒。

6 未来发展及市场定位

随着科技进步，蛋鸡养殖业也逐渐向标准化、规模化的经营模式转型。现在养殖户可以利用数据化、信息化技术实现养殖自动化、智能化，农业物联网技术将会广泛应用于蛋鸡养殖业中，大幅度提升企业的生产效率和市场竞争力，而传统的农户养殖模式已不能满足市场对于安全、健康、优质蛋品的需求。因此专业的规模蛋鸡养殖企业将在未来的市场竞争中占据更大的份额。公司未来的目标是，稳步增加养殖量，适度规模发展，应用自动化、智能化、信息化着力打造营养、健康、安全蛋品，满足人们对优质蛋品的需求。当然要想在行业里获得长期可持续的发展还需要企业不断创新，改进养殖技术和经营模式，让消费者真正满足其对安全、健康、优质蛋品的需求，并积极挖掘市场需求空间，才能在未来的市场竞争中占有一席之地。

7 蛋鸡产业问题及建议

一是养殖量高，存栏量大，鸡蛋价格不稳定。目前我国蛋鸡养殖量居全球第一。有数据显示商品蛋鸡饲养量估计在15亿只，在生产性能正常发挥的状态下，12亿只商品蛋鸡所生产的鸡蛋即可满足国内市场需求。

二是国外引进品种多。目前我国自主培育的褐壳蛋鸡品种主要为北京峪口种禽公司培育的京红蛋鸡，还有部分小品种鸡。

三是疾病影响较大，发病率高，特别是冬季。加之祖代鸡企业引种成本高，引种难，这些企业采取祖代鸡群、父母代鸡群强制换羽措施，换羽后孵出苗鸡发病率高，如滑液囊支原体、白血病等疾病，给养殖企业带来很大的损失。

综上所述，要使我国蛋鸡产业能够稳步、持续、高效地发展，对育种企业、祖代鸡场要引领性、政策性调控。对国内自主培育品种给予技术性、政策性支持，从而让国内培育品种能够稳步持续性地发展。

优质农民专业合作社典范
——盐城添寿禽蛋专业合作社

1 合作社概况

盐城市大丰区添寿禽蛋专业合作社成立于2007年10月。是由大丰区南阳镇广丰村蛋鸡养殖大户王苏平牵头，联合本镇及大中、万盈等镇村的122个蛋禽养殖户及农民经济人组建的一家以蛋禽养殖为主业的农民自治团体组织。

2 运行机制

保证利益分配合理。成立之初，合作社制定章程，严格按照“以服务社员，谋求全体社员的共同利益”为宗旨，实行“自主经营、自负盈亏、利益共享、风险共担、盈余主要按照成员与合作社交易额(量)比例返还”的原则运作，在利润分红上采取保底分红的分配办法，二次分配视合作社实际效益而定。

管理机构设置健全。合作社章程完整，理事会、执行监事、理事长职责明确。实行理事会领导下的理事长负责制，完全按照合作社的模式运作，规范管理，根据生产经营和管理需要，科学合理设置内部管理机构，并建立健全岗位责任制，有着完整而严格的管理体制和健全完善的管理制度。

财务管理制度严格。合作社依据《中华人民共和国农民专业合作社法》《中华人民共和国农民专业合作社财务会计制度(试行)》建立财务管理体系，出台了《大丰区添寿禽蛋专业合作社财务管理制度》，加强会计核算，强化内部管理，明确内部岗位责任制，实行钱、账、物分管，建立健全签收、审批和内部稽核制度。合作社实行财务公开，强化监督机制，把与社员利益相关的经济活动如财务计划、每月的经营情况、财务收支情况等，以适当的方式向社员公开，以便接受社员和股东监督。资产的购置须经过合作社管理程序，即必须经过合作社成员大会讨论同意，或合作社理事会讨论同意，接受合作社监事会监督。合作社实行民主决策、民主监督、民主管理，社员监督与外部监督相结合，年终接受上级部门或社会中介机构审计，出具审计报告，提高财务管理水平。

3 服务宗旨

合作社始终坚持“科技、规模、服务、效益”的办社方针，积极引导适度规模化、管理规范化的标准化养殖，并对社员实行“四统一”，即统一饲料配方、统一技术指导、统一疫病防治、统一品牌销售。

由于机制创新，成效显著，合作社先后被评为江苏省级“五好”农民专业合作示范社、全省农民专业合作社示范社、江苏省科技特派员工作站、江苏省动物防疫达标示范场、江苏省畜禽良种化示范场、江苏省畜牧生态健康养殖示范基地，合作社自办的源源养殖场获农业部“蛋鸡标准化示范场”称号。

4 人才队伍建设

合作社拥有较好的办公条件和办公设施，建有信息网络，并保持信息畅通，能确保日常工作的有序开展。经过5年发展，本合作社现有职工20人，专业技术人员9人，其中高级职称的科技人员3名，中级职称的科技人员4名。合作社十分重视社员素质的提高，以扬州大学动物科学与技术学院和盐城市畜牧兽医站为技术依托，定期进行技术指导和技术培训，先后培养了30多名技术人员与技术工人，纷纷走上主要技术岗位。

5 产品质量保障

合作社生产的“添寿”牌禽蛋具有高蛋白、低胆固醇、低脂肪、无激素、无三聚氰胺、无药物残留等特点，通过了农业部无公害产地、产品认证，“添寿”商标也被盐城市和江苏省工商局认定为知名商标、著名商标。合作社不断加强市场开拓，生产的“添寿”牌禽蛋产品，已进入“家乐福”苏州店、“北京华联”苏州店、“华润万家”等多家大型连锁超市，平均销售价格较过去涨40%以上，产品供不应求。在首届江苏省农民合作社产品展销会上荣获“畅销产品奖”，第二届江苏名特优农产品（上海）交易会上荣获“产品畅销奖”。

目前合作社（鸡场）年存栏蛋鸡10万只，可提供鲜鸡蛋2 000余吨及产后的淘汰鸡9万余只，年销售额2 000余万元，利润100万元左右。今后合作社将通过组织、引导优势提高防疫能力，加强规范管理，确保“添寿”牌鸡蛋的增产增收。

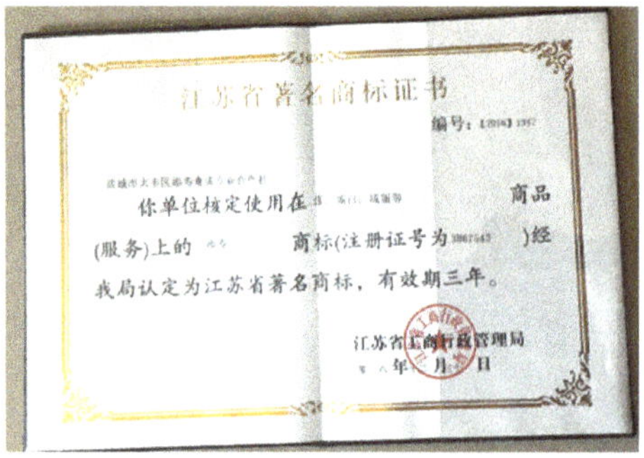

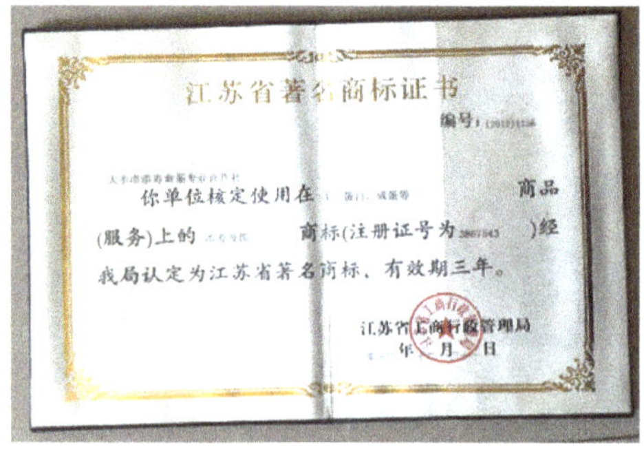

以先进的营养研究和管理手段开发优质蛋品
——江苏青柏禽业有限公司

江苏青柏禽业有限公司成立于2015年，公司长期从事蛋鸡养殖、特色蛋品销售和青年鸡饲养，生产的乳酸菌鸡蛋深受消费者喜爱，饲养的优质青年鸡服务周边蛋鸡生产。

公司蛋鸡场采用国内先进的全自动化笼养设备，自动环控，全封闭饲养，避免与外界交叉感染。配套有自动喂料行车、自动捡蛋机、自动清粪机、自动加药器、鸡粪高温好氧发酵罐等设备，鸡群自动饮水，湿帘风机降温，减轻了饲养员的劳动强度，改善了蛋鸡生产环境。目前产蛋鸡存栏6万只，年产鸡蛋800吨左右，青年鸡场现存栏青年鸡25万只。

1 先进的饲养管理技术模式

1.1 应用先进的饲养管理技术

实现了免疫程序化、消毒常态化、养殖自动化。2016年创建江苏省畜牧生态健康养殖示范场并连续通过复检验收，2021年获得淮安市产业化农业龙头企业等称号。

1.2 采用专业育雏、自繁自养模式

公司青年鸡场专业育雏，为周边规模鸡场、专业户和农户提供标准的海兰褐蛋鸡青年母鸡，为实现高产蛋鸡产蛋性能高、成活率高、饲料报酬高、适应能力强、耐寒、耐热、抗病性强、开产时间早、蛋壳颜色鲜亮等目标提供关键技术支撑。

2 使用乳酸菌发酵饲料，提升养殖效益

经过乳酸菌发酵处理后的发酵饲料，含有丰富的有机酸、可消化吸收酶、维生素、游离氨基酸、活性小肽、促生长因子等物质，不仅能提高蛋鸡对饲料的吸收与利用，降低生产成本，所含有的有益菌还能调节肠道菌群，促进肠道健康，减少疾病的发生。饲喂乳酸菌发酵饲料经济效益良好，每只鸡可增加10元左右的利润，死淘率明显减少，并且实现了“无抗”养殖。

乳酸菌发酵饲料养殖蛋鸡，还能提高鸡蛋质量、蛋壳厚度、蛋壳相对质量、蛋黄比重及蛋料比，降低鸡蛋破蛋率，同时改善鸡蛋的风味和鸡肉口感，鸡蛋蛋白细腻、蛋黄醇香、没腥味，鸡肉更有嚼劲。

3 进一步加强品牌建设

公司注册了“青柏”牌商标，主要销售模式是批零兼营，通过互联网销售部分品牌蛋，还在盱眙县城开办了“青柏农场直营店”。每年不定期自检和接受食品安全抽检300多次，为广大市民提供新鲜、安全的老母鸡和鸡蛋。未来几年是行业洗牌的阶段，将有大量的资本进入蛋鸡养殖端，对中小养殖场会有很大的冲击。打铁还需自身硬，练好内功稳步发展、不贪大，养好每一批鸡是公司的经营策略。接下来公司将继续打造县域品牌，走近社区让更多市民了解青柏，吃到青柏价廉物美的乳酸菌鸡蛋。

以技术和服务作为立业之本
——江苏裕丰禽业有限公司

1 企业发展历程

江苏裕丰禽业有限公司是一家集种鸡饲养、鸡苗孵化、鸡蛋销售于一体的民营企业，前身为建湖县良种场，始创于1982年，2013年更名为江苏裕丰禽业有限公司。现为江苏省畜禽良种化示范场、江苏省畜牧生态健康养殖示范场、江苏省家禽产业技术创新战略联盟理事单位、盐城市市级农业产业化龙头企业和建湖县农广校实习基地。

2 业务体系和人才队伍建设

公司建立了完善的良种繁育体系，主营产品为商品代苗鸡、商品代青年鸡、商品代种蛋、父母代种鸡和鸡粪发酵有机肥，销售区域遍布江苏、河南、河北、山东、安徽等地。公司逐步形成强大的人才、技术和品牌优势，始终坚持“勤劳加科学、管理出效益”的企业宗旨，以“技术、服务”为立业之本的团体精神，并形成一套完整的线上、线下、售前、售后一站式服务体系。公司本着让客户“产品质量满意、先进养殖技术满意、售后服务满意”的基本原则，不断加强内部综合竞争力。公司在竞争中求发展，在挑战中谋机遇，为客户提供最先进的养殖技术和完善的售后服务，助力畜牧业高质量发展。

3 设备现代化与管理规范化

公司生活区与生产区布局合理，符合养殖规范标准。设置饲料加工库、种蛋存放区、孵化区、疫苗注射区、疫苗存放区、苗鸡待发区和育雏舍、青年鸡舍、种鸡舍、蛋鸡舍，以及环保型鸡粪快速发酵仓、污物池、沼气池、生态种植区，配备鸡蛋恒温运输车、饲料运输车、捡蛋车等生产设施。目前已建有现代化标准鸡舍11幢，其中青年鸡舍6幢、育雏舍3幢、种鸡舍2幢。青年鸡育雏舍每栋可饲养5万只，可单批次提供30万只青年鸡。现有全自动巷道式孵化箱11套，可同时孵化18万只雏鸡，配套鸡粪快速发酵仓，实现了对鸡粪的无害化处理，可日处理湿鸡粪15吨，生产有机肥3吨。

公司坚持生态健康养殖，严格采用经国家批准的兽药，做好生产全过程控制，常年邀请盐城市、建湖县专家教授来公司进行技术指导服务，在鸡蛋产品抽检中未发现违规添加行为。

4 带动农民致富，打造地方品牌

目前公司是建湖县乃至盐城市蛋鸡行业招牌企业，是盐城市大型种鸡繁育基地，在盐城市及周边市县具有较高的知名度、美誉度和号召力。年生产苗鸡2 000万只，年繁育青年鸡100多万只，年均存栏种鸡15万套左右，为盐城市乃至周边县市的菜篮子工程提供了强有力的种源、雏源和蛋源保证。

公司采用“基地+专业合作社+养殖户”的生产模式，对接养殖合作社成员，带动合作社成员养殖蛋鸡10万只。公司坚持通过产供联销、订单生产等多种形式让利于养殖户，为盐城市家禽养殖业的快速平稳发展做出了相应的贡献。

5 对蛋鸡产业发展的建议

5.1 发展全产业链金融

整合各类蛋鸡产业政策支持资金，由平台公司担任管理人发起设立蛋鸡产业股权投资基金，通过政策引导和商业化运营，有效支持蛋鸡产业薄弱环节发展。

5.2 设立风险救助基金

完善蛋鸡产业风险补偿机制，充分发挥期货规避风险、价格发现功能，促进蛋鸡养殖户提升规模化、标准化水平，合理调整养殖规模，增强蛋鸡养殖经营抵御风险能力。

5.3 加强产学研合作

加强与高校、科研院所开展政产学研合作，推动“清单式”“菜单式”服务，努力争取科技支持项目，在健康养殖关键技术、鸡蛋加工核心技术、鸡蛋营养与品质特性、原料安全与控制等共性技术上开展科研攻关，共同推动产业进步。

种养结合，践行生态养殖理念
——连云港启迪禽业发展有限公司

1 公司成长历程

连云港启迪禽业发展有限公司经过20多年发展，目前拥有智能化、数字化蛋鸡养殖基地，饲养蛋鸡20多万只，年产鲜鸡蛋3 000吨，有机肥生产中心年产有机肥4 000多吨，年产值9 000多万元。公司始终贯彻横向一体化发展理念，致力于把现代畜牧业打造成优质、高效、生态、低碳可持续发展产业。公司通过百亩养殖基地、百亩蔬果种植、自建有机肥厂，实现了种养结合、以养带种的生态循环新模式。

公司产品于2008年获农业部无公害产品认证，2011年获中国绿色食品发展中心绿色食品认证，并获首届“江苏食品质量安全高层论坛指定产品”“第二届江苏名特优农产品上海展销会金奖”，公司2012年评为国家级农民合作社示范社，2020年被评为省级农业龙头企业。

2 养殖技术、模式及产品创新

2.1 技术创新

公司从生产源头抓起，编制了5个蛋鸡地方标准和无公害蛋产品产地环境标准，制定完善了合作社章程，每年聘请养鸡专家举办蛋品质量安全、数控养鸡技术培训，引进推广蛋鸡高产技术，建立用药档案，每一批次鸡蛋都有编号，实现了“可溯源的蛋产品，带身份证的鸡蛋”的质量控制目标，让真正的优质蛋品走进消费者。

2.2 养殖模式创新

公司采用农牧业4.0设计理念，运用物联网、大数据、云计算、人工智能等新一代信息技术，实现了养殖全过程的自动化、数字化管理。全厂启用物联网技术，通过传感器、射频识别及定位系统等信息传感设备实现远程控制操作。智能化环控设备自动控制鸡舍温度、湿度、光照，通过温湿度变送器、各种气体探测器、烟雾报警器等传感器采集鸡舍环境数据，实时上传至智慧养殖云平台，工人通过电脑、手机就可以远程查看鸡舍各项环境数据，并手动或自动控制风机、加温加湿等设备，从而保持鸡舍环境健康、稳定。环境监测系统对鸡舍空气质量的监测数据进行统计和管理，考虑到鸡舍的环境布局和对环境参数的准确性要求，在层叠式鸡笼上设置多个环境参数采集点。环境参数传感器采集到的数据通过采集卡由汇聚节点处传输到现场服务器上，并对上传信息进行汇总、存储，通过对各气体数据的采集、过滤、分析，以各类图表形式展现，实时掌握环境质量动态信息，环控设备根据数据变化自动调节鸡舍环境质量，使养殖环境更舒适。

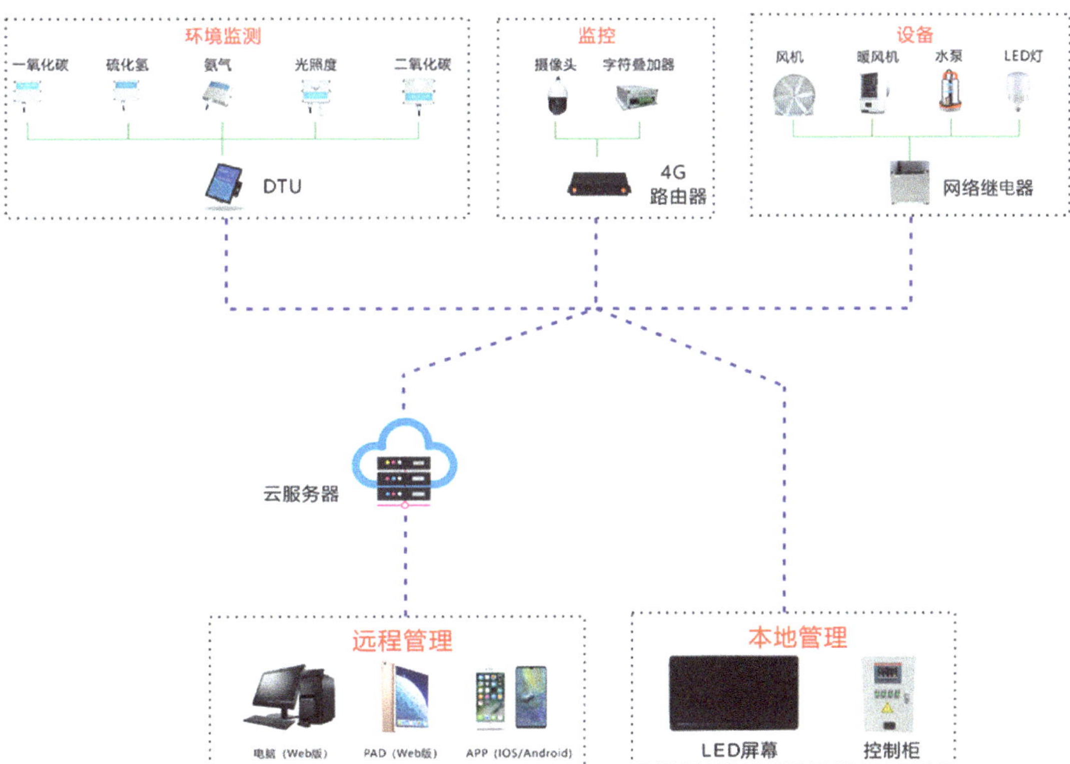

2.3 蛋品收集、分级模式创新

鸡蛋由自动化集蛋系统收集，经过挑拣、清洗、干燥、紫外线杀菌等48道安全检测流程，最后进行分级包装或加工。根据蛋壳颜色、重量等进行自动分级分等，仅仅蛋壳颜色就分为

10个级别，并通过激光打码实现全程可追溯。

3 社会效益

公司发展的同时不忘回报社会。为了带动更多养殖户共同致富，2007年8月，公司成立了润民禽蛋专业合作社，通过“合作社+龙头企业+养殖户”的产业化经营模式，统一联系场地、统一供应品种、统一技术标准、统一质量自检、统一组织销售，降低了生产成本，减少了中间环节，稳定了产品质量，产品统一注册商标，初步形成鸡场生产专业化、及时供货服务、上下连锁销售，实现鸡工农一体化、产供销一条龙，通过开发新产品树立了自己的品牌，鸡蛋价格明显提高，且供不应求。

2009年，润民禽蛋专业合作社通过了国家质量监督检验检疫总局食品安全局的质量认证。如今，润民禽蛋专业合作社的客户已遍布无锡、常熟、上海、连云港等十几个市，公司通过线上线下齐头并进，全区域拓展市场，先后在南京、上海、无锡等大中城市设立办事处，建立直营店，产品先后进入沃尔玛、家得福、大润发、苏果、京东等各大超市，产品深受广大消费者喜爱，年销售额达2 600多万元。

此外，通过养鸡标准化技术培训、技术推广，大大提高了养鸡技术水平与产品的优质率，有效规避了市场风险，“订单蛋业”的迅速发展，使入社鸡农的养殖效益比散户明显提高。2023年11月，合作社系列蛋品在中国江苏名优产品博览会上获得“畅销产品奖”殊荣。合作社与30多家龙头企业紧密联合，推行“公司+农户”的发展模式，在引导鸡农科学养鸡的同时，联合鸡农签订优质蛋品统一销售合同，让鸡农足不出户就能将蛋品卖出好价钱，引领连云港养鸡业向专业化、集约化、规范化、市场化、国际化迈进。

以科技创新为引领,打造卓越蛋鸡企业
——泰兴市鹏源养殖有限公司

泰兴市鹏源养殖有限公司是一家新型智能化养殖场,现存栏蛋鸡23万只,公司经营管理制度健全,运营状况良好,2023年实现销售收入2 000多万元。公司成立以来,始终坚持高质量发展,不断提升综合实力和市场竞争力,先后被评为“农业部蛋鸡标准化示范场”“全国无公害农产品”“全国诚信档案企业”“全国AAA级信用企业”“中国招投标领域碳中和承诺示范单位”“中国民营科技实业家协会常务副会长单位”“江苏省畜牧生态健康养殖示范基地”“江苏省巾帼现代农业示范基地”等。

1 设施化智能化养殖水平高

公司始终坚持用先进设施引领发展,积极引进智能设备努力实现高效生产。2009年建场时,公司采用A型阶梯鸡笼半封闭式养殖模式、刮粪机清粪、人工控制风机和湿帘,饲养规模只有10万只。为提高生产效率,公司不断进行改造升级,加大基础建设投入和养殖设施改造,近几年鸡舍全部安装H型鸡笼,采用智能化全自动通风和温度控制系统、自动饮水系统、自动喂料系统、自动集蛋系统以及全自动履带式清粪系统、全自动光照控制系统、自动捡蛋系统,现代化设施的应用大大节省了人工成本,提高养殖效益。设施改造级后,一个人可以管理5万只蛋鸡,饲养过程无须人工操作,降低人与鸡的直接接触,减少鸡群应激和鸡病

的发生。公司以科学饲养管理技术实现鸡场精细化管理，采用无线传感器等感知设备，在线采集鸡场环境参数并进行反向智能调控，配合物联网管理云平台实现鸡场数字化和智能化管理。

2 采用标准化生产，确保产品品质与安全

公司蛋鸡养殖高标准严要求，采取标准化的疫病综合防控措施，建立健全和执行各项防疫制度，采用三级消毒防疫设施，从源头控制疾病传染。制定并严格执行标准化的饲料、饲料添加剂和兽药等投入品管理规程，严格执行兽用处方药制度和休药期制度，坚决杜绝使用违禁药物。制定鸡蛋生产标准化规程，对玉米、豆粕、预混料以及添加剂等严格把关，做到全程可追溯，从源头上保证蛋鸡产品安全性。

3 降本增效，提高市场竞争力

近年来公司不断加大资金投入，实施标准化养殖设施升级改造工程，每人平均饲养3万只蛋鸡，降低了用工成本，减轻了工人的劳动强度，切实提升蛋鸡自动化养殖水平。其次，公司不断加强与扬州大学、南京农业大学等科研院校合作，加大人才培养力度，引进先进的养殖技术和现代化蛋鸡养殖管理模式。饲养“农大3号”“大午金凤”等节粮型蛋鸡，降低养殖成本。公司全力打造的“峰辉”牌无抗无公害鸡蛋，获得了市场的一致好评。

4 坚持绿色生态循环养殖

公司坚持对鸡粪源头减量、无害化处理、资源利用，添加发酵饲料、微生物等增加饲料利用率，减少粪污产生。采用履带式清粪和节水装置，在乳头饮水器下安装接水槽，鸡粪通过履带直接送到运粪车，进行堆肥发酵后还田。与周边种田大户签订2 500亩农田使用鸡粪协议，做到鸡粪变废为宝。部分废水和鸡粪进入沼气池经厌氧发酵降解后直接灌溉农田，从而实现零排放和资源化利用，实现了生态循环养殖。

5 履行责任担当，带动养殖户共同致富

坚持以发展“三农”为使命，采用“公司+农户”的经营模式，与附近33家养殖户签订合作协议，对养殖户开展从鸡苗供应、饲料配备、技术指导到蛋鸡养殖、鸡蛋销售等服务，手把手教会养鸡户建造养殖场、配制饲料、预防疾病、把握市场行情等。定期邀请专家进行技术指导，为养殖户答疑解惑，带动周边养殖户共同发展，走上养殖致富的康庄大道。仅2023年以来，就带动农户饲养蛋鸡80万只，获利1 000多万元，户均增收30多万元。

6 推进蛋鸡全产业链升级

公司将继续坚持高标准严管理，落实食品安全管理措施，为消费者提供优质、安全、放心的鸡蛋。严格遵守各项法律法规，坚持绿色发展和生态健康养殖，带动周边养殖户致富。下一步公司将由蛋鸡养殖向蛋品深加工发展，将资本技术及资源要素进行跨界式集约化配置，使一二三产业之间紧密相连，协同发展，实现农业产业链的延伸。公司正在依托泰兴市农产品产业园区筹建江苏中农鹏源生物科技有限公司，致力于蛋品深加工，实现全蛋液、全蛋粉、蛋白粉、蛋黄粉等产品的大规模生产加工。

7 蛋鸡产业的问题及建议

7.1 存在的问题

一是玉米和豆粕等蛋鸡饲料的主要原料价格高，抬高了蛋鸡养殖成本；二是鸡蛋价格的波动，导致蛋鸡养殖收益不稳定；三是产能过剩导致市场竞争加剧，影响养殖利润；四是蛋鸡疫病频发，养殖风险大。

7.2 未来发展建议

一是强化政策引领，加强监测预警，及时发布行业生产和市场信息，引导从业者理性经营，促进市场平稳运行；二是坚持以科技创新为引领，创建标准化养殖场，注重标准制定、品牌培育；三是充分发挥高效生态农业品牌优势，聚焦技术集成、产业融合等主体功能，加快发展种养、加工、物流、研发、服务等一二三产业融合发展的新业态；四是加强蛋鸡常见病防治等实用技术培训，有效降低发病率和死亡率，减少经济损失，提高养殖效益。

订单式生产有效控制养殖风险
——泰州市田园畜禽养殖有限公司

泰州市田园畜禽养殖有限公司成立于2005年，现存栏蛋鸡25万只，年产鸡蛋8 500多万枚。鸡舍按高标准蛋鸡模式设计建设，配备了湿帘风机、自动投料机、集蛋机、履带式清粪机，达到喂料供水、清粪捡蛋、给光控温、换气消毒全自动化。

1 养殖生产模式

1.1 自动化生产系统

公司采用了现代蛋鸡养殖场层叠式蛋鸡笼养系统、中央集蛋系统、层叠式育雏育成笼养系统、清粪系统、智能化环控系统五大系统，自动化水平高，极大地减少人工劳动强度。

1.2 科学的分段饲养

蛋鸡饲养全程分为三个阶段，即育雏（0～49日龄）、育成（50～140日龄）和产蛋（141～

532日龄）。鸡舍为全封闭式，自动控制舍内温湿度、自动通风换气，保证环境适宜，确保蛋鸡高产、稳产。

1.3 健全的产品安全保障措施

在保障鸡蛋质量安全方面，从六个方面着手，合理把控：

一是确保饲料卫生，严格执行和控制原料标准，合理使用灭菌的饲料产品。配方稳定，营养全价，合理使用脱霉剂、微生态制剂、酶制剂、酸制剂等。无病原体污染，无抗生素添加，无霉菌毒素危害，无毒性物质存在。

二是根据实际情况制定免疫程序，使用高效疫苗，增强特异性免疫力。

三是尽量杜绝和避免免疫抑制性疾病的发生，增强免疫力。

四是环境与应激控制到位，使鸡生存在一个安全舒适的环境中。

五是疫病监测程序化，定期对鸡群进行疾病的实验室检测，做好预防工作。

六是聘请技术团队作为鸡群的保健指导，合理进行鸡群保健。

2 订单生产降低养殖风险

公司深知养殖行业风险大，所以对市场行情变动敏感度性强。在平时的管理中，狠抓鸡蛋产品质量，不断提高管理水平。目前因为产品质量能够得到保证，公司与大型蛋品加工企业达成合作，采取订单模式生产，蛋鸡品种、养殖数量都是按照收购方的要求做计划，减少了生产的盲目性，大大降低了产品囤积的风险，提高了利润率。

3 绿色发展与生物安全

公司按照“优质、高效、安全、生态”的发展战略，采用传送带清粪工艺，鸡粪日产日清，全程不落地，容易收集，基本实现鸡粪零污染。同时与生物能源公司对接，将新鲜鸡粪进行沼气发酵，沼气发电上网，沼渣和沼液作为蔬菜、稻麦等作物的有机肥，使得鸡粪变废为宝，成为蛋鸡提质增效的新途径。为了减少异味扰民，公司在鸡舍末端安装除臭棚，对鸡舍内排出的气体进行全量收集，在除臭棚内安装臭气喷淋净化系统，通过喷淋柠檬酸、次氯酸钠等酸性溶液，中和尾气中的氨、甲硫醇、硫化氢等臭味分子，吸附空气中的灰尘、饲料颗粒，杀灭细菌、病毒等病原微生物，在降低气味的同时减少疫病传播。

4 未来发展规划

我国是蛋鸡养殖和鸡蛋消费大国，鸡蛋是城乡居民餐桌上优质蛋白重要来源，发展蛋鸡产业对提升城乡居民生活水平、促进乡村产业发展具有重要意义。未来，公司在达到一定规模和取得可观利润后，可以以点带村、以村带镇成立蛋鸡养殖合作社，带动村民发展农业经济，再逐步扩大规模，形成产业链，带动全镇人民走上共同富裕的道路。

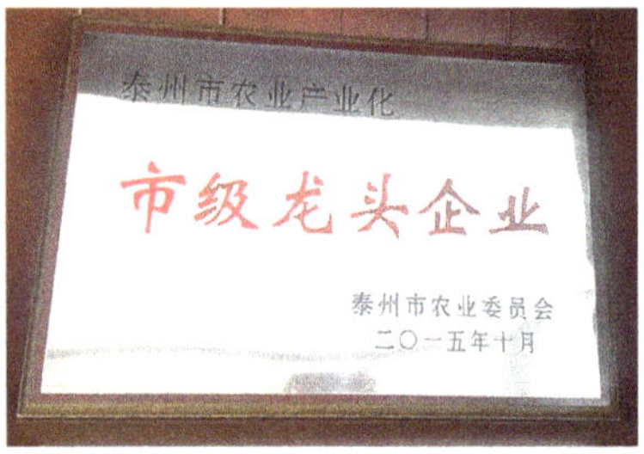

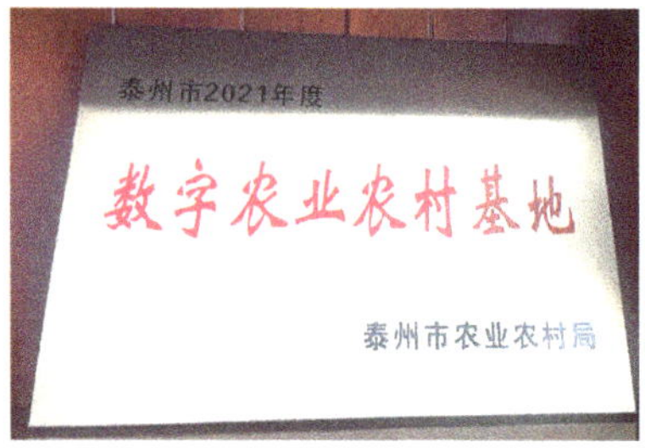

打造特色蛋品牌，发挥本土战略优势
——扬州兴扬家禽养殖有限公司

1 企业概况

扬州兴扬家禽养殖有限公司成立于2011年，现存栏蛋鸡12万只，是扬州市蛋鸡现代化养殖及品牌蛋品销售企业重要代表。公司先后获评江苏省畜禽标准化示范场、江苏省畜牧生态健康养殖示范场、农业部和江苏省减抗示范基地、仪征市农产品质量安全追溯3A级企业等荣誉称号。公司自创建以来，不断完善养殖硬件配置，在饲喂、捡蛋、鸡粪处理等方面实现了100%机械化。为进一步满足市场需要，2023年公司投资打造存栏量20万只的智能化蛋鸡舍，投产后年产蛋量将达到4 000吨，目前项目建设正稳步推进。公司高度重视鸡蛋品牌创建，以技术创新推进新型品牌蛋开发，于2020年开发出富硒蛋、DHA蛋、虫草鸡蛋，打造“兴扬”牌特色蛋，市场反应良好。

2 发展策略

2.1 推进标准化现代化生产，紧跟政策导向

为促进畜牧养殖业高质量发展，近年来，江苏省畜牧兽医行业大力推广现代化、标准化、集约化养殖技术，设立的现代农业发展专项中也重点支持养殖主体开展畜禽标准化规模养殖，引导养殖主体提升养殖能力和水平。在各级畜牧技术部门悉心指导下，兴扬公司不断完善养殖硬件设施配套，引进一批自动化养殖生产设备、多功能机器人和智能养殖监控系统，实现养殖全过程的智慧化管理。引入自动化层叠式蛋鸡笼系统，每个鸡笼之间设有独立的粪带和集蛋带，鸡粪和鸡蛋可以通过自动化设备分别收集和处理，保持鸡舍的干净卫生，减少环境污染；引入自动化饲料加工及投喂系统，集成了料仓、破碎、混合、筛分等功能，利用计算机、控制器、传感器、执行机构等通过PLC实现饲料生产全过程的自动化控制和管理；引入智能化环控系统，所有鸡舍配套环境控制整套设备，变频高负压风机、导流窗、水帘、传感器等，利用物联网传感器、控制器、智能控制柜等设备，监测鸡场的环境信息，包括温度、湿度、光照强度和有害气体浓度等数据。公司通过持续进行标准化养殖升级改造，以精细化生产管理为安身立命根基，确保疫病防控和生产安全，切实提升生产成绩以及养殖收益。

2.2 推进生态健康养殖，促进可持续发展

公司追求生产、环境和谐共生，以高标准、高起点建设，场区设计、建造引入标准化生态

健康养殖理念，深度融合多维度生物安全体系、精细化生产管理体系、可循环粪污处理体系、可追溯投入品管理体系，生态健康养殖以完善、协调、可持续体系化运行，做到了疫病防控有保障、生产效益有提高、生态环境有改善、产品安全有把控。公司深刻认识到建立标准化生态健康养殖体系关键在于体系的协同联合实施，各体系不应单独存在，而应相互融合相互促进，需要根据生产节奏综合运用。对不同体系方案根据养殖场实际需求，考虑成本与效能因素，反复推敲，深度融合。并以臭气减排、粪污处理为主要着力点，建设现代化粪污处理车间，通过有机肥发酵以及臭气集中收集处理打造绿色、生态养殖车间。

2.3 革新蛋品营销策略，适应市场需求变化

近年来，公司在夯实养殖技术、抓牢生产管理、确保疫病防控和安全生产基础上，紧盯市场变化，主动求变，以市场需求为导向引领企业自身变革。公司深刻认识到精细化蛋鸡养殖管理关系到企业站得住、趋避险，而品牌蛋创制及市场开发决定了企业能够行得远、赢在先。公司在创新蛋品以及拓宽产品销售通路两方面同时发力，让产品品质以及销售模式都能够顺应市场变化，满足用户需求。在创新蛋品方面，公司先后开发出兴扬牌富硒蛋、DHA 蛋、虫草鸡蛋，满足用户对营养、健康的不同需求。兴扬 DHA 蛋 DHA 含量超过 0.3%，达到 4A 级标准，兴扬虫草蛋富含硒等微量元素，并显著降低了胆固醇含量，2023 年虫草蛋销售额达到 627 万元。在拓宽产品销售通路方面，公司打造线上线下销售联动模式，门店销售布点，直播

带货求新，“敏姐-兴扬草鸡蛋”抖音账号日常活跃粉丝万余人，2023年线上销售额突破835万元，在立足扬州本地市场基础上积极争取外地用户，2023年市外销售蛋品850吨。

3 发展规划

接下来公司将持续推进标准化养殖升级改造，应用生态健康养殖技术，加强生产精细化管理，筑牢养殖主体可持续发展根基；加强蛋品质量把控，为用户提供放心蛋、安全蛋，赢得市场信赖；革新市场推广手段，拓宽销售通路，开发特色蛋品，以特色蛋、精品蛋、品牌蛋建立品牌效应，在日新月异的市场需求中主动求变。

4 发展诉求

推进蛋品生产健康可持续发展，需要集合行业主管部门、科研院所、生产企业等多方面技术力量。一是要加大政策扶持，包括资金、项目等，解决企业融资难问题；二是要强化技术扶持，企业科研、创新力量相对薄弱，相关科研院所应加大蛋品技术开发以及推广，拓宽研发、推广、应用模式，引导企业产品迭代升级；三是加强宏观调控力度，当前蛋鸡养殖面临诸多困难，包括市场行情波动幅度大、频率高，蛋鸡产业微利运行，建议相关单位提前介入，做深市场研判，加强市场宏观调控，及时发布市场预警信息，引导养殖户根据市场研判调整生产节奏。

坚持“质量第一”，提升产品品质
——兴化市润坤农业有限公司

兴化市润坤农业有限公司成立于2018年8月，年存栏蛋鸡15万~20万只，年产成品蛋3 000吨左右。鸡舍可以根据季节不同自动调温、自动通风、自动喂料、自动清粪、自动喷雾灭菌、自动控制光照，实现标准化鸡舍、现代化饲养、专业化喂料、自动化控制、规模化生产的养殖模式，不仅提高饲养效率、降低生产成本，还能有效预防疫病。鸡场选用全自动智能鸡蛋分级设备，对新鲜鸡蛋分级、清洗、干燥、紫外线杀菌，生产的鸡蛋符合绿色无公害鸡蛋标准。

公司对环境污染控制有非常严格要求：一是控制养殖场环境免受外界影响和污染；二是防止养殖场对自身及周围环境造成不良影响和污染。自动化粪污处理设备实现了鸡粪全程不落地，鸡粪经设备处理后可生产有机肥供种植基地使用，全程无污染。

1 绿色无抗养殖，保障品牌运营

无抗养殖：公司利用绿色无公害粗粮及植物性原料饲养蛋鸡，在产蛋期一律不使用抗生素，实现全程无抗养殖。

产品质量可追溯：公司提升了产品质量安全水平，实现生产记录可查询，在产品包装上使用质量安全追溯标识，已获取“三品一标”认证，被纳入省级农产品质量安全追溯监管信息平台管理。

聘请专家技术指导：公司聘请科研院所专家，为产品开发、品质保证等进行严格的技术指导，确保每个产品都符合国家及公司的质量要求。

品牌建设：公司以质量为生命，以创新求发展，注册了“兴林湾优品”品牌，始终坚持质量第一的理念，把提高产品质量摆在企业一切工作的首位。

2 全程机械化、智能化养殖

育雏育成鸡舍为4层3列笼养设备，蛋鸡舍为4层4列笼养设备，蛋鸡养殖从饮水、喂料、捡蛋、光照、通风、清粪、降温、保温全部实现自动化，实现标准化鸡舍、现代化饲养、自动化喂料、自动化控制、规模化生产的养殖模式，可以实现对疾病的有效防控，既降低了生产成本，又提高了饲养效率，公司凭借先进的“智慧养殖”管理系统2021年荣获“泰州市龙头企业”称号。

3 科学环保养殖，解决污染难题

公司具有健全的鸡粪收集与资源化利用系统，蛋鸡养殖废弃物全部委托第三方专业处理公司处理，全部实现机械化运输、资源化利用，解决了粪污污染难题。

4 发展战略及目标定位

随着大型超市的普及，我国城市居民消费意识的转变，健康消费开始成为时尚。蛋鸡生产者要适应大中城市消费者对包装品牌鸡蛋的需求，开辟品牌蛋销售新途径。

公司在未来几年将通过“公司+农户”的生产经营模式，综合利用资源，推广标准化、良种化、规模化的健康生态养殖。在生产环节，公司将按照绿色食品的要求，重点解决饲料中违禁药物使用和药物残留问题，改善鸡舍内环境卫生，减少生产过程的污染。在流通环节，加快产品周转，建立合理的冷冻、冷藏保存和运输体系。针对中高档消费市场推广绿色无抗优质品牌蛋，对鸡蛋进行清洗、分级、包装，实行冷链运输和储藏，开发绿壳蛋等多种产品扩大消费市场，促进企业发展。

5 蛋鸡产业发展的问题与建议

5.1 规模化、专业化生产

龙头企业在蛋鸡产业化经营组织中承担着开拓市场、组织生产、加工增值、科技创新、资本增值与带动农户等功能。龙头企业要提高企业经营管理层的素质，完善现代企业法人治理结构，加强企业经营管理人员的培训。只有把龙头企业做强做大，增强龙头企业的核心竞争力，才可以提升鸡蛋产品的内在质量。

5.2 疾病防控

目前蛋鸡养殖场普遍缺乏卫生防疫设施，尤其是一些养殖散户，饲养密集、品种繁杂、引种分散，而且鸡龄大小不一，导致频繁发病、交叉感染、难以控制。因此，对于中小养殖场（户），在技术层面上要定期加强疫病防控知识培训，一旦发生疫病，要按照主管部门规定，依法依规按正规流程处理，切忌随心所欲，私自处理。唯有多举并施，才能有效防控疫病。

5.3 废弃物处理

针对当下养殖废弃物处理利用困境，要整合各方资源建立长效机制。要加大废弃物资源化利用政策、法规、技术的宣传力度，营造废弃物处理和资源化利用的氛围和环境。打通种植业、养殖业、农机设备、土肥水体等行业的界限，联合各方力量推动养殖废弃物处理利用进程。

5.4 产品质量控制

鸡蛋作为居民日常消费品，市场需求量非常大，产品质量直接影响消费者的生活品质。建议采取以下措施保证鸡蛋产品质量：一是对蛋鸡养殖过程及蛋品加工过程全程监控，保证每一个环节的规范性，使鸡蛋产品质量得到保障；二是对于中小型养殖场除加强产品抽检批次和力度外，通过建立喷码追溯体系监管食品安全，鼓励蛋鸡养殖合作社创建自己的品牌，通过品牌认知、舆论监督等确保鸡蛋产品安全。

以绿色发展为目标推进产业转型升级
——盐城市汇林畜禽科技有限公司

盐城市汇林畜禽科技有限公司建有标准化鸡舍4幢，现存栏产蛋鸡8万只，年可向市场提供商品鲜蛋1 000吨。近年来，公司以畜牧业绿色发展为目标，以畜牧业转型升级为着力点，大力发展生态健康养殖，加快养殖设施提质改造，提升蛋鸡养殖生产水平，带动周边十多户农户发展养殖，社会效益显著。

1 推进规模养殖，产业提档升级

公司坚持走规模化发展、产业化经营、企业化管理、集约化生产之路，依靠科技加快良种推广，全力推进标准化饲养，全面提升养殖生产水平。养殖场布局合理，生产区、生活区和隔离区分开，鸡场采用全封闭、自动化、层叠式设备，提高了生产效率。公司全力打造无害化、绿色环保、可持续发展的园林式、工厂化鸡场，为生态农业循环发展做出积极的贡献。

2 强化粪污治理，严格环境控制

公司采用种养循环发展之路，加大对粪污无害化处理设施的投入，积极开展鸡粪综合治理，于2019年投资建设粪污处理中心，病死鸡和粪便无害化处理率达到100%，加强生物安全措施防控，实现家禽养殖资源化利用和无害化处理。

养鸡环境智慧监控管理系统应用先进的物联网传感技术将鸡场中的信息收集到云服务器中，再通过手机APP客户端展现养鸡场中的实时环境。养鸡环境智能化监控管理系统及功能鸡舍环境智能监控管理系统主要由环境信息采集系统、远程控制系统、视频监控系统和智能养殖管理平台四部分组成。鸡舍内自动通风系统自动调节进风口、氧气含量和湿度，实现舍内温度、湿度、通风换气、风机湿帘等的自动化管理。场内配备由控制柜控制的自动报警系统，出现缺电、高温、低温等任何问题控制柜界面系统都会自动报警。

3 狠抓生产管理，提高生产效率

公司投入建设自动化养鸡设备，为鸡群提供良好的居住环境，显著提高蛋鸡生产成绩，不断降低生产成本。自动化设备的使用，更加便于机械化操作，可以在很大程度上提高劳动生产率，大大降低了人工费用。以前饲养5万只鸡需要十多人，而全自动养鸡设备饲养5万只仅需1人，劳动生产率大幅提高。公司加强养殖全过程管理，更有利于疫病控制，有利于药残控制。

以品质赢得未来
——东台市时堰镇双马养殖场

东台市时堰镇双马养殖场是东台蛋禽养殖示范场，该场秉承绿色发展理念，配套先进设施设备，示范推广生态健康养殖技术，通过了ISO 9001质量管理体系认证，被认定为江苏省畜牧生态健康养殖示范基地，也是第二届中国国际进口博览会主副食品供应商，以及第十九届杭州亚运会食品联合供应商，并在2020年获评农业农村部生态健康养殖示范场，2022年被认定为省级畜禽养殖全程机械化标杆基地。

1 重视企业文化，打造标杆鸡场

养殖场成立于2010年6月，自创建起就坚持高起点、高标准原则打造现代化规模蛋鸡场。在不断发展过程中，企业善于创新发展、勇于变革和挑战，确立了“做养殖企业标杆、当蛋鸡产业龙头”的企业愿景。非常重视企业文化建设，始终走在行业发展前沿。现存栏优质蛋鸡20万只，年产禽蛋约2 200吨。

2 创新生产模式，不断开拓市场

2.1 养殖生产模式

为进一步发展养殖业，养殖场在2016—2018年进行了设备改造及更新，实现蛋鸡养殖环境控制、喂水喂料、捡蛋、清粪全流程机械化自动控制。企业对标欧洲家禽养殖模式建设节能环保鸡舍，配套全自动恒温恒湿养殖设备，根据舍内空气状况，实时调控温度湿度和空

气质量。引进全自动化H型层叠式5列4层笼养设备，单套设备蛋鸡饲养量超过5万只，仅用1名工人。鸡舍配备通风湿帘系统、可调光自动照明系统、雾化消毒系统设备，为蛋鸡生长发育及高性能产蛋提供良好环境。

在生产板块，2023年更新集蛋系统，配套中央集蛋系统、禽蛋清洁杀菌设备以及鸡蛋自动装托设备。鲜蛋从鸡舍直接传送到分拣打包车间筛选装箱，由物流车送往市场。同时，场内还配备了完善的智能监控预警系统，以及应急水电供应系统，保障日常生产安全稳定。

2.2 组织运营模式

近年来，企业逐渐意识到，随着市场需求不断变化，好产品不一定有好市场，原始的销售模式正在逐渐被新兴销售模式取代。2022年企业逐渐开始蛋品质量升级，在无抗、无公害、零药残的基础上，成功推出了满足可生食条件的鸡蛋，做到了生鸡蛋零沙门氏菌、零志贺氏菌等，让“土鸡蛋”有了更多新的吃法，进入了更多消费者的餐桌，进一步拓宽了市场渠道。

2022年，企业建立了与生产配套的供应链公司，新建了产品保鲜库。除了原有品牌“老营房”外，又推出了“苏康园”“咯咯官”等鸡蛋品牌，推出了“家门口花凤蛋”“可生食鲜鸡蛋”“安心儿童蛋”“一级谷物土鸡蛋”“本地老母鸡”等产品。销售渠道方面，在原有的批发模式、商超模式等基础上，开拓了线上销售渠道，通过天猫、抖音平台等新型渠道销售产品，产业结构更加稳定。

3 立足自身优势，应对市场冲击

3.1 技术优势

企业大力推进蛋鸡标准化规模化养殖，引入蛋鸡产业链专业化分工饲养理念，从鸡苗源头严格把好品种和品质关，对鸡苗的初生重、均匀度、父母代种鸡周龄等进行严格要求，与大型标准化青年鸡场建立长期合作关系，由专业化青年蛋鸡场供应80日龄左右的青年蛋鸡，推行分阶段饲养模式，有效降低育雏风险，提高鸡群均匀度。大力推广优质高产蛋鸡，全场养殖小型蛋鸡优良品种20万只，集成推广由智能化环境控制、绿色饲料添加剂应用与营养调控、全自动饲养、疫病综合防控等为主体的关键生产技术，资源转化率、蛋鸡生产性能、劳动生产率达到行业领先水平。

3.2 管理理念

企业拥有完善的养殖管理团队，具备高素质专业人才，大力推进蛋鸡标准化规模化养殖制度建设，完善生物安全防疫、养殖管理、生产管理、疫苗管理、疾病管理以及粪污处理等各板块的规章制度，并在生产中严格执行。

3.3 产品优势

因为使用优质原料和单独的营养配方，使得鸡蛋没有腥味，蛋清浓稠，蛋黄大，口感好，自然醇香，深受消费者喜爱。以过硬的质量为保障，蛋品远销杭州、宁波、舟山、丽水、金华、厦门等大中城市，与永辉超市等多家大型超市签订长期供销合同，成为优质安全绿色蛋品的重要供应基地。随着销售渠道的完善，物流配送的便捷，做到了鸡蛋24小时内从鸡场到餐桌，保证了蛋品的新鲜。

4 创新生态养殖，提高生产效率

4.1 生态养殖

创新生态环保养殖新方式，重点推广应用自动化清粪处理及堆积发酵等综合利用技术，与种植大户签订鸡粪消纳购销协议，与设施瓜菜种植基地的有机肥经纪人建立长期合作关系，实现鸡粪使用旺季就近还田、淡季入厂生产有机肥的目标，做到了养殖业和种植业资源互补，再生利用的生态和谐，促进了种养有机结合和可持续发展。强化节水节料设施配套升级，实施雨污分流，有效减轻蛋鸡养殖的面源污染。

4.2 节粮生产

通过严格把关投入品使用、狠抓蛋品安全、推广生态健康养殖技术等措施，稳步改善蛋鸡产蛋率和蛋料比，实现年增收50万元以上，经济效益提升显著。发挥辐射带动作用，引导周边养殖户发展阶段式、专业化、规模化、标准化、生态化养殖，大幅提升区域蛋鸡养殖技术及生产水平。

5 严控生产过程，保证质量安全

实行蛋品安全可追溯，落实全程质量监控，提出“以质量打胜仗，以品牌赢市场”的理念，建场十几年来一直将蛋品安全置于首位。生产绿色安全蛋品不仅是“双马”人的追求，更落实在行动中。从青年鸡苗入场就做好养殖防疫记录，健全养殖档案，严格记录日常生产、免疫、用药、用料、消毒、无害化处理等全环节的变动情况，优化免疫程序，科学诊断治疗，全面保障蛋品质量安全、可靠。在饲养过程中，坚持鸡的体重超标、均匀度达标的要求，全年销售的品牌鸡蛋规格在45~53克之间。加之对蛋鸡品种的要求，保证了蛋壳颜色一致，满足消费者的需求。

6 着眼新兴市场，品质赢得未来

随着产业结构转型升级，产品营销渠道拓宽，产品定位和市场定位也随之变化。产品质量是核心竞争力，虽然成本高，公司依然坚持使用国标一级谷物养殖，防疫程序复杂也要做到不折不扣。未来市场重心要向中产家庭以及年轻人家庭偏移，公司要严格把好质量关，借助各种渠道大力宣传产品，争取把产品做成一张特别的名片，让更多消费者可以放心购买。

7 加快行业转型，推动行业发展

系统化、规范化是畜禽行业的未来，系统规范的养殖模式是食品安全可控的核心。由于转型投资大，技术难度高，大部分养鸡户对产业转型犹豫不定，目前规模化蛋鸡养殖还有很长的进程。目前仍有很多消费者对蛋鸡标准化养殖缺乏了解，要推动行业发展，转变消费者的认知。

打造科技创新载体，促进区域创新成果转化
——盐城辰宝农牧科技有限公司

盐城辰宝农牧科技有限公司于2019年成立，是一家集养殖、生产、销售为一体的创新型现代化蛋鸡养殖公司，是辰宝农牧公司与盐城市政府实施“万企进万村”活动的重要成果，现蛋鸡存栏24万只。

公司以“问题导向，全面开放，深度融合，创新驱动”为原则，聚焦原料生产、蛋鸡养殖、杀毒消菌、鸡蛋销售，定位于科技与产业的连接器、成果产业化的助推器、创新创业的孵化器、应用型人才的哺育器，深度融合技术服务、产业孵化、人才培养三大功能，是“政府引导、产学研用融合、金融资本助力”的新型研发与成果转化的功能性平台，是盐城市实施农牧业脱贫攻坚与乡村振兴有效衔接的创新平台，是切实带动草庙镇村民发家致富的引领平台。

1 秉承最优消费体验，促进蛋鸡产业前端发展

为适应消费场景的新变化、打造优质消费体验，公司率先从品牌形象全方位“焕新”出发，开始新一轮的战略布局，持续为消费者提供高品质食品、承担更多的企业社会责任，坚持不懈地创新研发来满足消费者与时俱进的饮食需求，以绝对的品质保障守护国人每一餐的营养供给，积极引入与产业契合度高、技术相对成熟的科技成果，通过成果转化实现一体化饲养，促进新兴产业发展。

严谨细致的工艺是蛋品品牌的保证。公司引进蛋品自动清洗拣选包装生产线，对鲜蛋进行裂纹、血蛋、新鲜度自动检测，以确保产品的品质，同时在清洗过程中融入科技创新，保证蛋品的干净安全。蛋品是易碎品，在运输和加工过程中难免会有破碎，通过分级把坏掉的蛋挑拣出来，在每个制作环节完成后，再次进行清理，以免造成厂房环境的污染。

2 产学研合作，助力产业转型中端升级

围绕蛋鸡养殖业特点，公司全力打造符合新时代产业发展要求的科技创新载体。自成立以来，公司已与扬州大学、江苏农牧科技职业学院等院校达成深度合作，强化与院校的沟通交流，区域创新能力不断提升。一方面，公司充分利用高校及科研院所各类创新资源，构建以企业为主体的科技创新体系，促进区域创新成果竞相涌现，加速科技实力从量的积累向质的提升飞跃，使其成为科研创新和产业转型升级的新引擎，最终实现科技自立自强和自主可控的现代产业体系。另一方面，公司深入研究市场导向，与高校深度融合，建立起企业、研发机构、创新平台互联互通的创新链，真正驱动创新平台涌现更多的创新成果。同时，加强以应用为导向的基础研究与共性技术研发的投入，与高校、科研院所和企业形成优势互补的协同创新体系，加速了研发成果的商业化、产业化。

针对生产、销售过程中的“卡脖子”问题，公司加快突破关键核心技术。坚持需求导向和问题导向，优化科技资源配置，持之以恒加强基础研究、科技成果转化，把蛋鸡养殖过程中的“卡脖子清单”变成科技创新平台的科研任务清单，不断解放和激发科技作为“第一生产力”的巨大潜能。在环境保护方面，公司采用先进的设计理念、科学的规划建设，实现生产全流程零排放，为保护绿水青山做出积极贡献。

3 强化有解思维，促进地区高质量发展

公司始终“以科技为动力、以品质求发展”的创新理念，争创行业先锋，树立国民品牌。

一是在工作中以目标为导向，强化经营作用，压实营销责任，准确研判形势，把握发展大势，坚定推动经营模式转型升级，坚定提升大项目市场经营拓展开发能力，坚定深耕盐城区域市场与地方融合发展，持续完善营销体系建设，打造有“狼性”的专业化营销团队，切实助推公司高质量快速发展。

二是认清形势、对标先进，与行业优质企业在市场营销体系建设方面的对标分析，认真查摆自身问题和短板，抢抓“十四五”发展机遇，公司年销售额达到3 000余万元，进一步拓展了市场空间。同时，加快乡村振兴步伐，带动周边农户就业，实现养殖户创收200多万元。

三是以问题为导向，系统谋划，狠抓落实，推动市场营销能力全面提升。完善和强化市场营销体系，不断创新商业模式和体制机制，全力提升“攻城略地”和履约尽责的能力和实效，实施“战略型”“高端型”“主动型”营销策略，扎根区域市场经营，与江苏农垦集团、上海振华集团、上海光明集团、山东凤栖园等企业成为亲密的贸易伙伴，同时持续推进外延区域的市场拓展。

四是抓好重点区域、重点领域、重点客户市场营销，提升经营质量、市场占有率和品牌形象。立足公司发展规划，不断加大与各地市投资合作力度，同时强化树立以客户为导向的市场化意识，加快构建市场信息的收集、分析、跟踪体系，建立大客户精准管理体系，主动积累营销资源，建立与战略重点客户定期会商机制，定期做好客户分析、市场分析，及时采取有效措施，同时充分发挥公司蛋鸡全产业链优势和技术、管理、人才、资质优势，为客户提供全方位一站式多样化增值服务。同时，切实提升履约能力，为市场营销提供强有力的支撑。充分认识管不好现场就得不到市场的重要性，在开展一切营销活动、获得市场青睐和合作机会中进一步提升项目履约能力，以优质履约赢得市场肯定。

融入地方民俗和非遗文化的食品生产者
——江苏香道食品有限公司

江苏香道食品有限公司成立于2010年，专业生产销售喜蛋、卤蛋及相关快消食品，年产值达3亿元。目前公司拥有多个产品品牌，包括香道、汉家有礼、彭城福坊、尚吧、随便等，拥有“椒百味”的风味专利和若干发明专利及设计著作权，其中1个获评江苏省名牌产品、2个获评江苏省著名商标，1个为徐州市重点保护商标。近年推出“尚吧”系列休闲蛋品、元气虓皮蛋及彭城福礼和汉家有礼两大城市伴手礼礼盒，产品拥有前沿时尚的外观风格及稳定优质的品质。量身打造的文旅版融入徐州汉文化景点至每个蛋品，独特创意火爆电商，尚吧水滴型蛋品上线仅三个月，平台趋势排行第二名。

公司的产业定位是：传承农业文化、促进三产融合、追求健康时尚、打造一流企业。在十多年的生产经营过程中，通过不断探索和实践，公司逐渐形成以红喜蛋文化为引领、以产品创新为核心、以产业链条为载体、以工业旅游为视窗的“香道模式”。先后被评为江苏省农业龙头企业、江苏省民营科技企业、江苏省非物质文化遗产传承企业、江苏省工业旅游示范企业等，企业股权在江苏股权交易中心农业板挂牌。

1 做实“公司+基地+农户”生产模式

通过与农户合作，建立稳定的原料供应基地，确保原材料的质量和供应稳定性。全面推行生态养殖技术，指导合作养殖户采用生态养殖技术，在实力允许的条件下建立高端特色的养殖专属基地，树立行业典范。全力推行节粮生产技术，联合合作养殖户通过节粮生产技术的研发和应用，有效降低养殖过程中的粮食消耗，为保障国家粮食安全做出贡献。指导合作养殖户采用分段饲养技术，根据不同生长阶段的特点和需求，合理安排饲养方式和营养供给，提高养殖效率和质量。

2 研发和改进产品加工技术

通过引进先进的生产设备和工艺流程，提高产品的加工效率和品质，满足市场对高品质产品的需求。以高职院校为科技转化平台，先后和上海交通大学、南京农业大学、江南大学、中国农科院、吉林大学等合作，2004年成功研发了国内首个有机硒鸡蛋，同时成功提升了元气唬皮鸡蛋、溏心蛋等加工技术。与中国农科院等科研机构合作，研发出风味独特的“椒百味”，未来将和中国农科院农产品加工研究所共同发力，将“椒百味”打造成一个新的风味产业，创造更多新产品，实现“为耕者谋利，为食客造福”的宗旨。

3 打造集群化产业链条

采用合作共赢模式，与农户、供应商等合作伙伴建立长期稳定的合作关系，共同分享资源和利益，提高整个产业链的效率和竞争力。积极参与产业集群建设，与相关企业形成产业配套和协同发展，提高产业的整体实力和市场竞争力。采用线上线下融合模式，拓展销售渠道和市场份额，提高品牌知名度和市场占有率。发挥公司作为沛县食品协会会长单位的优势，整合技术、人才、设备、资金等行业资源，为食品行业提供全方位的服务和支持，推动食品产业创新和发展；作为企业和政府之间的桥梁和纽带，传递政策信息，反映企业诉求，协调各方利益，促进食品行业健康发展；制定和推广行业标准，规范企业生产和服务行为，提升整个行业的标准化水平；与相关组织和企业建立联系，开展交流与合作，引进先进技术和管理经验，提升食品产业竞争力。

4 探索“文旅赋能工业智造”新路线

挖掘地方文化，以徐州汉文化为企业DNA，建设企业汉文化博物馆，在特色原生态养殖民俗上下功夫，赋予企业鲜明的乡土文化特征。挖掘非遗文化，围绕中华福寿民俗、饮食民俗、婚嫁民俗，重点打造“福文化”“红喜蛋”文化品牌，编写出版《中国福文化》《中国红喜蛋文化》系列图书，建设红喜蛋文化民俗博物馆和福文化展示基地。文化赋能产品，把汉文化、非遗文化融入产品设计、生产、包装、销售各个环节，让产品生产、销售和消费过程故事化。节庆活动搭台，连续举办“中国红喜蛋文化节”和“中国福文化节”，搭建企业联结市场大舞台。工业旅游带动，按照工业旅游标准，完善旅游六大要素软硬件设施建设与协同，发挥旅游视窗作用，全方位展示企业深层魅力。

5 未来发展策略与方向

公司将顺应市场新形势、新需求、新格局，进一步丰富“文旅赋能工业智造”内涵，规划建设食品及食品机械制造、食品创意与技术研发、食品进出口跨境电商产业园区——融福食品城。融福食品城农文旅赋能、产学研融合，打造“中华福文化”主题非物质文化遗产类产业，形成一二三产融合的田园综合体；利用电子商务新媒体改善营销渠道，借鉴“首店经济”模式，开设线下“福气制造社”“红喜蛋”旗舰店；改进产品包装、丰富产品种类，重点瞄准年轻人群，充实属相、星座等互动内容，融入动漫视频、卡通伴手礼等；文化节庆活动充实现场展销、采购、行业互动签约等务实性业务；做实工业旅游产业，开展研学、民俗、餐饮业务。

6 发展诉求

蛋鸡企业发展面临全球、全国市场低迷困境，行业信心普遍不足。建议进一步优化营商环境，在以下几个方面支持行业健康永续发展：一是真正落实市场公平原则，淡化企业所有制界限，让民营企业与外资、国有企业站在同一起跑线上，市场准入、信贷、税收、财政补贴、技术扶持等政策一视同仁；二是着力增加农民和年轻职工收入，着力提高中低收入人群养老、医疗和子女教育补贴，着力降低企业税费负担和非生产性隐性成本，促进全社会消费能力的提高；三是改善对蛋鸡企业的市场监管与服务，在养殖企业用地、环境治理、蛋制品食品安全标准、技术、信息化建设、市场开拓等方面，进一步跟紧国际领先水平。

坚持以产品质量为基石发展品牌
——淮安田陌生态农业科技发展有限公司

淮安田陌生态农业科技发展有限公司成立于2016年,是一家以蛋鸡育雏、养殖、蛋品配送销售为主的农业公司,现存栏蛋鸡8万只,年产鸡蛋900吨左右。

公司最初以各类蛋品销售为主,并没有进行蛋鸡养殖,但在对各类蛋品收购过程中,发现蛋品质量参差不齐,对公司"绿色健康"的销售理念形成极大的挑战。因此,经过深思熟虑,在县领导和农业单位的支持下,公司决定建设自己的蛋鸡养殖基地,积极完善养殖制度,严格把控蛋品质量。把健康、绿色无公害的优质蛋品推向市场,为公司的可持续发展提供坚强后盾。

1 产学研合作提升养殖技术水平

公司在生产销售过程中不断完善自身的生产销售模式,为了保证产品的绿色健康和公司的可持续发展,自2018年起就与扬州大学动物科学与技术学院合作培养技术人才,并向同类养殖场进行技术推广,提高养殖水平。

公司及时科学地调整配方,实施精准饲喂,满足鸡群各生理阶段或各种状态下的营养需求,是奠定蛋鸡高产稳产的基础,实现养鸡效益最大化的重要途径,公司与扬大动科学院合作开展了以下主要研究与应用:

1.1 蛋鸡高效精准饲料配方设计研究

采用精准配方将畜禽营养需要量与饲料营养价值合理地结合起来,保证适宜的日粮能量蛋白质比例;采用可消化氨基酸指标设计日粮(尤其是杂粕型日粮),保证日粮可消化氨基酸含量,依据原料和季节变化,调整维生素的添加量;适当控制饲料原料种类,保持配方相对稳定,定期检测饲料原料及产品的关键养分含量,力求配方设计值与产品检测值一致。形成蛋鸡高效精准饲料配方,并制定了《蛋鸡精准饲料配方技术规程》。

1.2 蛋鸡科学精准分段饲喂技术研究

科学的饲养管理直接影响产蛋高峰持续时间的长短和整个养殖周期经济效益高低,三阶段饲养法可按鸡群周龄分段和鸡群产蛋率分段,按鸡群周龄把产蛋期分为产蛋前期(一般指开产到产蛋率达到85%之前)、产蛋中期(即产蛋高峰期,一般指产蛋率达到85%后上升至高峰再下降到85%)、产蛋后期(一般指产蛋率从85%以下至淘汰)3个阶段。

1.3 可消化氨基酸高效利用研究

通过研究以可消化氨基酸为基础配制日粮对蛋鸡产蛋性能和经济效益的影响,精准评定蛋鸡饲料的营养价值和消化特性,克服了以往根据消化率错误估计蛋鸡对氨基酸的利用率。

1.4 精准采食模式“择食饲喂”法研究

蛋鸡对不同营养素有不同的周期性需要,即上午主要采食能量和蛋白质营养素,16点后主要采食钙营养素,这种采食模式与蛋的形成过程相吻合。通过试验研究采食模式改进蛋鸡饲喂制度,探索新的饲喂制度,节约饲养成本。

1.5 蛋鸡精准饲养管理关键技术集成与应用

以建成的示范基地为中心,推广提高蛋鸡精准饲养关键技术,向周围农户宣传和推广。

一是科技引领,精准帮扶:增加蛋鸡养殖场的运营效益和市场竞争力,促进农村脱贫致富;二是脱贫攻坚,知识帮扶:举办培训班,推广蛋鸡精准饲养关键技术;三是服务生产,叠加帮扶:加强高校与企业的联系,促进高校科技成果成功转化到企业,促进企业快速发展;四是提高就业,实践帮扶:提高农民的就业率,使农业增效。

经过长期合作和技术支持,公司在养殖技术推广和社会经济效益方面取得了显著成绩,向福旺家庭农场和涟水县杨口鲁南专业合作社推广提高蛋鸡精准饲养关键技术;示范推广8万只蛋鸡;新增经济效益20万元;组织开展技术培训,培养企业技术骨干;带动就业,帮扶建档立卡低收入户累计增收3.6万元。

2 建立以产品质量为基石的品牌策略

为了应对市场的和居民对蛋品消费的升级,公司注册了鸡蛋品牌“畔优咯”,并着重提升品牌价值。公司确保进入市场的每一颗鸡蛋绿色、健康、无公害,以提升品牌竞争力和产品附加值。公司在2021年淮安市农业农村局和淮安市农业品牌协会合作举办的“淮安市首届鸡蛋品鉴评审会”上脱颖而出,取得了综合质量第二名的好成绩。因为公司的蛋品获得了社会各方面的信任，与苏果超市、利群集团、优同连锁、旺旺食品等各连锁商超、食品厂建立了深度的合作。

今后，公司仍将以蛋品质量为核心，以生态化标准养殖为支点，秉持“可持续发展”的原则，坚持经济发展与环境保护共存。紧盯市场需求，提升产品质量，树立品牌形象，做消费者放心企业，为推动农业产业全面升级、农村全面进步、农民全面发展尽微薄的力量。

以设备自动化促进生产“双效”提升
——淮安哒哒牧业有限公司

淮安哒哒牧业有限公司是一家以蛋鸡养殖、蛋品销售为主的专业公司，建有标准化鸡舍3栋，标准化育雏舍1栋，现存栏蛋鸡8万只，年产鸡蛋1 000吨。采用国内最先进的蛋鸡全自动笼养设备，全封闭饲养，杜绝了与外界的交叉感染。饲养采用自动喂料机、自动捡蛋机、自动清粪机、自动加药器、乳头饮水、湿帘、风机、异位发酵床等设备，减轻了饲养员的劳动强度，改善了蛋鸡生产环境。

公司采用国内外先进的饲养管理技术，实现了免疫程序化、消毒经常化、养殖现代化。2013年顺利通过省级动物防疫规范达标等六项示范创建验收，2014年获得农业部无公害农产品认证及省农委无公害产地认证，2015年获得农业产业化市级农业龙头企业称号，2016年通过江苏省畜牧生态健康养殖示范场验收、获得淮安市产业化农业龙头企业、淮安市农产品质量安全十佳诚信企业等称号。

公司实施农业生态循环发展，饲料原料采购周边农户种植的玉米，鸡粪作为有机肥提供给周围蔬菜大棚种植户、经济作物种植户，探索出一条农业生产与生态和谐的可持续发展之路，带动周边村民增收致富，为地方经济发展做贡献。

1 养殖设施设备自动化、智能化

近年来，随着农业科技在乡村振兴中起到了更多的引领作用，物联网及数字农业的应用

给养殖业带来了质的变化。在这个趋势和大环境下,哒哒牧业也根据自身的实际情况,对养殖设备进行了相应的调整,具体配置如下:

1.1 智能环控系统

通过控制主板将水帘、导流板、通风窗、风机、加温系统连接起来,将鸡群生产生活需要的温度、湿度、负压、通风级别等各项数据参数设置好,保证参数精确,实现环控的智能化。

1.2 自动粉碎机组

按鸡群需要的营养配方比例称好饲料原料,送入饲料机组进行粉碎搅拌,再将粉碎好的饲料通过绞龙直接输送到鸡舍外的料塔。

1.3 料塔配置称重系统

可以随时查看料塔内的饲料重量,通过料塔的称重数值,计算出鸡群的采食量,以此衡量鸡群的健康状况。

1.4 自动喂料系统

根据饲喂时间,自动开启喂料车,将饲料均匀地洒在食槽里,保证鸡群采食的均匀。

1.5 自动捡蛋系统

每天下午固定时间捡鸡蛋,鸡蛋从鸡舍的尾端通过传送带送到头端,工人在固定的地方进行称重装箱,减少了鸡蛋的破损率,保证了蛋品的质量,降低了饲养员的劳动强度。

1.6 自动饮水系统

将饮水乳头调节到鸡群需要的高度,鸡群自动饮水,减少了水资源的浪费,通过自动加药器将药物按比例均匀地添加到管线中供鸡群饮用。

1.7 自动清粪系统

每天固定时间开启清粪系统,将鸡粪通过输送带或清粪板送到鸡舍外,减少了工人的劳

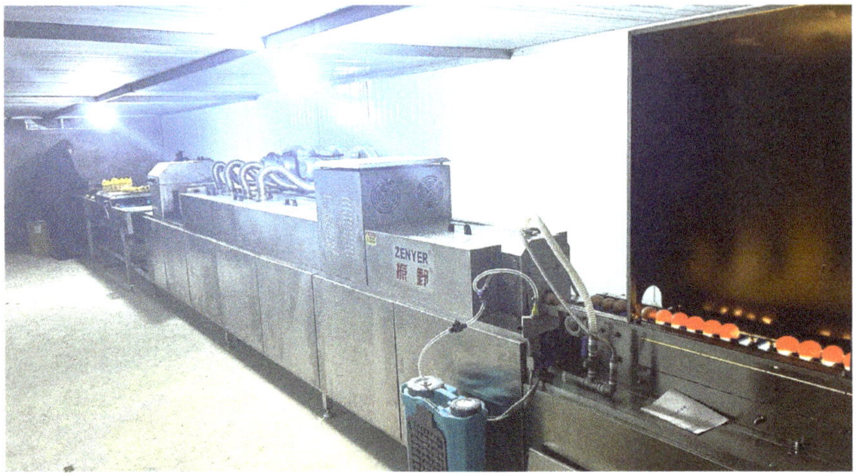

动强度。

1.8 自动报警系统

鸡舍出现停电、缺氧、温度过高、温度过低等情况时通过喇叭报警，并通过短信形式发送到手机，可以及时关注鸡舍的突发情况，保证生产的安全。

1.9 全自动发电机组

当出现外线停电或者断电的情况下，发电机组自动启动，当外源线来电时，发电机组自动停止工作。既保证了生产安全，也为突发情况出现时提供了更多应对时间。

1.10 监控系统

鸡舍内部安装了360°旋转摄像头，在鸡场其他区域均安装了高清摄像头，并且具备储存功能，可以连接到电视屏幕，也可以连接至手机，方便及时查看鸡场情况。

1.11 自动化育雏设备

采用4层层叠式育雏设备，通过环控实现育雏舍加温和通风的自动化，同时根据鸡群的日龄情况，自动控制灯光的时间和亮度，为雏鸡提供更好的生长环境。

1.12 异位发酵床

将每天产出的鸡粪通过铲车运送到异位发酵床，跟蘑菇菌渣混合进行生物高温发酵，通过水分的蒸发生产出有机肥，既减少了环境的污染，也将鸡粪变废为宝，产生了经济价值。

2 生产效率、效益大幅提升

公司目前生产设备自动化覆盖率达90%以上，自动化养殖设备更有利于鸡群的生长和生产，生产效益提升了20%。采用自动化养殖设备后，饲养2万只鸡只需1个人，减轻了劳动强度，提高了养殖质量，进而扩大了养殖规模，并且将先进的养殖设备与养殖技术分享给周边养殖户，带动了产业的发展。

随着养殖规模的增加，带动周边老百姓种植玉米作为饲料原料，并将产出的鸡粪经过高温发酵处理，转变为绿色高效的有机肥，施用于经济作物的种植，形成了良性、高效的循环农业，带动周边农户每户增加收入500元。

实践证明，蛋鸡养殖场采用先进的自动化养殖设备，减轻了劳动强度，增加了土地利用率，提高了生产效益，具备高效、节能、环保的特点，值得推广应用。

3 强化品牌建设，提升市场竞争力

在品牌建设方面，哒哒牧业注册了自己的商标，并顺利入选江苏省品牌目录库，同时采购了鸡蛋清洗消毒设备，改变传统的鸡蛋销售模式，采取线上线下销售无菌鸡蛋，提高了产品附加值，提升品牌竞争力，夯实产品的市场定位，推动公司向好发展。

今后，公司仍将秉持当前的发展策略，在习近平新时代中国特色社会主义思想理论的指引下，紧盯市场需求，提升产品质量，树立品牌形象，争做行业标杆，同时继续带动周边农户增收，共同致富。

创意农业赋能蛋鸡产业
——句容创农生态农业科技有限公司

1 发展历程

1.1 成立阶段

句容创农生态农业科技有限公司成立于2023年，前身为句容市郭庄镇仁明蛋鸡养殖场，创立于2006年，目前存栏蛋鸡5万只。公司以创意农业为主导，开发句容市丘陵地区丰富的农业资源，初期主要依托周边农业科技平台，与高校科研院所合作，着力于有机农业、苗木种植、家禽养殖、水果生产销售和休闲农业等领域的创意农业。

1.2 产业规模扩大阶段

公司通过与农业特色小镇、示范村等合作，进一步促进创意农业发展。生态创意、科技创意和文化创意三大路径的发展，形成了产业集聚化、规模化、特色化和休闲化的发展趋势。

1.3 核心业务发展阶段

公司以生态创意为本，在区域优势农业资源和品牌资源基础上，采取资源导向型品牌发展模式，以优质、新鲜的产品供应市场。通过科技创意增值，提升产品品质和经济效益。

2 发展道路

多年来，企业在生产经营过程中不断探索适合自身发展的道路。企业在初期面临着市场竞争激烈、生产成本高昂等问题。在这样的背景下，企业通过不断的探索和实践，找到适合自身发展的道路。在初期阶段，尝试不同的养殖生产模式和组织运营模式，以找到最适合自身情况的发展方向。尝试采用传统的养殖模式，但随着市场和技术变化，逐渐转向更加现代化、智能化的养殖模式。

随着时间推移和经验积累，公司逐步实现转型和优化。在生产模式方面，引入先进的养殖技术和管理方法，提高生产效率和产品质量。采用智能化养殖设备，实现对蛋鸡生产环境的精准控制和管理。在组织运营模式方面，建立更加科学、高效的管理体系，加强内部沟通协作，提升整体运营效率。同时，加强与供应链上下游环节合作，优化资源配置，降低生产成本，提高竞争力。

随着企业不断发展壮大，进一步巩固自身竞争优势，持续创新，在养殖模式方面，实现规模化生产，扩大生产规模，提高市场占有率。同时，积极开展产品研发和技术创新，推出更加符合市场需求的新产品，拓展新的市场空间。在组织运营模式方面，进一步优化管理体系，提高组织运作效率和响应速度。同时，加强与行业内外的合作与交流，共同推动行业发展进步，实现持续稳健发展。通过不断巩固发展和持续创新，能够在激烈的市场竞争中保持优势，实现长期可持续发展。

3 内在特质

3.1 技术优势

公司拥有先进的养殖技术和管理经验，在蛋鸡生态养殖项目中，通过引进科学管理和创新技术，实现了生态养殖与农产品质量提升的有机结合。这种技术优势使得公司能够生产高质量的农产品，满足市场需求，提高竞争力。

3.2 管理理念

公司秉持严谨、务实的管理理念，管理团队在面对市场竞争时能够坚定不移地执行战略，善于化挑战为机遇，有效应对各种风险和变化。

3.3 人才优势

公司拥有优秀的团队和员工，其中包括退役军人和残疾军人等。这些员工具有良好的纪律性、执行力和团队合作精神，能够保证公司运营的高效稳定。他们的努力工作和奉献精神，为公司的持续发展提供了坚实的人才基础。

3.4 产品优势

公司生产的生态蛋鸡产品具有高品质和独特的卖点，采用无抗养殖、纯玉米豆粕喂养等独特的养殖方式，使得产品更加健康、安全、营养丰富，深受消费者喜爱。

3.5 资金实力和规模优势

公司虽然面临资金紧张和设备短缺等问题，但其背后有政府政策支持和行业资源的倾斜。此外，公司的规模优势逐渐形成，未来随着发展，规模将不断扩大，进一步巩固市场地位。

4 取得的主要成效

首先，公司积极引进先进农业科技，包括鸡粪发酵技术、全自动喂养技术等。通过这些技术来实现高效生产，减少劳动力，大幅提高鸡蛋的产量和质量。同时，利用智能化设备自动完成喂料、捡蛋和清粪等工作，不仅提高了生产效率，还节约了成本，降低了劳动强度。

其次，积极探索节能环保的农业模式。采用有机农业方法，减少了粪水污染，避免对环境的污染和对人体健康的影响。此外，公司还尝试建立循环农业系统，利用农作物残余物堆肥生产有机肥料，实现资源的循环利用。这一农业模式不仅有助于生态环境保护，还提高了消费者对农产品的认可度和市场竞争力。

公司所采用的有机农业模式，符合现代消费者对健康食品和可持续发展的要求。这些积极的探索和成果，对于推动农业可持续发展以及保护生态环境都具有重要意义。

5 产品流通和品牌建设

除了传统的农产品批发市场和农贸市场，公司还与当地超市、餐饮企业合作，将产品供应给更广泛的消费群体。此外，还开设了线上渠道，建立了官方网店和社交媒体平台，通过互联网销售产品。这样的多元化渠道布局，可以更好地满足消费者需求，提高产品的流通效率。

其次，注重品牌建设。通过精心设计包装和标识，塑造了独特而专业的品牌形象。公司积极参与各种农业展览和交流活动，展示自己的产品，提升品牌的知名度和认可度。此外，还与其他农业企业和研究机构建立合作关系，加强品牌合作推广。通过这些措施，成功建立了一个有影响力的品牌，树立了良好的企业形象。

通过产品流通渠道的拓展和品牌建设，公司实现了产品的广泛传播和市场拓展。通过多元化的销售渠道和独特的品牌形象，吸引了更多的消费者关注和信任，不仅促进了公司的销售增长，还为公司提供了更多的发展机会。

6 发展战略及市场定位

在未来发展战略上，公司将继续可持续农业发展和提供优质农产品。首先，公司计划进一步扩大生产规模，引入更先进的技术和设备提高产量和质量。推进无抗养殖技术，探索更加高效和环保的农业生产模式。此外，还计划增加农产品的品种多样性，满足消费者对各种农产品的需求。

其次，公司将努力拓展市场份额，扩大目标市场定位。除了在本地市场发展，还计划进军更广阔的区域市场。加强与大型零售商和餐饮企业的合作，扩大产品的覆盖范围。发展线上销售渠道，借助电子商务平台和社交媒体，将产品推向更多的消费者。在市场定位方面，强调产品的高品质、健康与安全，以及可持续农业的理念。

通过这些发展战略和目标定位，公司将以可持续发展为核心，稳步推进农业科技和产品销售创新。提供更加高效、健康、环保的农产品，满足消费者对优质农产品的需求。同时通过扩大市场份额和拓展目标市场定位，增强市场竞争力和可持续发展能力，用实际行动书写乡村振兴、助农增收新篇章。

数字赋能，推动蛋鸡养殖提质增效
——泰州市大江禽业有限公司

泰州市大江禽业有限公司成立于2011年，引进国内外先进的全自动饲料搅拌、传送、自动投喂、自动集蛋、自动清粪、环境控制等成套设备，配套建有饲料加工、粪污处理等设施，蛋鸡养殖机械化水平达95%以上。公司成立以来，始终秉持“高标准严要求，供应优质安全放心蛋”的理念，先后获得江苏省养殖行业十佳诚信企业、泰州市农产品质量安全诚信企业、泰州市农业产业化龙头企业、农业数字化建设省级典型案例、省级畜牧生态健康养殖示范场和兽用抗菌药使用减量化示范场等荣誉。

1 规模化生产，依托协会带动发展

坚持规模化生产、生态化健康养殖，充分发挥规模养殖效应，促进蛋鸡养殖提质、降本、增效，扩大公司影响力。凭借优质的蛋品和业界良好的口碑，2012年公司生产的鸡蛋成功进入上海市场。充分发挥协会优势，实行订单化生产，切实提高蛋鸡养殖效益，增强抵御市场风险的能力，促进蛋鸡业持续健康发展。

2 节本增效，提升市场竞争力

近年来，公司加大资金投入力度，实施标准化养殖设施改造升级，一方面降低了用工成本，减轻了工人的劳动强度，切实提高了生产效率。改造前，每4万只蛋鸡需配备6个工人，改造后只需1人监管中央控制系统。另一方面，养殖环境也得到明显改善，蛋鸡发病率显著

降低、产蛋率提升。目前，公司年上市兰皇兰妃鸡蛋2 300吨、销售额2 000多万元、利润250多万元，对保障禽蛋产品市场供给和产品质量安全发挥了积极作用。在调整生产模式的同时，公司引进良种蛋鸡进行饲养，加强与科研院校合作，利用先进的养殖技术和现代化管理模式，大力发展兰皇兰妃生鲜鸡蛋产业，经济效益逐年提升。

3 数字赋能，智能化养殖增效益

公司成立初期，原有鸡舍均为活动板房结构，加之蛋鸡养殖机械化程度不高，人工成本高、生产效率低、养殖环境差、养殖效益低，一度呈亏损状态。为切实提升蛋鸡自动化养殖水平、提高生产效率、提升市场竞争力，公司积极筹措资金，采取逐年实施标准化养殖设施升级改造工程的方式建成标准化蛋鸡舍，设计存栏20万只蛋鸡，同时引进国内外较为先进的全自动成套设备，实现了自动喂料、自动饮水、自动集蛋、自动清粪、环境控制、饲料输送全流程智能化控制。安装具备称重功能的料塔，单次可存放三天饲料用量；喂料行车为轨道式，使用专用线路和电机，配备报警及电机保护装置；鸡笼采用镀铝锌合金线材料，采用加强加高处理的4层结构，防止下垂并便于通风；集蛋机使用立柱螺杆自动提升式，配备蛋线及集蛋带；清粪系统采用PP材质传送带，传送链条使用不锈钢材质，机驱动；通风系统由湿帘、风机、侧风窗组成；光照系统由专业养殖灯光提供；乳头式供水系统前端配置供水过滤器、加药器、缺水报警系统。通过改造推动了蛋鸡养殖提档升级，实现全过程智能化控制，进一步提高蛋鸡养殖效率和生产效益。

4 坚持绿色理念，推进蛋鸡产业高质量发展

随着居民生活水平的提高和消费结构升级，消费者选购鸡蛋更加注重产品品质和品牌知名度，鸡蛋消费逐步向高品质趋势发展。公司始终坚持诚信经营为本，实行标准化生产管理，积极推行生态健康养殖技术、兽用抗菌药减量化行动，严把种源、饲料、兽药、防疫、粪污处理等关键控制点，严格执行养殖安全用药规定，从源头严把鸡蛋品质关，切实提高生态效益、社会效益和经济效益，推进蛋鸡产业高质量发展。近年来，公司先后获得全国质量信得过产品、江苏省养殖行业十佳诚信企业、供沪蛋品优秀企业、泰州市农产品质量安全诚信企

业等荣誉称号。

公司作为医药高新区（高港区）的大型蛋禽养殖企业，将高度履行社会责任，始终秉持高标准严管理，落实食品安全生产管理措施，为广大居民提供优质、安全、放心鸡蛋。严格遵守各项法律法规，坚持绿色发展和生态健康养殖，努力打造数字化蛋鸡养殖“大江样板”，更好带动周边蛋鸡养殖户共同致富。

5 产业存在的问题及建议

5.1 存在的问题

一是养殖成本高，鸡蛋价格波动大，养殖户抗风险能力弱；二是蛋鸡疫病病原体不断变异，蛋鸡群频繁发病，养殖风险大。

5.2 未来发展建议

一是强化政策扶持，加强监测预警，及时发布行业生产和市场信息，引导业者理性经营，促进市场平稳运行。二是加强蛋鸡常见病防治实用技术，有效降低发病率和死亡率，减少经济损失，提高经济效益。

www.ingramcontent.com/pod-product-compliance
Ingram Content Group UK Ltd.
Pitfield, Milton Keynes, MK11 3LW, UK
UKHW062011041026
15591UKWH00017B/1283

9 787547 866320